U0311217

虚拟现实技术基础及应用

艾 地　周晓春　李 幸　王倚天◎主 编
杜 凯　高凤芬　施 展　胡锦涛◎副主编

知识产权出版社
全国百佳图书出版单位
—北京—

图书在版编目（CIP）数据

虚拟现实技术基础及应用/艾地等主编. —北京：知识产权出版社，2024.11.
ISBN 978-7-5130-9589-1

Ⅰ. TP391.98

中国国家版本馆 CIP 数据核字第 20248RS198 号

责任编辑：王海霞　　　　　　　　　　责任校对：潘凤越
封面设计：邵建文　马倬麟　　　　　　责任印制：刘译文

虚拟现实技术基础及应用

艾　地　周晓春　李　幸　王倚天 ◎ 主　编
杜　凯　高凤芬　施　展　胡锦涛 ◎ 副主编

出版发行：知识产权出版社 有限责任公司	网　　址：http://www.ipph.cn
社　　址：北京市海淀区气象路 50 号院	邮　　编：100081
责编电话：010-82000860 转 8790	责编邮箱：93760636@qq.com
发行电话：010-82000860 转 8101/8102	发行传真：010-82000893/82005070/82000270
印　　刷：天津嘉恒印务有限公司	经　　销：新华书店、各大网上书店及相关专业书店
开　　本：720mm×1000mm　1/16	印　　张：29
版　　次：2024 年 11 月第 1 版	印　　次：2024 年 11 月第 1 次印刷
字　　数：504 千字	定　　价：98.00 元

ISBN 978-7-5130-9589-1

前　言

世界范围内新一轮科技革命和产业变革以及席卷全球的数字经济和人工智能的蓬勃发展对工程教育的改革和发展提出了新的挑战，新工科建设应运而生。新工科代表的是最新的产业或行业发展方向，而元宇宙就是其中之一。目前，元宇宙及虚拟现实产业是国家战略新兴产业，代表着新质生产力以及未来科技的发展方向，虚拟现实技术是元宇宙的关键入口和支撑平台，其已成为信息技术领域研究、应用和开发的热点，虚拟现实（VR）、增强现实（AR）以及混合现实（MR）等已成为全球热门领域，也是发展较快的多学科综合技术。虚拟现实技术方面的课程已成为新工科相关新兴专业的重要支撑课程，本书正是顺应时代发展而编写的一本将信息学、设计学、工程学等多学科交叉融合的新工科课程教材，可以作为数字媒体技术等新工科专业本科生及研究生的综合性、创新性、前沿性的进阶学习教材。

本书紧跟虚拟现实领域的新技术、新发展、新趋势，主要包括两个部分：第一部分为虚拟现实基础理论及技术，首先介绍了虚拟现实的基本概念、基本原理、基本构成，接着重点论述如何运用 Unity 引擎工具进行虚拟三维场景建模，如何组合运用组件，如灯光系统、粒子系统、物理系统进行过程化模拟和结构仿真，如何运用脚本工具进行交互逻辑设计等内容；第二部分为虚拟现实项目开发，主要包括基于 VR 端的虚拟场景漫游、三维全景漫游等基本虚拟现实项目的开发流程。书中包含 12 个虚拟现实实践项目，有助于读者更快地掌握虚拟现实项目的实施。

本书为新形态教材，依托教育部产学合作协同育人项目的两项教改项目，与之配套的有与国内领先的虚拟现实技术公司上海遥知信息技术有限公司合作开发的 TeachForward 虚拟现实教学资源云平台和 ImageSpace 虚拟仿真教学实践云平台，同时依托省级一流本科课程"虚拟现实与数字娱乐"，可以更好地服务于相关课程的理论教学及实践教学。本书的所有章节都通过国家公共慕课平台智慧树在线课程予以开放，真正实现了教材的多元化、立体化和在线化，适用于目前主流的教学及学习方式。

在本书的编写过程中，艾地负责全书的统筹安排和撰写，并得到了产学合作单位上海遥知信息技术有限公司在教学资源和实践平台方面的大力支持，在此表示感谢。上海遥知信息技术有限公司的宛朝晖、张灵敏两位工程师对本书中的部分技术环节提出了修改意见，同时，江汉大学数字媒体技术系2022级的杨国丽、方高洋、杜逸婷、吴润州、王灿、王璐凯、陈英杰、张瑶、罗婧研九位同学为本书的文字整理及校对工作付出了辛勤的劳动，在此一并向他们表示由衷的感谢。

艾　地

目　录

第1章　虚拟现实概述 ························ 001

　　1.1　虚拟现实的"前世今生"　/　001

　　　　1.1.1　虚拟现实的定义、特征及发展历程　/　001

　　　　1.1.2　广义虚拟现实应用技术分类及应用领域　/　013

　　　　1.1.3　虚拟现实与元宇宙　/　022

　　1.2　虚拟现实技术的基本原理　/　030

　　　　1.2.1　虚拟现实的关键核心技术　/　030

　　　　1.2.2　虚拟现实系统的构成　/　046

　　1.3　虚拟现实系统的硬件设备　/　048

　　　　1.3.1　虚拟现实系统的输出设备　/　048

　　　　1.3.2　虚拟现实系统的输入设备　/　051

　　　　1.3.3　虚拟现实系统的生成设备　/　052

　　1.4　虚拟现实系统的开发工具　/　054

　　　　1.4.1　虚拟现实系统的三维建模工具　/　054

　　　　1.4.2　虚拟现实项目开发的主要脚本语言及工具　/　061

　　　　1.4.3　虚拟现实系统的开发引擎　/　065

　　1.5　本章实践项目　/　070

　　　　实践项目一：Unity 3D 的安装及配置　/　070

第2章　虚拟三维场景与基础地形制作 ················ 080

　　2.1　虚拟三维场景　/　080

　　2.2　基础地形的制作与优化　/　082

　　　　2.2.1　基础地形绘制　/　082

2.2.2　地形场景的优化　/　099

2.2.3　地形的导出和导入　/　106

2.3　本章实践项目　/　111

实践项目二：山峰地形制作　　/　112

实践项目三：岛屿地形制作　　/　119

实践项目四：雪地地形制作　　/　128

实践项目五：沙漠地形制作　　/　134

第3章　灯光系统 ·········· 142

3.1　灯光系统概述　/　142

3.1.1　灯光系统的分类　/　143

3.1.2　灯光系统制作案例——手电筒效果制作　/　145

3.2　灯光系统与烘焙贴图　/　150

3.2.1　烘焙光照　/　150

3.2.2　烘焙参数设置　/　152

3.2.3　场景烘焙案例　/　154

3.3　材质与贴图　/　156

3.3.1　Unity 中的透明玻璃和彩色玻璃的制作方法　/　157

3.3.2　彩色玻璃的效果制作　/　159

3.3.3　金属材质的效果制作　/　160

3.3.4　普通木地板的效果制作　/　163

3.3.5　带孔镂空金属板的效果制作　/　169

第4章　可视化交互开发脚本工具 PlayMaker ·········· 174

4.1　PlayMaker 简介、安装及基本界面操作　/　174

4.1.1　PlayMaker 简介　/　174

4.1.2　PlayMaker 的安装　/　175

4.1.3　PlayMaker 基本界面操作　/　178

4.2　PlayMaker 的基础功能应用　/　182

4.2.1　基础功能之材质切换　/　183

4.2.2　基础功能之开关灯　/　196

4.2.3　基础功能之开关音乐　/　204

4.2.4　基础功能之视角切换　/　215

4.3　本章实践项目　/　224

实践项目六：PlayMaker 开关手电筒　/　225

实践项目七：感应灯区域检测及延时触发　/　234

第 5 章　粒子系统 ··· 244

5.1　粒子特效概述　/　244

5.2　粒子特效案例制作　/　245

5.2.1　粒子系统的创建　/　245

5.2.2　粒子系统功能模块介绍　/　246

5.2.3　火焰特效案例分析　/　250

5.2.4　战斗机尾焰案例分析　/　255

5.2.5　云雾粒子特效制作　/　259

5.2.6　下雨粒子特效制作　/　264

5.3　本章实践项目　/　272

实践项目八：落叶粒子特效制作　/　272

实践项目九：瀑布粒子特效制作　/　278

第 6 章　物理系统 ··· 285

6.1　物理系统概述　/　285

6.2　刚体组件及其应用　/　287

6.3　物理材质组件及其应用　/　294

6.4　碰撞体组件及其应用　/　299

6.5　布料组件及其应用　/　309

6.6　关节组件及其应用　/　324

6.7　本章实践项目　/　359

实践项目十：物理系统综合案例　/　359

第7章　基于VR头盔和手柄的交互开发技术················ 364

7.1　基础开发环境配置与运行　/　364

7.1.1　HTC开发环境配置与运行　/　364

7.1.2　Pico开发环境配置与运行　/　370

7.2　场景瞬移　/　381

7.3　物体拾取　/　385

7.3.1　物体拾取的步骤　/　385

7.3.2　"Teleporting"预制体的作用和工作原理　/　386

7.4　线性拖拽　/　388

7.5　VR射线交互　/　391

7.6　本章实践项目　/　400

实践项目十一：地形场景VR交互案例　/　400

实践项目十二：园林漫游VR项目案例　/　405

第8章　三维全景技术················ 423

8.1　三维全景技术概述　/　423

8.1.1　全景技术介绍　/　423

8.1.2　全景视频　/　425

8.2　三维全景技术的硬件设备　/　426

8.2.1　三维全景技术的设备介绍　/　426

8.2.2　全景项目开发　/　428

8.3　三维全景影像拍摄与处理　/　429

8.3.1　全景影像的拍摄　/　429

8.3.2　全景视频画面处理　/　432

8.4　全景视频播放与交互设计　/　436

8.4.1　全景视频导入及播放（计算机端）　/　436

8.4.2　全景视频交互功能实现　/　440

8.4.3　全景视频的VR端观看　/　447

参考文献················ 452

第1章　虚拟现实概述

通过本章的学习，我们将掌握虚拟现实、混合现实、增强现实和元宇宙的基本概念；理解虚拟现实的关键核心技术，掌握虚拟现实系统的基本构成；能够正确安装和配置虚拟现实开发引擎——Unity 3D；初步具备"元宇宙"数字科技素养。

1.1　虚拟现实的"前世今生"

在本节内容里，我们将一起追根溯源，探究虚拟现实的前世今生。

1.1.1　虚拟现实的定义、特征及发展历程

1. 虚拟现实的定义

（1）关于"虚"与"实"的历史探讨

在《庄子·齐物论》里，有这样一段有趣的描述："昔者庄周梦为蝴蝶，栩栩然蝴蝶也，自喻适志与！不知周也。俄然觉，则蘧蘧然周也。不知周之梦为蝴蝶与，蝴蝶之梦为周与？"这段话的大概意思是，庄周将自己想象成了一只蝴蝶，最后却不知道是自己变成了蝴蝶，还是蝴蝶变成了自己。虚虚实实，实实虚虚，虚实交融。实际上，这是中国古代有文字记载的对"虚"和"实"的一段哲学思考。

其实，古今中外，还有不少哲学家或思想家对"虚"和"实"做出了自己的诠释。例如，柏拉图认为：真正的世界只是存在于我们的想象中；笛卡尔认为：我思故我在；《金刚经》中写道：一切有为法，如梦幻泡影，如露亦如电，应作如是观……从这些关于"虚"和"实"的历史探讨中，可以看出人类从古到今对于"虚"和"实"的概念自始至终都有探究之心。究其根

本，其实从心理学和生理学的角度来讲，对虚拟世界的追求其实也是人的一种本能。

例如，上课时，有的学生偶尔会走神，大多数人都会经历这种情况，这是一种很自然的现象。据心理学家统计，每个人每天大约会走神 2000 次，我们的大脑一天中有 15%~25% 的时间都在开小差。再如做梦，人类的大脑存储了各种信息，人在睡眠时，大脑对这些信息进行不同虚拟景象的组合与合理化，随后就形成了梦。

随着科学技术和文化艺术的不断发展，越来越多的创作者开始以幻想、梦境等为灵感，利用其多变性与不定性的特点，创作出大量优秀的文学作品、影视作品，如大家比较熟悉的电影《黑客帝国》《盗梦空间》、文学作品《爱丽丝梦游仙境》《三体》等。这些无一不是对于虚拟世界的一种深入探究。

（2）"虚拟现实"概念的确立

一直到 20 世纪中后期，学者们才将虚拟现实作为一个正式的领域，对其进行学术研究。对"虚拟现实"这一名词概念的提出和界定，始于 1989 年美国思想家杰伦·拉尼尔（Jaron Lanier）发明的一个英文单词——Virtual Reality（VR）。后来也有其他学者针对虚拟现实提出了全新的命名，如灵镜、幻境、赛博空间等。但是，在世界范围内得到当今学术界广泛认同的名称还是虚拟现实（VR）。

虚拟现实包括两个层面的含义：一个是虚拟的现实，另一个是虚拟化的现实。如何深入理解虚拟现实的这两层含义呢？需要将虚拟现实系统中的现实进行分类区别。

虚拟现实系统中的现实分为三类：

第一类是模仿真实世界中的环境，如图 1.1.1 所示的数字故宫。这类数字博物馆项目来源于真实世界的场景，其运用虚拟现实技术、三维图形图像技术、计算机网络技术、立体显示系统、互动娱乐技术、特种视效技术，将现实中存在的实体博物馆以三维立体形式完整地呈现为网络上的虚拟博物馆。

图 1.1.1　数字故宫

第二类是由人类主观思维派生的、虚构出的环境。既然是虚构的，在现实世界中就不存在，如网络游戏中的场景、自主构造的元宇宙数字空间等。实际上，这些环境在真实世界中并不存在，只是创作者、游戏开发者、游戏玩家主观虚构和营造的环境，如图 1.1.2 所示。

图1.1.2　人类主观虚构的环境

　　第三类则是模仿真实世界中存在的，但仅凭人类肉眼不可见或难以到达的环境，如蛋白质的分子结构、人体内的器官、地壳之下的分层结构等。显而易见，此类结构微小或处于极端环境下的场景，人们是无法通过常规方式看到和接触到的，如图1.1.3所示。

（a）蛋白质的分子结构

（b）人体内的器官

（c）地热能开发

图 1.1.3　人类无法通过常规方式看到或接触到的场景

通过以上对虚拟现实中的"现实"进行分类剖析，可以对虚拟现实进行定义：虚拟现实是计算机生成的、给予人类以多种感官刺激的虚拟环境，用户能够以无限接近现实的、自然的交互方式与该环境进行交互，从而产生置身于相应的真实环境中的虚幻感和沉浸感，达到身临其境的感觉。

2.　虚拟现实的主要特征

根据以上虚拟现实定义中的关键词，可以提炼出虚拟现实的三个主要特征——多感知性、交互性、沉浸感，具备这三个关键特征的虚拟环境，就称为虚拟现实。

第一个关键特征——多感知性。多感知性是指计算机能够生成一个给人带来多种感官刺激相结合的虚拟环境，如视觉感知、听觉感知、力觉感知、触觉感知、运动感知，甚至包括味觉感知、嗅觉感知等。

除了由计算机和开发引擎提供的虚拟现实环境，以上感官体验效果需要依靠不同的外部设备来辅助完成。例如，可以让用户在虚拟现实环境中行走且保持在固定位置上的 VR 跑步机、可模拟人体触觉反馈的触觉手套、能够实时捕捉用户身体动作的全身追踪设备等，这些设备的结合使用更能提升 VR 体验的沉浸感和真实感。实验室和生活中常见的辅助用户进行各种感知的设备如图 1.1.4 所示。

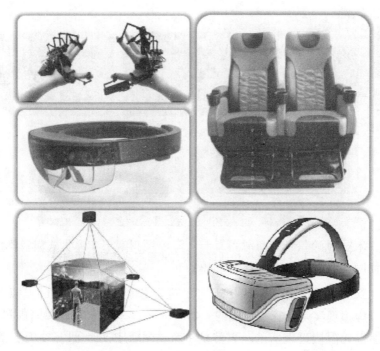

图 1.1.4　多感知性

第二个关键特征——交互性。交互性是指，在虚拟现实环境中，人们能够以尽可能接近现实的方式，通过专用的交互设备与虚拟世界中的个体进行交互，交互设备包括头盔、数据手套、跟踪器、触觉和力反馈装置等。图1.1.5（a）所示为操作者在实验室中佩戴 VR 眼镜，与虚拟环境进行交互的情景；图 1.1.5（b）所示为操作者佩戴 VR 眼镜后其视野中显示的画面，即操作者以第一视角来到机器人工厂的仿真环境，其可以观摩各种机器人，还可以通过手柄进行交互，操控相应的设备组装机器人。

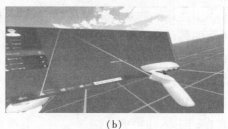

（a）　　　　　　　　　　　　　　　（b）

图 1.1.5　交互性

　　第三个关键特征——沉浸感。沉浸感也称存在感、临场感，即所有的多感知性和交互性，最终都需要实现对介入者的刺激，而且在物理上和常规认知上要符合现实世界中已有的一些经验，从而能够让介入者作为主角，实现模拟环境中的真实沉浸感，如图 1.1.6 所示。沉浸感的实现不仅依赖于硬件设备的功能和质量，也与软件的设计、用户的心理状态和使用场景等因素密切相关。高沉浸感能够使用户更加专注于虚拟体验，可以说，如果缺少了这种沉浸感，那么虚拟现实的一切都将无从谈起。

图 1.1.6　沉浸感

　　例如，韩国综艺节目《遇见你》讲述了一个利用虚拟现实技术帮助一位母亲与已故女儿重逢的感人故事。这个项目是由韩国的一个技术团队在 8 个月的时间里完成的，他们利用虚拟现实技术重现了女儿的形象和声音，让母亲能够在虚拟现实世界里再次"见到"她。

　　这个案例展示了虚拟现实技术在情感交流和心理治疗方面的潜力。通过模拟真实环境和人物，虚拟现实可以为人们提供一种新的沟通和体验方式，尤其是在处理失去亲人的悲痛时，这样的技术可能给人带来安慰和治愈感。当然，这种技术的应用也引发了一些伦理和哲学上的讨论，如虚拟重现的界限在哪里，以及它对人们处理悲伤和接受失去的过程可能产生何种影响。

3. 虚拟现实技术的发展历程

　　探究了虚拟现实的定义和基本特征，大家可能会思考一个问题：虚拟现实的相关技术是如何发展的？

　　我们从技术的发展史中追根溯源虚拟现实技术的基础。其实人类从拥有原始视觉开始，就在探究应该如何保存各种画面；随着摄影技术的发明和应用，人们开始利用机器对图像进行记录和保存；发明电影机后，人们能够进一步获得动态的影像；计算机出现后，计算机图形学开始兴起，随着各种立体显示设备的发明，应运而生的是各种三维立体电影和巨幕立体电影，这些技术的产生，都为虚拟现实技术提供了良好的技术基础。虚拟现实技术的发展历程如图1.1.7所示。

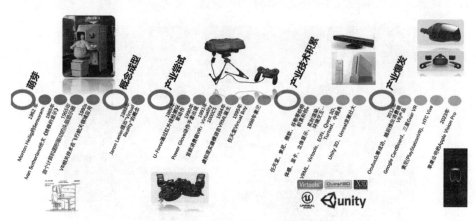

图1.1.7　虚拟现实技术的发展历程

　　真正将虚拟现实作为一门技术进行独立研究和产业应用，要从20世纪60年代说起，标志性的事件就是1965年首个基于计算机图形驱动的头盔显示器问世；接着是1989年杰伦·拉尼尔提出的"Virtual Reality"概念的成型，其标志着虚拟现实正式成为一项研究及一个应用领域。从20世纪90年代开始，世界范围内各大计算机及互联网公司开始在虚拟现实技术方面进行尝试，随之而来的是各种虚拟现实技术和设备的研发与量产，如图1.1.8所示。

图1.1.8　虚拟现实技术产业发展历程

随着技术的不断进步，VR 硬件和软件产业进入商业化开发阶段。以虚拟现实硬件为例，21 世纪初，任天堂、索尼、微软、谷歌等互联网及科技硬件企业纷纷推出了各种 VR 方向应用级和商业级的产品；2012 年，虚拟现实产业进入爆发期，Oculus 众筹成功，标志着 VR 产业的复兴。随后，许多公司纷纷跟进，开始在市场中推出消费级 VR 设备，谷歌、索尼、三星、HTC、苹果、字节跳动等公司也纷纷推出了自己的 VR 硬件产品与应用市场，如图 1.1.9 所示。

图 1.1.9　虚拟现实硬件设备

以头盔手柄套装为例，自 20 世纪 60 年代诞生以来，其经历了多次迭代和革新：从早期的 VR BOX（手机盒子）到 PC VR（个人计算机虚拟现实），再到 VR 一体机（独立式虚拟现实设备），如图 1.1.10 所示。

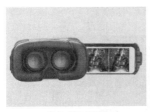

　　(a) VR BOX　　　　　　　(b) PC VR　　　　　　(c) VR 一体机

图 1.1.10　头盔手柄的发展历程

（1）VR BOX（手机盒子）

这是虚拟现实技术早期较为普及的一种应用形式，通常由一个塑料或纸板制成的盒子组成，内部装有光学镜片。用户将智能手机放入盒子中，手机屏幕显示的图像经过镜片放大，形成立体视觉效果。这种设备成本较低，易于获取，但体验感相对较差，依赖于手机的性能和屏幕分辨率。

（2）PC VR（个人计算机虚拟现实）

随着个人计算机性能的提升，PC VR 开始出现，它们通常需要连接到高性能的个人计算机上。这类设备提供了更高质量的图像渲染和更精确的头部追踪效果，能够提供更好的沉浸式体验。代表性的产品有 Oculus Rift、HTC Vive 和 Valve Index 等。PC VR 通常配备外部传感器来追踪用户的头部和手部动作，以提供更精确的交互。

（3）VR 一体机（独立式虚拟现实设备）

VR 一体机是近年来发展起来的一种设备，它将计算单元、显示屏和传感器集成在一个头戴式设备中，无须连接外部计算机。这种设备的优点是具有便携性和易用性，用户可以随时随地使用，不需要额外的硬件支持。代表性的产品有 Oculus Quest、HTC Vive Focus 和 Pico Neo 等。VR 一体机在性能和体验上逐渐接近 PC VR，但通常仍然受到其内置处理器性能的限制。

虚拟现实动作捕捉技术是一种通过传感器和算法捕捉真实世界中的人体动作，并将其映射到虚拟环境中的技术。它通常是在人体的关键部位，如关节、手腕、脚踝等处安装传感器，这些传感器能够实时记录并传输动作数据。然后，通过软件处理，将这些数据转化为虚拟角色的动作，实现真实动作与虚拟角色的同步，如图 1.1.11 所示。这项技术在游戏、电影制作、模拟训练以及虚拟现实体验中有着广泛的应用。随着传感器技术、数据处理能力和算法的不断进步，动作捕捉技术正变得越来越精确和高效，为用户带来了更加自然和沉浸式的虚拟体验。

图 1.1.11　动作捕捉

　　VR 体感设备是一类能够让用户通过身体动作与虚拟现实环境进行交互的硬件设备，如图 1.1.12 所示。它们通常包括手持控制器、全身动作捕捉系统和特殊的服装或手套，这些设备通过内置的传感器捕捉用户的身体动作、手势和位置变化，并将这些数据实时转换为虚拟世界中的相应动作。这样的交互方式极大地增强了用户的沉浸感和参与感，使得虚拟现实体验更加生动和真实。随着技术的发展，VR 体感设备正变得越来越精确和易于使用，为用户提供了更加丰富和直观的虚拟互动体验。

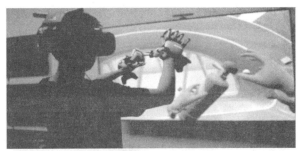

图 1.1.12　体感设备

在软件的基础上,人们发明了许多与开发引擎适配、功能丰富且成熟的硬件设备,正是这些硬件和软件的蓬勃发展,使得虚拟现实技术进入一个全新的领域,将人们带入一个新的发展阶段——元宇宙时代。在未来,虚拟现实终端有望变得更加轻便、高性能且完全无线,为人们提供无缝的沉浸式体验。这些设备可能会集成先进的眼动追踪、触觉反馈和生物识别技术,以实现更自然和更直观的交互。随着5G和云计算技术的发展,未来的虚拟现实终端可能会依赖云服务来实现复杂的图形渲染和数据处理,从而减少对本地硬件的依赖。此外,随着人工智能和机器学习技术的进步,虚拟现实终端可能会提供更加个性化和智能化的体验,能够预测用户的需求并实时调整相关内容。这些创新将推动虚拟现实技术在娱乐、教育、医疗和远程工作等多个领域的广泛应用,如图1.1.13所示。

图 1.1.13　未来终端

课后任务

1. 了解虚拟现实技术的发展历程，体验虚拟现实项目。

2. 选择一款现有的 VR 设备（如 Oculus Rift、HTC Vive 或 Oculus Quest），研究其技术规格、用户评价和应用场景。然后撰写一份报告，总结其优势和局限性。

3. 体验一下 VR 设备，感受多感知性和交互性。记录下你的体验过程和感受，并思考哪些方面可以有所改进。

1.1.2　广义虚拟现实应用技术分类及应用领域

1. 虚拟现实应用技术分类

在广义的虚拟现实中，除了狭义的虚拟现实（VR），还包含增强现实（Augmented Reality，AR）和混合现实（Mixed Reality，MR）这两种不同的沉浸式技术，尽管它们有相似之处，但在技术实现方式与用户体验上存在显著区别。

狭义的虚拟现实，是利用相关设备模拟产生一个三维虚拟空间，提供视觉、听觉、触觉等感官的模拟功能，让使用者如同身临其境。用户通常使用虚拟现实设备体验虚拟现实，在虚拟现实环境中，用户只能体验到虚拟世界，无法看到真实环境，如图 1.1.14 所示。

图 1.1.14　VR 设备

　　增强现实是狭义虚拟现实技术的延伸，能够把计算机生成的虚拟信息叠加到真实场景中并与人实现交互，其目的是增强人们对现实中客观事物的感知与理解。在增强现实环境中，既能看到真实世界，又能看到虚拟事物。

　　混合现实技术是增强现实技术的升级版，它将虚拟世界和真实世界融合成一个无缝衔接的虚实融合世界，其中的物理实体和数字对象之间满足真实的三维投影关系，同时允许用户在真实世界和虚拟世界之间进行交互，例如使用 MR 头盔（眼镜）打造"实幻交织"的环境。在混合现实环境中，用户难以分辨真实世界与虚拟世界的边界。

2. 增强现实技术概述及应用

　　增强现实也称扩增现实，是一种通过计算机生成的内容，以真实环境为基础，将虚拟信息与真实世界巧妙融合的技术，通过叠加数字信息来增强用户的感知，提供丰富的交互体验，其广泛融合了多媒体、三维建模、运动跟踪、多模态交互等多种技术手段，如图 1.1.15 所示。

图 1.1.15　增强现实技术

　　增强现实技术将虚拟的信息应用到真实世界，真实的环境和虚拟的物体被实时地叠加到同一个画面或空间中同时存在，等同于"真实世界+数字化信息"。

　　增强现实技术具有三大特点：一是虚实信息的相关性，增强现实技术将计算机生成的虚拟信息叠加到真实世界的场景中，以实现对现实场景更直观、深入的了解和解读。增强现实系统利用设备摄像头和传感器扫描周围环境，能够实时、高效地生成空间模型，以确保虚拟对象能够准确且自然地嵌入现实环境中。虚拟信息可以是与真实物体相关的视频、文字，也可以是虚拟的三维物体和场景。二是实时交互性，通过增强现实系统中的交互接口设备，用户可通过自然的方式与增强现实环境进行交互操作，如通过手势、语音指令来操作虚拟对象，并能够提供相应的实时互动反馈。这种交互需要满足实时性。三是三维跟踪，通过图形跟踪和定位跟踪技术，计算机产生的虚拟信息与真实环境进行位置匹配，用户在真实环境中运动时，虚拟信息也将在三维空间中维持正确的相对位置，如图 1.1.16 所示。

图 1.1.16　增强现实技术的应用

　　增强现实同狭义虚拟现实一样，都是多种技术纵横融合的产物，伴随着这些技术的升级，增强现实的实现方式也在不断扩增与创新。接下来，我们将介绍增强现实技术在当前较为成熟的应用和常用的实现方式。

　　一是对特定图像的识别。通过对特定图片的预处理，提取图片信息点，当摄像头拍摄到的内容中含有这些信息点时，可以根据信息点的位置叠加信息，完成预处理后的图片也被称为识别图，系统识别成功后会确定特定图像并进行跟踪，随着用户设备的移动，虚拟内容也能同时保持在正确的位置。最常见的是在识别图上叠加 3D 模型、视频和声音，如图 1.1.17 所示。

图 1.1.17　特定图像识别

二是地理信息定位。通过识别所在位置的经纬度信息、摄像头朝向等，根据用户位置获取相应的地理信息，进而在摄像头拍摄到的内容中叠加虚拟信息。其典型应用是增强现实定位及导航，如图 1.1.18 所示。

图 1.1.18　地理信息定位

三是面部识别。利用计算机视觉算法与面部识别技术，识别用户面部及五官位置，然后在其上叠加内容，根据用户指令实现实时的图像计算与渲染，如虚拟化妆程序、苹果 iOS 系统中的 Animoji 表情贴图等，如图 1.1.19 所示。

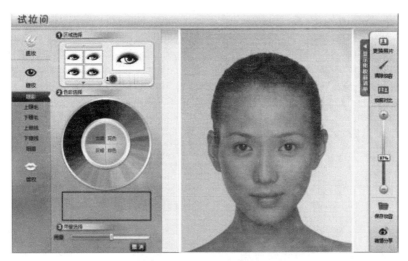

图 1.1.19　面部识别

目前常用的增强现实开发工具有 Easy AR、Vuforia Engine 等，这些开发工具支持开发者借助 Unity 虚拟现实引擎，更高效、快速地完成常见的增强现实功能的开发。如图 1.1.20 所示，当摄像头拍摄到一个特定的预设识别图时，即可在识别图上显示特定的 3D 卡通模型，模型可以播放对应动画。此效果是使用 Unity 3D 和 Easy AR 开发的一项常见的 AR 功能。

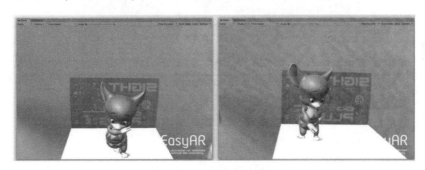

图 1.1.20　动态模型 1

除了平面识别图，增强现实技术也支持对 3D 模型的识别，可通过计算机的图像输入设备采集包含特定纹理的 3D 模型。如图 1.1.21 所示，摄像头拍摄到特定的 3D 模型后，在模型一端将显示一束火焰，火焰呈现动态效果并跟随模型移动。该功能同样使用 Unity 3D 和 Easy AR 开发实现。

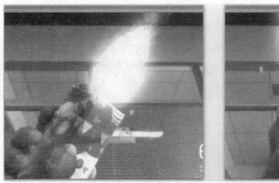

图 1.1.21 动态模型 2

3. 混合现实技术概述及应用

混合现实是指合并现实和虚拟世界而产生新的可视化环境。借助混合现实技术，可在新的可视化环境里实现虚拟信息和现实环境共存，并可实时交互。它具有强真实性、实时互动性等特点，如图 1.1.22 所示。

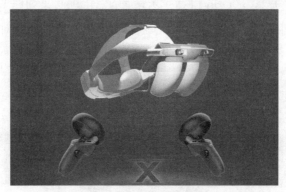

图 1.1.22 混合现实设备

混合现实技术与人工智能、量子计算被认为是未来将显著提高生产率和体验感的三大科技。随着科技的迭代发展，尤其是 5G 网络通信技术的高速发展，各行各业都将大规模应用混合现实技术。

混合现实技术可将真实场景和虚拟场景非常自然地融合在一起，它们之间可以发生真实度极高的实时交互，让人们难以区分哪部分是真实的，哪部分是虚拟的。

依托这一特点，混合现实技术得到快速发展，当前被广泛应用于电气工业、教育培训、娱乐、房地产等行业，并在营销、运营、物流、服务等多个环节得到充分应用。以下是目前混合现实技术应用较为广泛的领域。

首先，工业是目前对混合现实技术需求最强烈的行业。混合现实技术可以在日常工作的真实环境中为工人提供重要的信息，包括设备维护手册、设备运行参数，以及远程专家指导等，而且在使用头戴式混合现实设备时，不会影响人们对身边真实环境的观察，同时还能解放出双手进行其他的实时操作，如图 1.1.23 所示。

图 1.1.23　混合现实技术应用领域——工业

其次，在教育领域，混合现实技术可将需要进行虚拟仿真的重点实验内容，通过混合现实设备逼真、可操作、能协同地呈现出来，帮助师生跨越传统教学实验与实践之间认知差别的鸿沟，让学生在学习期间就能认识、熟知和学会工作中需要的专业技能，如图 1.1.24 所示。

图 1.1.24　混合现实技术应用领域——教育

最后，在医疗领域，混合现实技术可通过读取患者的 CT、核磁共振、X 光片等数据，生成 3D 全息影像模型，这使得混合现实技术对于特定类型的手术实施具有重大意义。通过实体与混合现实模型的叠加，可以高效地进行临床技能培训，提高学习效率，加速年轻医生成长，缩短医学生培养周期。除此之外，借助混合现实技术与网络的远程虚拟场景同步，其在远程医学教育中也具有极大的发展潜力，如图 1.1.25 所示。

图 1.1.25　混合现实技术应用领域——医疗

4. VR、AR、MR 技术的区别和联系

AR 和 MR 技术的相同之处在于，都要求尽可能多地引入现实元素，并做到虚实融合，暂且将这两种技术归为一类。对于 VR 技术而言，其环境强调沉浸感，需要完整的虚拟现实体验，因此，VR 技术需要尽可能地隔绝现实环境。

VR 设备通常会使用海绵等材料将眼睛和屏幕封闭起来，而 AR 及 MR 设备则会选用透光率高的镜片、广角摄像头等部件，在虚拟信息不受干扰的前提下，尽量多地融合展示客观真实环境，两者在这方面的要求截然相反。

AR 和 MR 技术同样存在区别，AR 技术强调虚拟图像的信息性，图像需要在正确的位置出现，给用户增加信息量，增强用户对客观事物的理解和认知，但其对虚拟图像的真实感不做严格要求，不强调虚拟信息与真实场景的遮挡和光照。

MR 技术则强调虚拟图像的真实性，需要与真实场景进行像素级交叉和遮挡，要求虚拟场景具有真实的光照，符合设计需求的物理动态效果，确保虚拟信息能够与真实场景自然地混合在一起。

VR、AR、MR 技术的区别如图 1.1.26 所示。

（a）虚拟现实（VR）："无中生有"	（b）增强现实（AR）："锦上添花"	（c）混合现实（MR）："实幻交织"
在 VR 中，用户只能体验到虚拟世界，无法看到真实环境	在 AR 中，用户既能看到真实世界，又能看到虚拟事物	在 MR 中，用户难以分辨真实世界与虚拟世界的边界

图 1.1.26　VR、AR、MR 技术的区别

5. 扩展现实技术简介

扩展现实（Extended Reality，XR），是一个涵盖所有形式的现实和虚拟环境的总称，它通过计算机技术和可穿戴设备将物理世界与数字世界无缝结合。XR 是一个广泛的术语，包括虚拟现实（VR）、增强现实（AR）、混合现实（MR）以及其他所有可能的现实扩展形式，如图 1.1.27 所示。

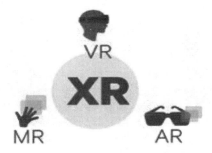

图 1.1.27　扩展现实技术

1. 列出 VR、AR、MR 技术的主要区别，并解释每种技术在特定应用场景下的优势。

2. 思考并描述你认为未来 XR 技术将如何发展，并探讨它可能给社会和经济带来的影响。

1.1.3 虚拟现实与元宇宙

1. 元宇宙的起源

美国数学家和计算机专家弗诺·文奇（Vernor Vinge）在 1981 年出版的小说《真名实姓》中，创造性地构思了一个通过脑机接口进入并获得感官体验的虚拟世界，这是目前受到广泛认可的"元宇宙"的思想源头。

"元宇宙"这个词语的诞生，可以追溯到 1992 年的科幻小说《雪崩》。小说中描绘了一个庞大的虚拟现实世界，人们控制自己的自定义数字化身在虚拟世界中活动，通过竞争提高自己的地位。这是一个超前的未来世界，一个比地球大得多的元宇宙世界，一个由互联网技术和虚拟现实技术创造出来的虚拟世界。小说的作者史蒂芬森设想的元宇宙是一个由无数个三维虚拟空间组成的网络，人们可以在其中进行社交、娱乐和商业活动，如图 1.1.28 所示。

图 1.1.28　《雪崩》所描绘的未来元宇宙

当然，以上这些只是人类对"元宇宙"的一种构想。究竟什么是元宇宙？元宇宙会给人类带来哪些改变？下面将从技术实现的层面探究元宇宙的演变过程。

2. 元宇宙的演变过程

起初，元宇宙的雏形是一些简单的在线游戏，如《第二人生》和《我的世界》等。

2003 年，美国林顿（Linden）实验室推出其首款虚拟游戏《第二人生》（*Second Life*），这是最早的元宇宙雏形之一，玩家可以在游戏中实现许多现实生活中的行为，如社交、学习、工作、吃饭、睡觉、购物、开车、旅游等，如图 1.1.29 所示。

图 1.1.29　游戏《第二人生》

诞生于 2009 年的沙盒类游戏《我的世界》也是一个非常著名的元宇宙项目。《我的世界》操作简单但玩法很丰富，玩家可以在游戏中自由地采集、交易物品，也可以按照自己的想法来创造一切，如图 1.1.30 所示。

图 1.1.30　游戏《我的世界》

之后，随着虚拟现实技术的兴起，人们开始尝试将虚拟现实与元宇宙相结合。

2006 年，Roblox 公司发布了同时兼容虚拟世界、休闲游戏和用户自建内容等多种风格特色的沙盒游戏《Roblox》（见图 1.1.31），该公司于 2021 年在纽约证券交易所上市，被誉为元宇宙第一股。

图 1.1.31　游戏《Roblox》

2010 年以后，随着区块链技术的发展，元宇宙技术的应用得到了进一步拓展。现在，元宇宙已经发展成为一个真正的数字经济和社交平台，如图 1.1.32 所示。

图 1.1.32　元宇宙的发展

2014 年，Facebook（脸书）公司以 20 亿美元收购 Oculus 公司，这是被外界视为 Facebook 公司为未来买单的举措。在 Facebook 公司看来，Oculus 的技术带来了全新的体验和可能性，不仅在游戏领域，还在生活、教育、医疗等诸多领域拥有广阔的想象空间。

2021 年，被业界公认为"元宇宙元年"，这一年的标志性事件为：Facebook 公司在以 20 亿美元收购 Oculus 后，将其公司更名为 Meta Platforms Inc（简称 Meta），并正式宣布转型为元宇宙公司。在此之后，众多国际科技大企业纷纷推出在元宇宙领域的布局产品，轰轰烈烈的元宇宙时代于 2021 年在投资圈与科技圈拉开大幕。国内的阿里、腾讯、字节跳动、网易、百度、京东等互联网巨头也纷纷加入元宇宙赛道，争相布局。

究竟什么是元宇宙？

元宇宙的英文单词是"Metaverse"，业界认为，元宇宙是人类运用数字技术构建的，由现实世界映射或超越现实世界，可与现实世界交互的数字平行虚拟世界，是具备新型社会体系的数字生活空间。"元宇宙"本身并不是新技术，其技术底座集成了一大批现有技术，包括 5G、云计算、人工智能、虚拟现实、区块链、数字货币、物联网、人机交互等，并形成了科技新形态，如图 1.1.33 所示。

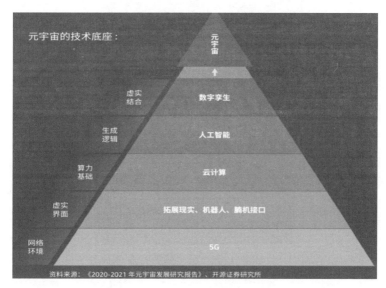

图 1.1.33　元宇宙的技术底座

资料来源：清华大学新媒体研究中心. 2020—2021 年元宇宙发展研究报告［R］. 2022.

3. 元宇宙的发展特点

元宇宙并不是一个新领域，其发展是循序渐进的，是在共享的基础设施、标准及协议的支撑下，由众多工具、平台不断融合、进化而最终形成的，经历了从 Web1.0、Web2.0 到 Web3.0 的时代，如图 1.1.34 所示。

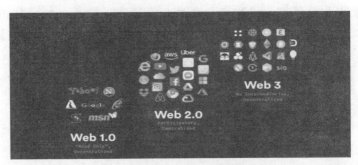

图 1.1.34　元宇宙的发展历程

元宇宙的主要特点如下：多种高技术综合、与现实世界平行、反作用于现实世界，如图 1.1.35 所示。

图 1.1.35　元宇宙的特点

4. 元宇宙的应用场景

元宇宙作为一个虚拟的多维度数字世界，具有广泛的应用场景，涵盖了游戏、社交、教育、医疗、金融、艺术等多个领域。目前应用较为普遍的领域是数字文旅产业，文旅实体场景是元宇宙最天然的入口，通过元宇宙技术赋能景区、乐园、历史古迹、博物馆等文旅场景，突破传统文旅"时"与"空"的局限，使用户获得沉浸感和交互体验，其技术实现形式主要包括 3D 数字游览空间、AR 数字化景区、数字博物馆、数字艺术展览等，如图 1.1.36 所示。

图 1.1.36　3D 数字游览空间

5. 虚拟现实技术与元宇宙的关系

　　虚拟现实技术是通往元宇宙世界的底层技术，是元宇宙与人类感官链接的核心技术，可以说是元宇宙不可缺少的关键一环。那么，虚拟现实技术对元宇宙有哪些具体的影响呢？

　　第一，虚拟现实技术可以为用户提供身临其境的虚拟空间体验，使元宇宙更具沉浸感和临场感，如图 1.1.37 所示。

图 1.1.37　身临其境的虚拟空间体验

　　第二，虚拟现实技术支持多人同时参与虚拟空间，使得大规模的社交互动和协作成为可能，为构建元宇宙中的社区和市场打下了基础。通过虚拟现实技术，人们可以在虚拟世界中扮演全新的虚拟角色，拥有新的能力，获得崭新的感官知觉，这将给人们带来全新的生活与社交方式，如图 1.1.38 所示。

图 1.1.38　多人同时参与的虚拟空间

　　第三，随着虚拟现实技术的不断进步，将打破物理限制，创造更加奇幻的元宇宙世界，如图 1.1.39 所示。

图 1.1.39　云宇宙的奇幻化

图 1.1.39　云宇宙的奇幻化（续）

　　第四，广义的虚拟现实技术也包括增强现实技术，它将虚拟世界与真实世界相融合，使元宇宙可以进一步赋能现实生活。通过增强现实设备，人们可以在日常生活中看到虚拟元素的叠加，如信息标签、导航指示和互动活动等。这种融合将带来更丰富、更实用的体验，无论是在工作、学习还是在娱乐中，如图 1.1.40 所示。

图 1.1.40　元宇宙赋能生活

　　综上所述，虚拟现实技术将对元宇宙产生重要的影响，使元宇宙更加沉浸化、社交化、奇幻化和实用化。

 课后任务

　　选择一部描绘元宇宙或虚拟现实世界的科幻小说或电影，如《雪崩》或《头号玩家》，分析其对元宇宙概念的描述，并探讨这些描述与现实中元宇宙技术的发展有何异同。

1.2 虚拟现实技术的基本原理

通过前面的学习，我们已经认识到虚拟现实技术是一种通过计算机技术模拟出真实世界中感官体验的技术。它通过计算机生成的三维图像、声音、触觉等多种感官输入，让用户沉浸其中并与之交互，置身于一个虚拟的环境中。

在本节中，我们将对虚拟现实的关键核心技术进行分类，并深入剖析虚拟现实系统的各种关键核心技术的基本原理，在此基础上介绍虚拟现实硬件系统的基本构成。

1.2.1 虚拟现实的关键核心技术

虚拟现实技术的实现是一个系统性工程，它融合了多学科的理论与技术成果，通过环境、感知、自然技能和传感设备等多方面技术的紧密协作，为用户创造出身临其境的沉浸式体验。具体来说，这一技术的实现依赖于立体显示技术、三维建模技术、真实感实时绘制技术、三维虚拟声音技术、人机自然交互技术和虚拟现实引擎技术等的协同作用。

1. 立体显示技术

从某种意义上来说，头戴显示设备是虚拟现实技术的核心设备之一，同时也是虚拟现实系统实现沉浸式交互的主要方式之一。不管是 Oculus Quest、HTC Vive、字节跳动的 Pico 或索尼的 Play Station VR 这类基于计算机和游戏主机的头戴设备，还是需要配合智能手机使用的三星 Gear VR 等产品，或是安卓（Android）一体机，这些头戴设备所使用的立体高清显示技术都是一项关键的技术。

立体显示技术作为虚拟现实领域中的一项关键技术，极大地增强了用户在虚拟世界中对图像或视频内容的沉浸感体验。立体显示技术是以人眼的立体视觉原理为依据的，其通过模拟人眼观察真实世界的自然方式，即双眼视差效应，显示两幅从不同角度拍摄的图像来创造出具有深度感的三维图像，为用户提供视觉上的深度感。因此，研究人眼的立体视觉机制，掌握立体视觉的规律，对于设计立体显示系统是十分必要的。

（1）立体视觉形成的原理

在研究立体显示技术之前，需要清楚人眼是如何产生立体视觉的。人的双眼之间相隔 58~72mm，在观察物体时，两只眼睛所观测的位置和角度都存在一定的差异，因此，每只眼睛观察到的图像有所区别，相隔不同距离的物体在双眼上所投射的图像在水平位置上也存在差异，这就形成了所谓的视网膜像差，或称双眼视差。如图 1.2.1（a）所示，用两只眼睛同时观察一个物体时，物体上的每个点对两只眼睛都存在一个张角。物体离双眼越近，其上的每个点对双眼的张角就越大，所形成的双眼视差也越大。除了观察静态对象，当用户佩戴传感设备在虚拟环境中运动时，也会产生运动视差。当然，人的大脑需要根据这种图像差异来判断物体的空间位置关系，随后会将左、右眼的图像合成并自发进行调整，从而使人产生立体视觉，如图 1.2.1（b）所示。

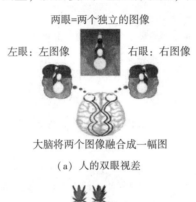

（a）人的双眼视差

（b）人眼产生的立体视觉

图 1.2.1　立体视觉产生的原理

上面探讨的是人眼在观察实际物体时产生立体视觉的原理，那么对于影像画面而言，要使其产生立体感，需要深入理解并至少满足以下三个关键条件，这些条件共同构成了构建视觉深度与空间感知的基石。

①画面有透视效果。透视，作为绘画与摄影中的基本原理，通过模拟人眼观察物体时因距离不同而产生的视觉变形，使画面在二维平面上看起来更

具深度感，从而在二维平面上创造出三维空间的错觉。具体而言，远处的物体显得较小且相互靠拢，而近处的物体则相对较大且分散，这种线性透视规律的应用，使得画面中的元素按照一定的视觉规律排列，引导观者的视线深入画面内部，感受到空间的深远与广阔。

②画面有正确的明暗虚实变化。明暗对比与虚实处理是增强画面立体感的重要手段。通过光线在物体表面的反射与投射，形成明暗交错的层次关系，不仅突出了物体的形态与结构，还暗示了光源的方向与强度，进而营造出空间中的深度感。同时，利用焦点清晰与模糊（景深）的对比，即实焦与虚焦的巧妙结合，可以有效引导观看者的注意力，强调画面中的主体，并赋予其强烈的空间存在感。

③具有双眼的空间定位效果。人类双眼的视觉系统具有独特的空间感知能力，能够通过双眼视差（即两只眼睛从不同角度观察同一物体时产生的图像差异）来判断物体的距离与深度。在影像制作中，利用立体显示技术模拟这种双眼视觉机制，通过为左、右眼分别呈现略有差异的图像，使观看者在观看时能够感受到强烈的立体效果，仿佛直接置身于画面所描绘的场景之中，如图 1.2.2 所示。

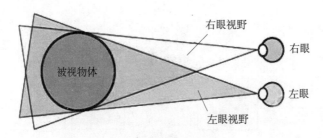

图 1.2.2　立体感的产生条件

因此，可以推导出如下结论：只有同时满足以上三个条件，才能产生比较完美的立体效果；普通显示器可以满足前两个条件；却无法满足第三个条件，而立体高清显示技术就是能够再现空间定位感的显示技术。

（2）立体高清显示技术的分类

目前比较有代表性的立体高清显示技术有图像分色立体显示技术、偏振光分光 3D 显示技术、分时技术、光栅 3D 显示技术、全息显示技术，如图 1.2.3 所示。

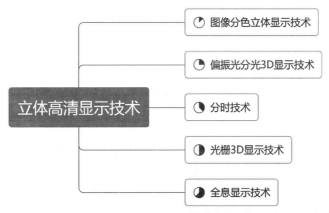

图 1.2.3　立体高清显示技术的分类

①图像分色立体显示技术。图像分色立体显示技术的基本原理是让某些颜色的光只进入左眼，其他颜色的光只进入右眼。

人眼的感光规律为：人眼中的感光细胞共有四种，其中数量最多的是感觉亮度的细胞，另外三种用于感知颜色，分别可以感知红色、绿色、蓝色三种波长的光，对其他颜色的感知是根据这三种颜色推理出来的。

基于此，再深入剖析分色技术的基本原理：在使用分色技术制作影像时，会将从不同视角拍摄的影像以两种不同的颜色（通常是蓝色和红色）保存在同一幅画面中。在播放应用分色技术的影像时，观众需要佩戴红蓝眼镜，每只眼睛都只能看到特定颜色的图像。因为不同颜色图像的拍摄位置有所差异，所以双眼在将所看到的图像传递给大脑后，大脑会自动接收比较真实的画面，自动放弃昏暗模糊的画面，并根据色差和位移营造出立体感与深度距离感，如图 1.2.4 所示。

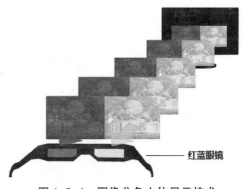

红蓝眼镜

图 1.2.4　图像分色立体显示技术

②偏振光分光 3D 显示（Polarized 3D）技术。在拍摄时，以人眼观察景物的方法，利用两台并列安置的电影摄像机，分别代表人的左、右眼，同步拍摄出两路略带视差的电影画面，如图 1.2.5 所示。

图 1.2.5　偏振光分光 3D 显示效果

在放映时，将两路影片分别装入两台电影放映机，并在放映镜头前安装两个偏振轴互成 90°的偏振镜。两台放映机需要同步播放，同时将画面投放在屏幕上。观众佩戴的镜片是由偏振光滤镜或偏振光片制作的，这种镜片能过滤掉特定角度偏振光以外的所有光，只允许 0°的偏振光进入右眼，只允许 90°的偏振光进入左眼，通过双眼的汇聚功能将左、右影像叠合在视网膜上，由大脑神经整合产生三维立体视觉效果，如图 1.2.6 所示。

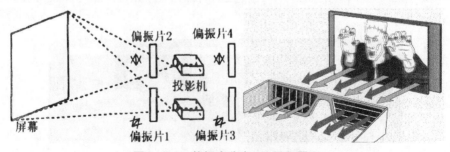

图 1.2.6　偏振光分光 3D 显示原理

③分时技术。分时技术的原理比较简单：将两套画面在不同的时间播放，显示器在第一次刷新时播放左眼画面，同时用专用的眼镜遮住观看者的右眼，

下一次刷新时播放右眼画面，并遮住观看者的左眼。按照上述方法将两套画面以极快的速度切换，在人眼视觉暂留特性的作用下就合成了连续的画面，如图 1.2.7 所示。

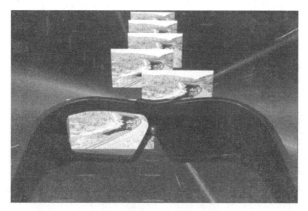

图 1.2.7　分时技术

④光栅 3D 显示技术。如图 1.2.8 所示，在显示器前端加上光栅，光栅的功能是挡光，左眼透过光栅时只能看到部分画面，右眼也只能看到另外一部分画面，于是就能让左、右眼看到不同影像并形成立体效果，此时无须佩戴眼镜。

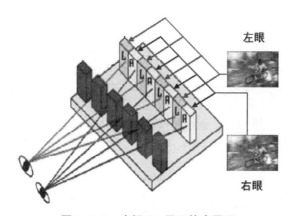

图 1.2.8　光栅 3D 显示技术原理

⑤全息显示技术。全息显示技术是利用光的干涉和衍射原理记录并再现真实物体三维图像的技术。全息显示技术再现的三维图像立体感强，具有真实的视觉效果，如图 1.2.9 所示。

图1.2.9　全息显示技术

全息显示技术的基本原理主要基于以下三点：①利用干涉原理记录物体光波信息，即拍摄过程；②利用衍射原理再现物体光波信息，即成像过程；③投影设备将物体以不同角度投射到透明膜上，让观看者看到自身视觉范围内的图像，得到真正的3D全息立体影像。

2. 三维建模技术

建模是对显示对象或环境的三维模型化仿真。虚拟对象或环境的建模是构建虚拟现实系统的基础，也是虚拟现实技术中的关键技术之一。三维建模主要涉及几何建模、物理建模、运动建模等，如图1.2.10所示。

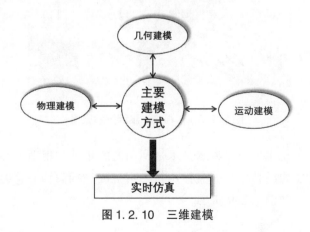

图1.2.10　三维建模

（1）几何建模技术

采用几何建模方法对物体对象进行虚拟，主要是对物体的几何信息进行表达和处理，描述虚拟对象的几何模型，如多边形、三角形、定点以及它们的外表（纹理、表面反射系数、颜色）等。物体的形状由构成物体表面的各个多边形、三角形及定点来确定。物体的外观则是由表面纹理、材质、颜色、贴图和光照系数等要素决定的。

一般来说，几何建模可通过以下两种方式实现。

①人工几何建模方式。人工几何建模方式是一种利用三维建模软件（如3ds Max、Maya 等）进行模型创建的方式。在这种方式中，设计师可以根据需求手动绘制三维模型，然后根据模型进行模拟分析。这种建模方式要求设计师具备一定的三维建模基础和经验，能够准确地表达出设计意图，并且需要耗费一定的时间和精力，如图 1.2.11 所示。

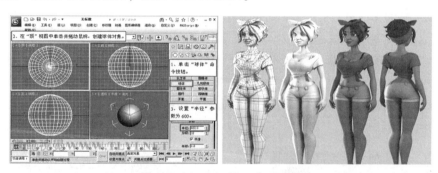

图 1.2.11　3ds Max 人工建模

②自动几何建模方式。自动几何建模方式是指利用计算机技术和数学算法自动生成三维模型的方法，包括三维扫描仪、体素生成算法、点云数据处理算法、生成对抗网络等。

采用这种方式时，设计师可以利用三维扫描仪对实际物体进行扫描，将扫描得到的数据输入计算机中，然后利用体素生成算法或点云数据处理算法等计算技术自动生成三维模型，如图 1.2.12 所示。运用生成对抗网络（GAN）技术能够直接生成三维形状，进而生成逼真的物体模型表面。

图 1.2.12　自动几何建模

　　这类建模方式基于计算机图形学、计算机辅助设计等领域技术，需要利用专业的计算机技术和算法，但是可以提高建模效率和准确性，同时可以减少设计师的工作量。

　　（2）物理建模技术

　　物理建模是虚拟现实中较高层次的建模方式，需要物理学和计算机图形学的配合，涉及力学反馈问题，重要的是重量建模、表面变形和软硬度等物理属性的体现。分形技术和粒子系统就是典型的物理建模方法，如图 1.2.13 和图 1.2.14 所示。

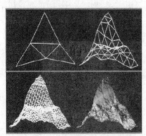

图 1.2.13　利用分形技术模拟的山体形态　　图 1.2.14　粒子系统建模生成的烟花形态

　　（3）运动建模技术

　　虚拟现实的本质就是对客观世界的仿真或折射，虚拟现实的模型则是客观世界中物体或对象的代表。要表现虚拟对象在虚拟世界中的动态特性，有关对象位置变化、旋转、碰撞、手抓握、物体运动及碰撞时发生的表面变形等方面的属性变化就属于运动建模问题。对象位置通常涉及对象的移动、伸缩和旋转，如图 1.2.15 所示。

图 1.2.15　运动建模技术

3. 真实感实时绘制技术

虚拟世界的产生不仅需要真实的立体感，还必须实时生成并及时刷新，因此必须采用真实感实时绘制技术。

真实感实时绘制技术是在当前图形算法和硬件条件限制下实现模型真实感的技术。其主要任务是在生成高质量三维图像的同时保证其在交互中的实时性与完整性，要实时模拟出真实物体的物理属性，即物体的形状、光学性质、表面纹理和粗糙程度，并利用光照模型和阴影技术，通过物体间的相对位置、遮挡关系等要素，创建更为准确的视觉光影效果，如图 1.2.16 所示。

真实感实时绘制技术通常采用的方法有纹理映射、环境映射、反走样。

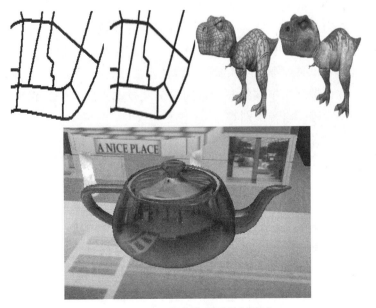

图 1.2.16　真实感实时绘制技术

4. 三维虚拟声音技术

三维虚拟声音不同于通常所说的立体声。三维虚拟声音是在虚拟场景中能使用户准确地判断出声源精确位置、符合人们在真实情境中听觉方式的声音系统；而立体声只是指具有立体感的声音。它们之间的区别如图 1.2.17 所示。

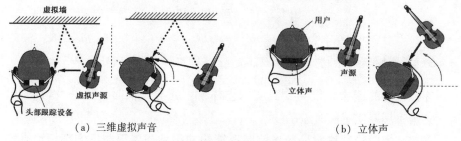

（a）三维虚拟声音　　　　　　　　　　（b）立体声

图 1.2.17　三维虚拟声音与立体声的区别

三维虚拟声音的关键是声音的虚拟化处理，依据人的生理声学和心理声学原理专门处理环绕声道，制作出环绕声源来自听众后方或侧面的幻象感觉。其实现技术主要包括声音定位技术、语音识别和语言合成技术。

5. 人机自然交互技术

人机自然交互技术是指在计算机系统提供的虚拟环境中，人可以使用眼睛、耳朵、皮肤、手势和语音等各种感觉方式直接与之发生交互的技术。人机自然交互技术也是虚拟现实系统的关键技术之一。

目前，在虚拟现实领域中较为常用的交互技术主要有手势识别、面部表情识别、眼动跟踪、语音识别等。

（1）手势识别技术

手势识别是通过数学算法来识别人类手势的一种技术。手势识别系统按输入设备不同，主要分为基于数据手套的识别系统和基于视觉（图像）的识别系统。

①基于数据手套的手势识别系统是利用数据手套内置的传感器和空间位置跟踪定位设备来捕捉手势的空间运动轨迹和时序信息，并通过信息处理器进行处理和识别的技术，如图 1.2.18 所示。

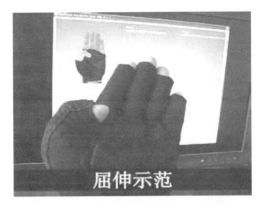

图 1.2.18　基于数据手套的手势识别

②基于视觉（图像）的手势识别系统通常包括图像采集、数据预处理、特征提取和识别等部分。系统通过摄像机连续拍摄手部的运动图像，然后采用图像处理技术提取出图像中的手部轮廓，利用特征提取技术和机器学习算法对提取的手部轮廓进行分类，进而分析出手势形态，以识别不同的手势动作，如图 1.2.19 所示。

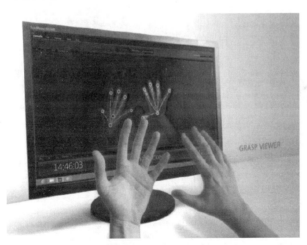

图 1.2.19　基于视觉（图像）的手势识别

总的来说，在手势规范的基础上，手势识别技术一般采用模板匹配方法将用户手势与模板库中的手势指令进行匹配，通过测量两者的相似度来识别手势指令，如图 1.2.20 所示。

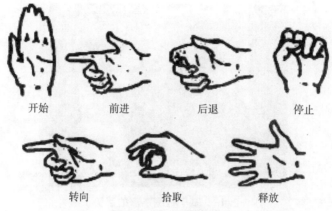

开始　　　前进　　　后退　　　停止

转向　　　拾取　　　释放

图 1.2.20　手势指令

（2）面部表情识别技术

面部表情识别技术是用机器识别人类面部表情的一种技术，如图 1.2.21 所示。

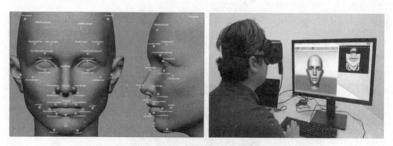

图 1.2.21　面部表情识别技术

目前，计算机面部表情识别技术通常包括人脸图像的检测与定位、表情特征提取、模板匹配、表情识别等步骤。

（3）眼动跟踪技术

眼动跟踪技术是利用图像处理技术，使用能锁定眼睛的特殊摄像机，通过捕获从人的眼角膜和瞳孔反射的红外线连续地记录视线变化，从而达到记录、分析视线追踪过程的目的，如图 1.2.22 所示。

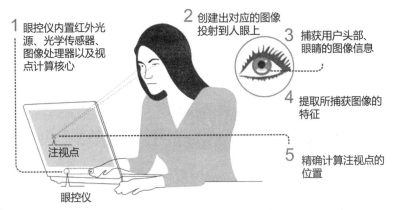

1 眼控仪内置红外光源、光学传感器、图像处理器以及视点计算核心

2 创建出对应的图像投射到人眼上

3 捕获用户头部、眼睛的图像信息

4 提取所捕获图像的特征

5 精确计算注视点的位置

注视点

眼控仪

图 1.2.22　眼动跟踪原理示意图

（4）语音识别技术

语音识别（Automatic Speech Recognition，ASR）技术是将人说话的语音信号转换为可被计算机程序所识别的文字信息，从而识别说话者的语音指令以及文字内容的技术，包括参数提取、参考模式建立和模式识别等步骤。

6. 虚拟现实引擎技术

虚拟现实引擎是一种软件平台，它为虚拟现实应用程序的开发提供了强有力的支持。虚拟现实引擎可以创建出逼真的虚拟环境，并允许用户以自然的方式与虚拟环境中的对象进行交互，引擎控制管理整个系统中的数据、外围设备等资源。各虚拟现实设备在虚拟现实引擎的组织下才能形成虚拟现实系统，如图 1.2.23 所示。

图 1.2.23　虚拟现实系统

（1）虚拟现实引擎技术的应用

除了 Unity 和 Unreal Engine（UE）这两个被广泛使用的实时 3D 开发平台，还有其他一些软件和工具也常被用于游戏开发、虚拟现实、增强现实和其他交互式媒体的创建，如图 1.2.24 所示。

图 1.2.24　游戏编辑平台

①Unity。Unity 是一个应用广泛的跨平台游戏开发引擎，支持 2D 和 3D 游戏开发。它提供了一个强大的编辑器、物理引擎、动画系统和人工智能（AI）工具，以及一个庞大的社区和资源库。

②Unreal Engine。Unreal Engine 以其高质量的图形渲染能力而闻名，其提供了先进的视觉效果、物理模拟和动画工具，主要用于 3D 游戏开发，也支持 2D 游戏和交互式内容。

③Godot Engine。Godot Engine 是一个开源的游戏开发引擎，支持 2D 和 3D 游戏开发。它提供了自己的脚本语言 GD Script，类似于 Python，易于学习，同时也支持 C#语言。

④CryEngine。CryEngine 由 Crytek 开发，以其高质量的图形和物理效果而知名。CryEngine 提供了先进的渲染技术和动画系统，适合开发大型 3D 游戏。

⑤Amazon Lumberyard。Amazon Lumberyard 基于 CryEngine，集成了 AWS 云服务，适合需要云功能的游戏开发。它提供了一套完整的工具，用于创建和部署在线多人游戏。

⑥GameMaker Studio。GameMaker Studio 专为 2D 游戏开发设计，其提供了一个直观的拖放界面和强大的脚本语言 GML，适合初学者和独立开发者使用。

⑦RPG Maker。RPG Maker 是指一系列软件，专门用于简化角色扮演游戏（RPG）的开发。它提供了预制的图形、音效和界面，以及一个易于使用的地图编辑器。

⑧Blender。Blender 是一个开源的 3D 创作套件，用于建模、动画制作、

渲染、合成和运动跟踪。Blender 内置了游戏引擎，可以用于创建简单的游戏和交互式 3D 内容。

⑨Maya。Maya 是 Autodesk 的 3D 建模和动画软件，被广泛应用于电影、电视和游戏行业。它提供了高级的建模、纹理、动画和渲染工具。

⑩3ds Max。3ds Max 也是 Autodesk 的产品，用于 3D 建模、动画和渲染。它在游戏开发、建筑可视化和电影制作中被广泛使用。

（2）虚拟现实引擎的功能

虚拟现实引擎的实质是以底层编程语言为基础的一种通用开发平台，它包括各种交互硬件接口、图形数据的管理和绘制模块、功能设计模块、消息响应机制、网络接口等功能。虚拟现实引擎的主要功能是提供一个虚拟的三维环境，以及在这个环境中进行各种交互和体验的工具与手段。其主要功能如下：

①三维环境构建。虚拟现实引擎能够创建逼真的三维环境，包括各种场景、物体、人物等，并且可以进行细节的建模和渲染，以提供高度真实的视觉体验。

②交互体验。虚拟现实引擎提供了各种交互方式，包括视觉、听觉、触觉等，允许用户与虚拟环境中的对象进行自然的交互，如移动、旋转、缩放、碰撞检测等，增强用户的参与感和沉浸感。

③动态交互。虚拟现实引擎不仅提供了基本的交互体验，还支持动态交互，如动画、声音、特效等，增强了虚拟环境的真实感。

④实时渲染。虚拟现实引擎具有实时渲染功能，可以在短时间内渲染大量的图形和动画，以提供流畅的视觉体验。

⑤物理系统。物理系统是虚拟现实引擎的核心组成部分之一，它模拟现实世界中的物理行为，使用户能够与虚拟环境中的对象进行更加自然和真实的交互。

课后任务

使用 3D 建模软件（如 Blender、3ds Max 等）创建一个简单的三维模型，可以是一个家具、动物或任何想象中的对象，并尝试为其添加基本的纹理和光照。

1.2.2 虚拟现实系统的构成

作为虚拟现实技术的核心支撑，硬件系统的完善与否直接关系到用户体验感的优劣。虚拟现实硬件系统主要由反馈子系统、传感子系统、仿真计算子系统三部分构成，三者缺一不可，如图1.2.25所示。

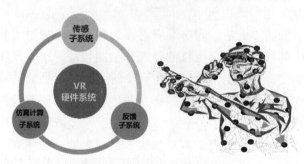

图1.2.25 虚拟现实硬件系统的组成

1. 反馈子系统（输出子系统）

反馈子系统包括力反馈、肢体反馈、视觉反馈、听觉反馈等，如图1.2.26所示。

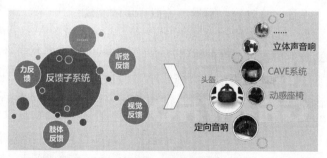

图1.2.26 反馈子系统

反馈子系统中比较常用的是视觉反馈和听觉反馈。戴上VR头盔后，就可以完成所有的输出，与虚拟世界进行交互。除了头盔，还有一些常见的反馈子系统的设备，如CAVE投影系统，它是一个围绕着观察者具有多个图像画面的虚拟现实系统，由多个投影面组成一个虚拟空间。在博物馆或3D影院，人们只要戴上专门的眼镜，就可以进入3D世界，这就是一套很好的Keep系统。除此之外，还有用来模拟驾驶和操作的动感座椅，这些都属于反馈子系统的一部分。

2. 传感子系统（输入子系统）

简而言之，传感子系统就是通过传感器等装置将外界的非电信号（如温度、压力、位移等）转换为电信号，并进一步通过模数转换器（ADC）等将电路转换为数字信号，以便微处理器或其他数字系统进行处理和分析的系统。这一转换过程是实现智能感知、监测和控制的基础。传感子系统包括位置跟踪、声音传感、姿态传感等，如图 1.2.27 所示。

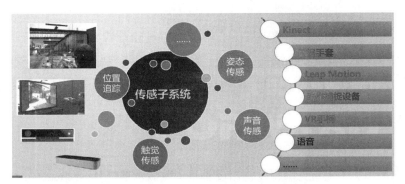

图 1.2.27　传感子系统

3. 仿真计算子系统

仿真计算子系统是一种高级的数字技术，它通过使用计算机程序和数字模型来模拟实际的环境、场景和物体。该系统能够提供逼真的视觉、听觉和触觉效果，使用户沉浸在一个由数字构建的虚拟世界中。常见的仿真计算子系统就是高性能计算机。

体验一款虚拟仿真应用或游戏，记录下你的体验过程和感受，并思考虚拟仿真技术如何改善用户体验。

1.3 虚拟现实系统的硬件设备

如第 1.2 节所述，VR 硬件交互系统包括三个组成部分：传感子系统（输入子系统）、反馈子系统（输出子系统）和仿真计算子系统。本节将首先介绍这三个组成部分中所使用的各种硬件设备，分别是视觉输出设备、听觉输出设备和体感输出设备，然后介绍虚拟现实系统的输入设备和生成设备。

1.3.1 虚拟现实系统的输出设备

虚拟现实系统的输出设备（反馈子系统）是用户与虚拟环境进行交互的关键部分，其通过不同的感官通道为用户提供反馈，从而增强沉浸感和交互体验。

1. 视觉输出设备

（1）头戴显示器

虚拟现实中最常见的视觉输出设备是头戴显示器（Head Mounted Display，HMD），也就是头盔，用于为用户提供显示图像与色彩。它将用户的外界视觉封闭，通过内部的显示屏展示虚拟场景，使用户感觉自己置身于虚拟世界中。

特点：头戴显示器通常有两个显示屏，分别对应用户的左、右眼，以产生立体视觉效果。同时，头戴显示器还配备了光学透镜和传感器，用于跟踪用户的头部运动，实现视角的实时调整以及虚拟环境光场阴影的实时变化。

类型：常见的头戴显示器包括 Oculus Rift、HTC Vive、Sony PlayStation VR 等，如图 1.3.1 所示。

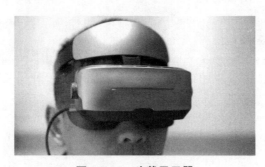

图 1.3.1 头戴显示器

（2）洞穴系统

虚拟现实系统的视觉输出设备还有洞穴（CAVE）系统。洞穴系统是一种大型的沉浸式视觉显示系统，它将用户置于一个充满投影或显示器的房间内，通过多个屏幕或投影仪将虚拟场景投射到房间的墙壁上，形成一个包围式的视觉环境，如图 1.3.2 所示。

图 1.3.2　CAVE 沉浸式沙盘

特点：洞穴系统能够提供更大的视野范围和更强烈的沉浸感，但通常成本较高且需要较大的空间来安装。

2. 听觉输出设备

（1）VR 耳机或音响

耳机或音响是 VR 系统中的听觉输出设备，它们负责播放虚拟环境中的声音效果，如背景音乐、环境音等。

特点：现代 VR 耳机通常具有立体声或三维音效功能，能够模拟声音的方向感和距离感，增强用户的听觉体验，如图 1.3.3 所示。

（2）立体式音箱

立体式音箱能够输出具有立体声效果的音频，使用户在 VR 体验中感受到声音的方向性、距离感和空间感。这种沉

图 1.3.3　VR 耳机

浸感有助于用户在虚拟环境中更加真实地感知周围的声音环境，提升整体的

沉浸式体验。通过精准的音频处理技术，立体式音箱能够模拟出虚拟环境中各种声音的具体位置，这种声音定位功能使用户能够更准确地判断声源的方向和距离，增强交互的真实性和趣味性。立体式音箱还能模拟出各种环境音效，如风声、雨声、雷声等，进一步丰富虚拟环境的听觉表现。这些环境音效不仅增强了用户的沉浸感，还能在一定程度上影响用户的情绪和感受。

3. 体感输出设备

动感座椅（见图1.3.4）是动感影院或VR体验馆中必不可少的构成元素之一。它可以根据影片或游戏故事情节的不同，由计算机控制得到不同的特技效果，如坠落、震荡、喷风、喷雨等，再配合精心设计的烟雾、雨、光电、气泡、气味等环境特效，从而营造出一种与虚拟内容相一致的全感知环境。动感座椅通过模拟各种运动效果，使用户在视觉、听觉和体感上都能感受到与虚拟内容的同步，从而大大增强了沉浸感。在VR游戏中，动感座椅可以根据游戏情节的变化做出相应的运动反应，如加速、减速、转弯等，使用户能够更真实地参与到游戏中。动感座椅还可以与VR系统中的其他设备（如头戴显示器、手柄等）配合使用，共同为用户打造一个全方位的虚拟体验环境。

图1.3.4　动感座椅

特点：通过模拟各种运动效果，为用户提供更具沉浸感和交互感的虚拟体验。

 **课后任务**

尝试体验洞穴系统，感受其与头戴显示器不同的沉浸感。记录下你的体验过程和感受，并思考这种系统在特定应用中有哪些优势。

1.3.2 虚拟现实系统的输入设备

虚拟现实系统的输入设备（传感子系统）是用户与虚拟世界进行交互的关键接口，它们能够捕捉用户的动作、手势、语音等输入信息，并将其转化为计算机可识别的指令，从而实现对虚拟世界的操控。人们身体的各个部位都需要传感器系统进行跟踪、定位和传输，主要包括位置跟踪、触觉传感、声音传感、姿态传感等。在虚拟现实系统中，有诸多传感子系统相关设备，比较有代表性的主要包括 Kinect、数据手套、Leap Motion、动作捕捉设备、VR 手柄等。

1. Kinect

Kinect 是一种 3D 体感设备，具有即时动态捕捉、影像辨识、麦克风输入、语音辨识、社群互动等功能。微软公司于 2014 年 10 月发布了公共版的第二代 Kinect for Windows 感应器及其软件开发工具包（SDK 2.0）。

（1）Kinect 的构成

Kinect 硬件由"三只眼睛"和"四只耳朵"构成，如图 1.3.5 所示。

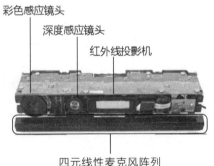

图 1.3.5 Kinect 硬件构成

三只眼睛包括彩色感应镜头、深度感应镜头、红外线投影机。

①彩色感应镜头：用于拍摄视角范围内的彩色视频图像。

②深度感应镜头：用于分析红外光谱，创建可视范围内的人体、物体的深度图像。

③红外线投影机：主动投射近红外光谱，照射到粗糙物体或穿透毛玻璃后，光谱发生扭曲，会形成随机的反射斑点（称为散斑），进而能被深度感应

镜头读取。

四只耳朵是指四元线性麦克风阵列。声音从四个麦克风采集，内置数字信号处理器（DSP）等组件，同时过滤背景噪声，可定位声源方向。

（2）Kinect 的基本功能

①Kinect 骨骼追踪功能：生成 3D 深度图像，将人体从背景中分离出来，确定身体的部位，生成骨架系统。

②音效功能：包括抑制噪声与回声消除，以及通过声波形式辨识声音来源。

2. Leap Motion

Leap Motion 中有两个摄像头，可以从不同角度捕捉画面。它能同时追踪多个目标，包括所有手掌的列表及信息；所有手指的列表及信息；手持工具（细的、笔直的、比手指长的东西，如一支笔）的列表及信息；所有可指向对象（Pointable Object），即所有手指和工具的列表及信息，如图 1.3.6 所示。Leap Motion 会分别给这些目标分配单独的 ID，并检测运动数据，产生运动信息，然后通过算法复原手掌在真实世界三维空间中的运动信息：

①手掌中心的位置（三维向量，相对于传感器坐标原点，单位为 mm）。

②手掌移动的速度（单位为 mm/s）。

③手掌的法向量（垂直于手掌平面，从掌心向外指）。

④手掌朝向的方向（根据手掌弯曲的弧度确定虚拟的球体中心、半径）。

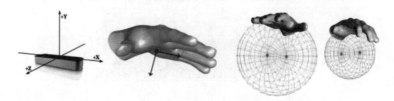

图 1.3.6　Leap Motion

对于每个手掌，也可检测出平移、旋转（手掌的转动）、缩放（手指分开、聚合）的信息。检测数据如全局变换一样，包括旋转的轴向向量、旋转的角度、描述旋转的矩阵、缩放因子、平移向量。

1.3.3　虚拟现实系统的生成设备

要完成一个虚拟现实项目的开发，还必须具有强大的仿真计算子系统，也就是生成系统。虚拟现实系统的生成设备是构建和呈现虚拟世界的关键组成部分，其通过生成和处理虚拟环境中的图像、声音和其他感官信息，为用户创造出身临其境的沉浸式体验。通过高性能计算机、全景相机等设备，可以自主生成或者设计开发出各种虚拟作品。

1. 360°全景相机

在生成系统，也就是仿真计算子系统中应用较多的一款设备是 360°全景相机，如图 1.3.7 所示。

图 1.3.7　360°全景相机

全景相机可以直接进行拍摄，然后在相机中自动进行计算，生成全景视频和全景照片，经计算机稍作处理，就可以完成一个全景类作品。全景类作品的制作相对简单，更多地用于还原现实世界。除了现实世界，还有很多人们到达不了的世界，或者说主观思维中的世界，这时就需要进行虚拟仿真，主要包括结构仿真、动画仿真、物体仿真、场景仿真、实验仿真。

2. 高性能计算机

高性能计算机（High-Performance Computing，HPC）是指那些能够执行高速计算、高吞吐量数据传输，具有高可靠性和高效率的超级计算机。这些计算机通常被用于科学和工程领域的复杂计算任务，如天气预报、气候模拟、物理模拟、生物信息学、药物设计、材料科学、金融分析等，如图 1.3.8 所示。

图 1. 3. 8　高性能计算机

1.4　虚拟现实系统的开发工具

在前面几节中，我们系统地学习了虚拟现实技术的基本原理，知道了虚拟现实技术的关键核心技术包括动态环境建模技术、立体显示技术和自然交互技术，其中动态环境建模技术的目的是获取实际环境的三维数据，并根据应用的需要，利用获取的三维数据建立相应的虚拟环境模型。对于虚拟现实系统的开发，三维建模是其基础，因此虚拟环境建模是虚拟现实技术的核心内容之一。

1.4.1　虚拟现实系统的三维建模工具

目前常用的物体三维建模方法有三种：①通过仪器设备测量建模，也就是三维扫描建模；②利用图像或视频建模；③利用三维软件建模。

1. 通过仪器设备测量建模（三维扫描建模）

通过仪器设备测量建模，也就是三维扫描建模。其原理是通过对物体空间外形和结构进行扫描，获得物体表面的空间坐标，从而将实物的立体信息转换为计算机能直接处理的数字信号，为实物数字化提供了方便、快捷的手段。三维扫描技术可以类比照相机拍照的原理，两者的不同之处在于相机所抓取的是颜色信息，而三维扫描仪抓取的是位置信息。

三维扫描建模技术应用广泛，以下是其应用场景举例。

（1）文物数字化

通过三维扫描技术，可以对珍贵的文物进行数字化保存，以便于展示和研究。也可以对损毁文物进行数字复原，帮助学者进行文物修复和保护。文物数字化突破了原本的时空限制，为专家学者及广大文物爱好者的共同研究与交流提供了可能，如图 1.4.1 和图 1.4.2 所示。

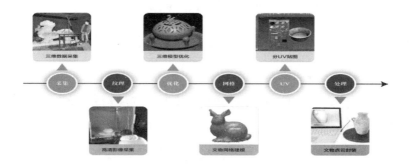

图 1.4.1　文物数字化开发过程

图 1.4.2　文物数字化应用场景

（2）逆向工程

在制造业中，通过对已有的样品进行三维扫描，可以获得其精确的三维数据，从而对目标进行逆向分析，快速制造出相同或类似的产品，如图 1.4.3所示。

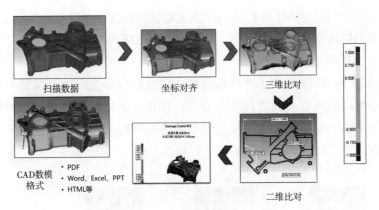

图 1.4.3　三维检测及逆向工程

（3）虚拟现实

三维扫描建模技术可以通过对真实物体进行三维扫描，然后将扫描数据导入建模软件中，生成虚拟模型。这些虚拟模型具有较高的还原度，可以应用于虚拟现实场景中，让用户在虚拟环境中与虚拟物体进行互动，如图 1.4.4 所示。

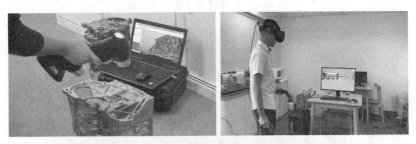

图 1.4.4　三维扫描技术在虚拟现实中的应用

（4）医学领域

在医学领域，三维扫描建模可以用于创建人体模型、器官模型等，方便进行医学研究和手术治疗，如图 1.4.5 所示。

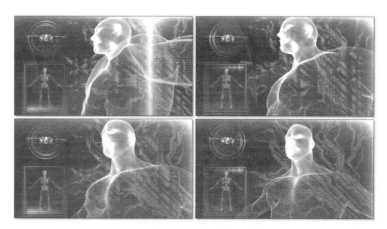

图 1.4.5　三维扫描建模在医学领域的应用

（5）建筑设计

在建筑设计中，三维扫描建模可以用于创建建筑物的三维模型，方便进行建筑设计和规划，如图 1.4.6 所示。

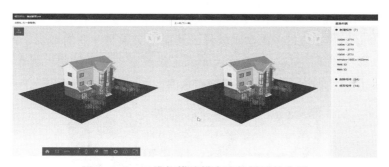

图 1.4.6　三维扫描建模在建筑领域的应用

总的来说，三维扫描建模技术具有广阔的应用前景，可以为各个领域提供高效、精确的三维建模解决方案。目前，随着无人机技术的发展，这项技术给地理测绘和大地环境重建带来了极大的便捷。可以说，随着科学技术的不断发展，三维建模技术的适用范围也将随之扩大。

2. 利用图像或视频建模

基于图像或视频的建模和绘制（IBMR）是一种利用计算机视觉、图像处理和计算机图形学等技术的综合方法，旨在实现具有真实感、实时性、实用性的三维建模和绘制。这种基于图像或视频的建模和绘制技术，可以使建模过程更快、更方便，并能获得很高的绘制速度和真实感，而且其成本低廉、真实感强、自动化程度高，因而具有广阔的应用前景。

利用图像或视频建模的应用场景如下：

①在游戏开发中，IBMR 技术可以用于创建真实感较强的游戏场景和角色。

②在电影制作中，IBMR 技术可以用于创建特效和虚拟场景；在虚拟现实中，IBMR 技术可以用于创建真实感较强的虚拟环境。

③在医学成像中，IBMR 技术可以用于创建三维人体模型和器官模型等。

④在文物保护中，IBMR 技术可以用于数字化保存和展示文物。

3. 利用三维软件建模

（1）常用三维建模软件

对于虚拟现实开发而言，目前具有代表性的专业三维建模软件有 3ds Max、Maya、Blender、SketchUp 等。3ds Max 和 Maya 都是 Autodesk 公司开发的三维建模和动画软件，被广泛应用于游戏开发、影视制作、建筑可视化等领域，在三维建模方面应用广泛。

Maya 是世界顶级的三维动画软件，其应用对象是专业的影视广告、角色动画、电影特技等。Maya 的功能完善、工作灵活、易学易用、制作效率高、渲染真实感强，是电影级别的高端制作软件，如图 1.4.7 所示。

图 1.4.7　基于 Maya 的建模

3ds Max 是当今世界上销售量最大的三维建模、动画及渲染软件之一，被广泛用于制作建筑设计、景观设计、规划设计的效果图，以及制作三维动画。它也是虚拟现实项目开发中用得最多的建模软件之一，如图 1.4.8 所示。

图 1.4.8 基于 3ds Max 的建模

（2）FBX 文件格式

Unity 支持多种 3D 模型文件格式，常见的有 FBX、OBJ 等，开发者可以根据项目需要选择合适的格式进行导入。

以 FBX 格式为例，FBX 最大的用途是用在 3ds Max、Maya 等软件之间进行模型、材质、动作和摄影机信息的互导，这样就可以发挥 3ds Max 和 Maya 等软件各自的优势。在虚拟现实项目制作中，使用 FBX 文件格式是最佳的互导方案，要将 3ds Max 模型转换为虚拟现实 Unity 引擎可使用的文件格式，FBX 格式文件是最佳选择。在材质方面，FBX 文件同样能够最大限度地保留 3ds Max 或 Maya 多边形的贴图信息。因此，在虚拟现实项目中，如需将三维模型文件导入引擎中，制作人员只需要在 3ds Max 软件中导出 FBX 文件，就能满足虚拟现实项目对模型制作的文件格式需求。

除了基本格式要求，在具体项目制作过程中，根据每个项目组或企业要求，可能会形成各种模型设计制作要求或标准。

将 FBX 文件导入 Unity 3D 引擎的要求如下：

①单位、比例统一。在制作模型前需要设置好单位，在同一场景中的模型，其单位必须保持一致，模型与模型之间的比例要正确，并与程序的导入单位一致，这样才能保证在程序平台中需要缩放场景模型时，可以统一调整缩放比例。统一单位、比例按具体项目设定，如图 1.4.9 所示。

图 1.4.9 单位、比例统一

②模型规范。所有角色模型应立于世界坐标原点，没有特定要求时，应以物体中心为轴心，如图1.4.10所示。

图1.4.10　建模软件轴心

③面数的控制。移动设备的每个网格模型控制在600～3000个三角面会得到比较好的效果。而对于桌面平台，理论数值范围是3000～8000个三角面。如果游戏中任意时刻屏幕上出现了大量的角色，那么就应该适当减少每个角色的面数。通常单个物体控制在2000个三角面以下，整个屏幕应控制在15000个三角面以下，所有物体不超过40000个三角面，具体数值按实际项目要求进行调整，如图1.4.11所示。

图1.4.11　面数的控制

1.4.2 虚拟现实项目开发的主要脚本语言及工具

在虚拟现实项目的整个开发流程中，需要三种核心技术：建模技术、交互技术和渲染技术。其中，交互技术是虚拟现实项目开发中的关键技术，没有交互，虚拟现实应具备的交互性和多感官性就无从谈起。

虚拟现实项目开发需要脚本语言的主要原因如下：

①交互性。脚本语言可以帮助开发者实现复杂的交互效果，如用户与虚拟现实场景中的对象进行交互，或者在多个场景之间进行切换等。

②实时渲染。虚拟现实场景中的图形和动画需要实时渲染，而脚本语言可以与图形引擎配合，实现高效的渲染和及时更新。

③可扩展性。虚拟现实项目开发需要考虑很多因素，如硬件性能、用户体验等，脚本语言可以根据需要进行定制和扩展，以满足不同项目的需求。

④易用性。适用于编程初学者。但这一特征不适合脚本语言，脚本语言相对 PlayMaker 等可视化工具而言，特别是对于非专业程序开发出身的人员，通常难度会更大。

⑤跨平台性。许多脚本语言都可以跨平台使用，这使得开发者可以轻松地将脚本算法与应用程序移植到不同的平台，从而提高开发效率和改善用户体验。

总之，脚本语言在虚拟现实项目开发中发挥着非常重要的作用，可以大大提高开发效率和应用程序的性能。因此，在虚拟现实项目开发中，选择合适的脚本语言和工具是非常重要的。

那么，支持虚拟现实项目开发的脚本工具或语言有哪些？其发展历程如何？其实，支持虚拟现实项目开发的脚本工具或语言的出现可以追溯到早期的计算机图形学和游戏开发领域。

1. 虚拟现实项目开发脚本语言或工具的发展沿革

在早期的计算机图形学中，脚本语言主要被用于实现复杂的图形渲染和交互效果。例如，Cg 和 HLSL（High Level Shading Language）等着色器编程语言被广泛应用于计算机图形学中，以获得高级的视觉效果和交互体验，是公认的支持虚拟现实项目开发的早期语言。目前主要有三种着色器语言（Shader Language）：基于 OpenGL 的 GLSL（OpenGL Shading Language，也称为 GLslang）、基于 Direct3D 的 HLSL，以及 NVIDIA 公司的 Cg（C for Graphic）语言。

20 世纪 90 年代，虚拟现实建模语言（Virtual Reality Modeling Language，VRML）在虚拟现实项目开发领域大行其道，这是一种用于建立真实世界或虚构的三维世界的场景模型的语言，如图 1.4.12 所示。它具有平台无关性，是一种主要面向网络和对象的三维造型语言，一直到 21 世纪初，尽管 VRML 在某些领域仍然有一定的应用，但已不再常用。这是由多种因素导致的：首先，VRML 是较为过时的技术，自 20 世纪 90 年代末期以来已经存在了一段时间，一些现代的软件开发工具和平台不再支持 VRML 的运行；其次，VRML 的语法较为复杂，难以学习和掌握；最后，随着其他更先进的虚拟现实和图形处理技术，如 Unity、Unreal Engine 等的出现，VRML 逐渐被这些更先进的技术所取代。

图 1.4.12　VRML 示例

2. 脚本语言的种类

近年来，随着虚拟现实技术的快速发展，越来越多的脚本语言被用于虚拟现实项目开发中。目前，C#、C++、Java 是比较常见的虚拟现实项目开发脚本语言。我们以目前行业内主流虚拟现实开发引擎 Unreal Engine 4（UE4）和 Unity 3D 为例，对相关的脚本语言或工具进行介绍，在项目开发中，开发者可以根据项目需要选择合适的引擎和语言进行交互开发。

（1）支持 UE4 开发的脚本语言

①C++。C++是支持 UE4 开发的主要编程语言之一，被广泛用于高性能的游戏逻辑和系统的开发。C++提供了强大的面向对象编程能力，使开发者能够创建复杂的游戏功能和自定义组件。此外，使用 C++的开发者可以访问底层的引擎功能，以实现特定的游戏需求，如图 1.4.13 所示。

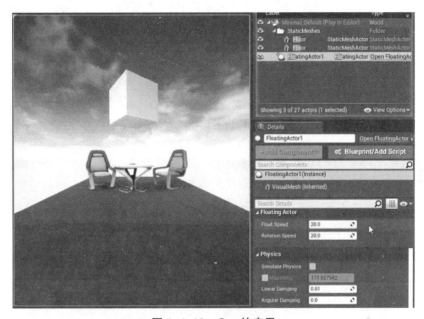

图 1.4.13　C++的应用

②蓝图。蓝图是 UE4 中的视觉编程语言，是一种基于节点的图形化编程工具，允许开发者通过连接节点来创建游戏逻辑。对于不熟悉代码编写的开发人员而言，蓝图是一个很好的选择，因为它提供了直观的界面和简化的工作流程，如图 1.4.14 所示。通过蓝图，开发者可以实现创建角色行为、游戏任务以及进行交互编辑等功能，并且无须编写任何代码就能实现操作。不同的脚本语言工具具有不同的优势和适用场景：对于要求高性能和底层访问的程序，通常还是以 C++为最佳选择；而对于需要快速原型设计和视觉编程的场景，蓝图则更为适合。

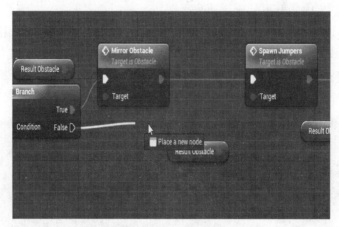

图 1.4.14　蓝图的应用

（2）支持 Unity 3D 开发的脚本语言

对于本书主要介绍的虚拟现实开发引擎 Unity 3D 而言，支持其开发的脚本语言主要有以下四种。

①C#。C#是 Unity 3D 的首选编程语言（见图 1.4.15），因为它具有完整的面向对象编程特性，语法也与 Java 和 ActionScript 相似，对于大多数开发者来说并不陌生。此外，C#在代码管理、网络开发方面也表现出色。

图 1.4.15　C#

②JavaScript。虽然 JavaScript 不是 Unity 3D 的主要脚本语言，但 Unity 3D 实际上支持 JavaScript，对于初学者或者 JavaScript 的开发者来说，JavaScript 最可能成为其首选，如图 1.4.16 所示。

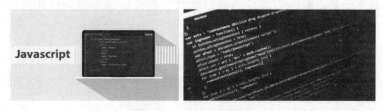

图 1.4.16　JavaScript

③热更新扩展脚本语言。Unity 3D 还支持其他脚本语言的插件或扩展，如 Lua、Python 等，但这些均不是 Unity 3D 的内置脚本语言，需要通过特定的插件或扩展来使用。

④PlayMaker。PlayMaker 是一款针对 Unity 3D 的可视化有限元状态机（Finite-State Machine，FSM）插件，主要用于进行交互设计，如图 1.4.17 所示。从严格意义上来说，PlayMaker 并不直接支持 Unity 3D 的脚本编程，其主要原因在于 PlayMaker 是一个可视化有限元状态机插件，主要用于进行交互设计，而不是编写脚本。

图 1.4.17　PlayMaker

PlayMaker 允许用户通过可视化界面创建和管理游戏中的各种状态，如跑、跳、攻击等动作行为，甚至可以完成基于头盔、手柄等虚拟现实硬件交互的项目开发，而无须编写代码。用户只需通过拖拽操作就能实现这些交互逻辑，大大降低了编程难度，提高了开发效率。对于编程基础相对薄弱的开发者而言，PlayMaker 是一种易于掌握的可视化交互工具，可以快速地完成一个虚拟现实项目。在后续内容中，将着重学习 PlayMaker 这一工具以及运用这一工具进行虚拟现实项目开发的方法。

1.4.3　虚拟现实系统的开发引擎

虚拟现实开发引擎的作用是为虚拟现实项目的开发者提供其所需的工具，让游戏设计者能够容易和快速地产出项目，而不需要从零开始开发。这些开发引擎大部分都支持各种操作平台，如 Linux、Mac 和 Windows 系统。

如前文所述，虚拟现实项目开发中用得最多的引擎有两种：一种是 Unreal Engine 4（UE4），另一种是 Unity 3D。下文主要介绍 Unity 3D。

1. Unity 3D 简介

Unity 3D 是由 Unity Technologies 公司开发的跨平台专业游戏引擎，其打造了一个完美的游戏生态开发链，用户可以通过它轻松地实现各种游戏创意和三维互动、开发，创作出精彩的 2D 和 3D 游戏。它可以一键部署到各种游戏平台上，还可以在资源商店中分享和下载相关游戏资源。

2004 年，Unity 3D 诞生于丹麦的哥本哈根，当时发表了 1.0 版本，但只适用于 Mac 平台，而且主要针对的是 Web 项目和虚拟现实项目的开发。2008 年推出了能够适应 Windows 系统的版本，并开始支持 iOS 和 Wii，从众多的游戏引擎中脱颖而出。2010 年，Unity 3D 开始支持 Android 系统，继续扩大其影响力。2013 年，Unity 3D 引擎覆盖了越来越多的国家，全球用户已经超过 150 万人。2016 年发布了 Unity 5.4 版本，极大地提高了其在 VR 画面展现上的性能。

Unity 3D 已经被广泛应用于各种虚拟现实项目的开发。

①手机游戏。市场上的一些经典游戏，如《王者荣耀》《炉石传说》等，都是使用 Unity 3D 设计开发的。

②VR 教育。Unity 3D 特别适用于各种 VR 教育项目的开发，如 VR 未来教室、VR 施工安全教育系统、VR 火车检修教学系统、VR 新能源汽车教学系统等。

③仿真实训。Unity 3D 可以进行人体探秘、太空模拟以及仿真样板间的开发，这体现了它的广泛适用性。

2. Unity 的主要优势

（1）Unity 资源商店

Unity 内置资源商店（Asset Store），其中有大量素材供开发者使用，可以大大缩短项目开发的时间，提高效率，也有利于多人合作开发时素材资源保持统一。而且可以将开发的资源上传到资源商店中，供他人付费购买，增加额外收入，如图 1.4.18 所示。

图 1.4.18　资源商店

Unity 资源商店中的内容由社区成员创建和销售，包括但不限于以下内容：

①3D 模型和材质：提供各种各样的预制 3D 模型和材质，适用于角色、建筑、自然元素等。

②脚本和工具：包含实用的代码片段、插件和工具，可以帮助开发者扩展 Unity 编辑器的功能或简化开发流程。

③音效和音乐：提供各种音效和背景音乐，用于增强游戏的音频体验。

④动画：包括角色动画、UI 动画和其他动画资源，帮助开发者丰富游戏的视觉效果。

⑤着色器：提供各种预制的着色器，用于创建独特的视觉效果和渲染效果。

⑥游戏模板和示例项目：提供完整的游戏框架和示例项目，使开发者可以快速开始新项目的开发。

⑦教程和学习材料：提供视频教程、文档和其他学习资源，帮助开发者提高 Unity 操作技能。

Unity 资源商店中的资源经过 Unity 的审核，以确保它们与 Unity 编辑器兼容，并且质量达标。开发者可以根据自己的需求搜索和筛选资源，通过 Unity 编辑器直接导入所需的资源。此外，Unity 资源商店还提供了一个评价和评论系统，帮助用户了解资源的质量和实用性。

（2）高性能的灯光照明系统

Unity 为开发者提供了高性能的灯光系统，具有动态实时阴影、HDR 技术、镜头特效等功能。这种多线程的渲染管道技术将渲染速度大大提升，同时还提供先进的全局照明技术，可自动进行场景光线计算，获得逼真、细腻的图像效果。

（3）跨平台开发

如果想要开发基于 iPhone 或 Xbox 360 的游戏，只需在 Unity 中选择所使用的平台来预览游戏作品即可。用户可以轻松地在 Unity 3D 环境下进行虚拟现实项目开发，做到一键部署、跨平台访问。

（4）资产管理

当开发大型项目时，需要快速查找各种资源，用户可以通过 Unity 中的内容管理器以预览的方式查看所有内容。

（5）源代码级调试器

Unity 通过使用 Visual Studio 引入了脚本调试，甚至可以中断游戏，逐行单步执行，设置断点和检查变量，非常方便易行。

（6）逼真的粒子系统

使用 Unity 开发的游戏每秒可以运算数百万次的多边形高质量的粒子系统，通过内置的粒子系统，开发者可以快速创建高质量的粒子系统，以及下雨、火焰、灰尘、爆炸、瀑布、烟花等各种粒子系统。

（7）智能界面系统

Unity 以创新的可视化模式，使用户可以轻松构建互动体验，并提供直观的图形化程序接口。当游戏运行时，可以实时修改数值资源，甚至使用拖拽即可完成基本程序功能。

除了上述七大优势，Unity 还具有延迟渲染、光照贴图、音频、遮挡剔除等各种功能。正是因为具有这些优势，Unity 对虚拟现实项目开发的支持优于其他虚拟现实开发引擎。

3. Unity 3D 对虚拟现实项目开发的支持

Unity1.0 版本发布时就支持虚拟现实项目的开发，随后经过多个版本的迭代，其对虚拟现实项目的开发已经相当完善。人们可以免费使用 Unity，这意味着任何人都可以设计虚拟现实项目。运用 Unity 开发的虚拟现实程序可以一键部署到头盔网络，甚至是 CAVE 大型虚拟现实外联设备。同时，Unity 的开放性有利于建立良好的虚拟现实产业生态链。如前文所述，2016 年被称为虚拟现实元年，标志事件为 Facebook 公司收购虚拟现实硬件厂商 Oculus。此后，科技巨头纷纷布局虚拟现实产业，各种硬件设备厂商主动支持 Unity 开发接口开放 SDK 等。小到虚拟现实眼镜，大到全方位的跑步机 Omni 等虚拟现实设备，整个产业的生态链越来越趋于完善。

4. Unity 3D 的行业应用

（1）游戏制作

Unity 3D 在娱乐领域的应用，主要是指其在游戏开发中的应用，实际上，大部分游戏都可以用 Unity 来开发，如图 1.4.19 所示。

图 1.4.19　Unity 3D 在游戏制作领域的应用

（2）虚拟直播

虚拟数字人可以用于直播领域，即虚拟直播，如图 1.4.20 所示。

图 1.4.20　Unity 3D 在虚拟直播中的应用

（3）广告营销

在广告营销方面，Unity 3D 开发的项目具有非常强大的功能，如图 1.4.21 所示。

图 1.4.21　Unity 3D 在广告营销中的应用

（4）生产预演

Unity 3D 在生产预演、模拟数字虚拟仿真实训方面也被广泛应用，如图 1.4.22 所示。

图 1.4.22　Unity 3D 在生产预演中的应用

Unity 3D 主要用于虚拟仿真领域，但在一些民用领域，如装饰设计、房地产、旅游与风景体验、影视行业、展览馆科普等项目中，Unity 3D 也得到了广泛应用。例如，VR 装饰设计被广泛应用于装修市场，房地产行业可以进行 VR 看房；在旅游和风景体验领域，利用 VR 技术可以实现足不出户游览世界的目的。除此之外，在影视创作领域，市面上的各种 3D 电影层出不穷，其中对于虚拟现实技术、仿生合成技术的应用日益频繁。可以看出，Unity 3D 对虚拟现实项目开发的支持在整个市场上已经较为成熟，模拟驾驶、VR 购物、VR 人体结构认知、多人协同 VR 仿真实训等都可以利用 Unity 3D 来实现，Unity 3D 开发的项目被广泛应用于各行各业。

1.5　本章实践项目

经过前面几节的学习，我们已经对虚拟现实的定义、特征、关键核心技术，以及虚拟现实系统的硬件设备和开发引擎有了较为全面的认识。本节将介绍虚拟现实开发引擎 Unity 3D 的安装及配置方法。

实践项目一：Unity 3D 的安装及配置

在进行 Unity 3D 的具体操作前，需要先安装 Unity 3D 并进行相关配置，以便于后续学习其相关操作。

在本实践项目中，主要有六个任务目标：①掌握 Unity Hub 的下载、安装及注册方法；②学会使用 Unity 3D Hub 安装和配置 Unity 软件环境；③熟悉 Unity 3D 的界面布局和窗口功能，并学会初步使用基本工具；④理解并熟悉资源商店的使用；⑤学会安装第一人称控制器，并进行初步使用；⑥学会替换天空盒。

1. Unity Hub 与 Unity 的安装流程

（1）Unity Hub 的作用和功能

①Unity Hub 的作用。Unity Hub 是一个连接 Unity 的桌面端应用程序，旨在简化所有用户的使用和制作流程。Unity Hub 的作用是访问 Unity 生态系统，管理 Unity 项目、许可证和附加组件的中心化位置。

②Unity Hub 的具体功能。下载和使用多个版本的 Unity 编辑器，试用 Unity Beta 版甚至 Alpha 版编辑器，管理所有当前机器上的 Unity 项目工程和保存在 Unity 云端的项目工程，Unity Hub 中还配备了学习界面和资源界面，以便于用户查找教程和常用资源，如图 1.5.1 所示。

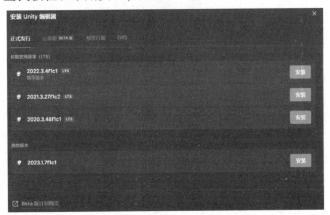

图 1.5.1　Unity Hub 的功能

（2）Unity 的安装

第一步，打开浏览器，输入"Unity. cn"，进入 Unity 官方网站，如图 1.5.2 所示。

图 1.5.2　Unity 官方网站

第二步，在 Unity 官方网站的右上角找到并单击"下载 Unity"，进入 Unity 下载界面，如图 1.5.3 所示。

图 1.5.3　Unity 下载界面

第三步，单击需要下载的 Unity 版本，如 2018.2.0 版本，单击"Unity 2018.x"，在下拉菜单中找到 2018.2.0 版本，如图 1.5.4 所示。

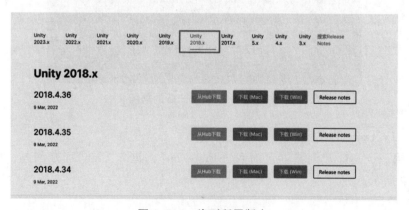

图 1.5.4　找到所需版本

　　第四步，单击"从 Hub 下载"按钮，此时网站将尝试打开 Unity Hub。如果未下载 Unity Hub，需要单击"Window 下载"或"Mac 下载"，系统开始下载 Unity Hub 安装包，如图 1.5.5 所示。

图 1.5.5　下载 Unity Hub 安装包

　　第五步，运行 Unity Hub 的 Setup. exe 文件，单击"我同意"按钮，选择 Unity Hub 安装路径。单击"安装"按钮，开始 Unity Hub 的安装程序，如图 1.5.6 所示。

图 1.5.6　安装 Unity Hub

　　第六步，安装完成后，回到 Unity 官方网站，找到 2018.2.0 版本，再次单击"从 Hub 下载"按钮，如图 1.5.7 所示。

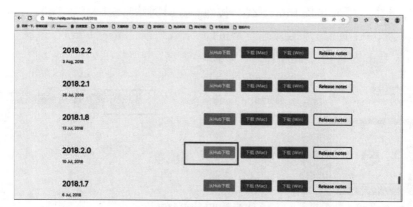

图 1.5.7　下载 Unity

第七步，网站再次请求打开 Unity Hub，单击"打开 Unity Hub"按钮，系统弹出 Unity 2018.2.0 版本模块安装窗口，根据实际需要，勾选安装模块，单击"继续"按钮，即可开始 Unity 2018.2.0 的安装，如图 1.5.8 所示。

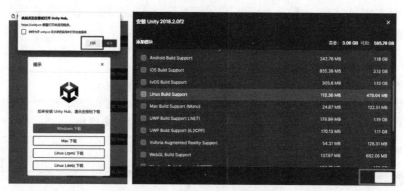

图 1.5.8　安装所需版本的 Unity

（3）账号注册

回到 Unity 官网主界面，单击右上角的小头像按钮，在弹窗中选择"立即注册"，即可进入 Unity 账号注册界面，如图 1.5.9 所示。

图 1.5.9　选择"立即注册"

可以根据实际需要选择注册方式，如可以选择输入自己的电子邮箱地址进行注册，如图 1.5.10 所示。

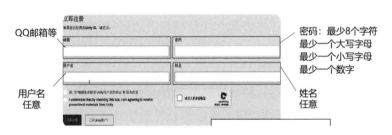

图 1.5.10　账号注册界面

完成注册后，需要进行人机身份验证，填写基本信息，接受所有条款和协议，然后按照人机身份验证的提示完成即可，如图 1.5.11 所示。

图 1.5.11　人机身份验证

2. Unity 的基本界面和菜单布局

（1）Unity 的界面布局

打开或者创建一个 Unity 3D 工程文件后，就会进入窗口布局界面。该界面包括 Scene View、Hierarchy、Project、Inspector 等，如图 1.5.12 所示。

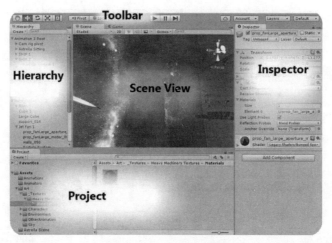

图 1.5.12　窗口布局

①交互式视图（Scene View）：使用场景视图来选择和定位环境、玩家、相机、敌人和其他项目对象。

②层级视图（Hierarchy）：包含当前场景中的每个游戏对象。有些是三维模型等资源文件的直接实例，其余是预制体（Prefabs）实例，自定义对象构成游戏的绝大部分。

③工程视图（Project）：相当于整个项目的仓库，所有项目中需要使用的资源，如插件、贴图、模型、脚本等，都必须先导入这个仓库里等待调用。

④控制台：用于显示场景运行时的错误提示，提示当前项目中的缺失项或代码错误等信息。

⑤检视视图（Inspector）：允许查看和编辑当前选定对象的所有属性。

在界面的上方设有工程相关、资源、场景物体、物体组件、窗口管理等菜单，如图 1.5.13 所示。

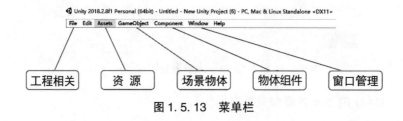

图 1.5.13　菜单栏

工具栏不是窗口，用于对最基本的工作特性进行调整，不支持重新排列，图标对应功能如图 1.5.14 所示。

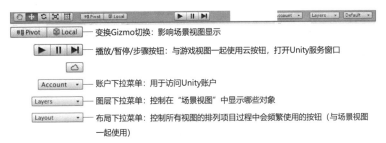

图 1. 5. 14　工具栏

（2）Unity 窗口中的常用基础功能

①场景视图。利用场景视图中的辅助工具可以快捷修改视角和投影模式、快速将视图调整为正交模式，便于布置当前的场景，如图 1. 5. 15 所示。

图 1. 5. 15　辅助工具

在场景视图中，按住鼠标右键，可以当前的视角为中心缓释场景；按住鼠标右键的同时，按键盘上的 A、W、S、D、Q、R 键进行场景内的飞行观察；按住鼠标滚轮，就可以拖动整个场景。

移动工具（W 键）、旋转工具（E 键）、缩放工具（R 键）可以切换场景视图中三维坐标轴的功能形态，以支持对三维场景中的物体进行移动、旋转、缩放，如图 1. 5. 16 所示。

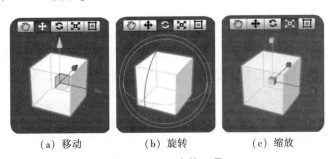

（a）移动　　　　　（b）旋转　　　　　（c）缩放

图 1. 5. 16　变换工具

父子化是使用 Unity 时最重要的概念之一。通过将层级视图的任意游戏对象拖到另一个游戏对象上，创建一个父子关系，在两个游戏对象之间创建一个父子关系，如图 1.5.17 所示。

图 1.5.17　父子化

②检视视图中的 Transform 基础属性。设置游戏对象的基本位置、旋转、缩放等具体数值，实现精准调整。

3. Unity 资源方面的常用基础功能

（1）资源商店的使用

用户可以在资源商店中搜索并下载所需的资源，也可以上传资源供其他人下载使用。

（2）标准资源的导入（两种方法都可以实现）

①准备标准资源包 Standard Assets. unitypackage。

②通过菜单栏导入。在 Unity 编辑器的菜单栏中选择 Assets→Import Package→Custom Package，找到标准资源包所在的位置。

③通过项目窗口导入。直接将标准资源包 Standard Assets. unitypackage 拖入 Unity 编辑器的项目（Project）窗口中。

（3）第一人称控制器

可以从官方网站获取第一人称控制器的资源，也可以从资源商店获取。

①官方网站获取。打开 Unity 官网（www. unity3d. com 或 www. unity. com），选择对应的标准资源包。下载成功后，根据提示安装资源包即可。

②资源商店获取。在资源商店中搜索"Standard Assets"，找到资源，把它直接导入 Unity 项目中。

（4）第一人称控制器资源包的使用

①导入资源。标准资源包安装成功后，可以在 Import Package 中找到相关的资源，将其导入即可，如图 1.5.18 所示。

②在资源窗口中搜索"FPS"，可以找到"FPS Controller"，把它拖到场景中间，如图 1.5.19 所示。

③随意构建一个场景，进行运行测试。

图 1.5.18　导入资源

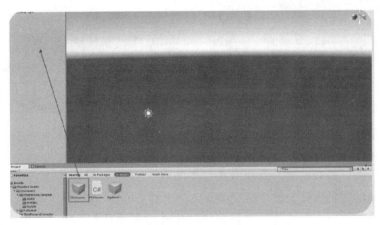

图 1.5.19　添加第一人称控制器

第 2 章　虚拟三维场景与基础地形制作

从本章开始，我们将学习虚拟三维场景和基础地形的制作。本章首先系统阐述虚拟三维场景的基本概念，并引导读者掌握在 Unity 3D 开发引擎中绘制与优化基础地形的方法；然后设计与开发一些经典的游戏三维场景案例，如湖泊、岛屿、雪地、沙漠等。本章内容丰富，包括开启虚拟现实项目开发之路的基础性内容。

2.1　虚拟三维场景

场景在虚拟现实项目开发中占据重要的地位。它不但衬托主题，更是营造气氛、提升艺术表现力和感染力的有效手段。

图 2.1.1 所示为某游戏场景中的两幅图片，该游戏是使用 Unity 以及相关三维软件创作的。

图 2.1.1　三维软件创作的场景

在早期，游戏场景的表现形式主要局限于 2D，如早期的 2D 游戏常采用美工绘制的背景图作为整个游戏场景。早期的 Windows 游戏编程通过 BitBlt 函数将背景图展示在屏幕上，再将角色图片叠加在背景上。尽管这种方法在当时有其应用价值，但游戏场景显得过于简单和呆板，如图 2.1.2 所示。

图 2.1.2　早期的 2D 游戏场景

随着计算机软、硬件技术的飞速发展，越来越多的游戏开始采用 3D 技术进行画面渲染，这不仅使游戏场景更具立体感与逼真度，还极大地提升了技术的复杂性和表现力，如图 2.1.3 所示。

图 2.1.3　经过渲染的 3D 场景

各种游戏场景都可以运用 Unity 等虚拟现实引擎直接实现。自然场景的三维虚拟场景的主要表现手段可以分为三个核心部分：地形、地貌与地物。

①地形：地球表面的起伏状态，如山脉、丘陵等，通过高度值的差异来表现其高低起伏的特征。

②地貌：附着在地形上的基本纹理，如泥土、岩石、草地等，为地形增添了丰富的细节与质感。

在构建三维场景时，除了地形的起伏特征，还需考虑地表的纹理，不同的表面纹理能够展现出不同的地貌风格与视觉效果，这就是游戏场景中的地貌，如图 2.1.4 所示。

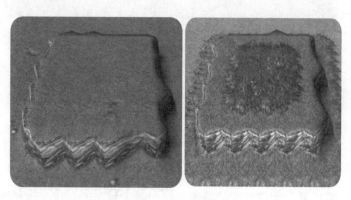

图 2.1.4　Unity 中的地貌

③地物：分布在地表上的自然或人工景物，如建筑物、江河湖海、森林等，它们为场景增添了更多的元素与生命力。

后续章节将在 Unity 中进行各种基础地形的绘制，完成一些具有代表性的游戏场景制作。

　课后任务

在网上查找至少三幅具有代表性的地形地貌的照片，如山川、湖泊、沙漠、岛屿、雪地、雨林等。

2.2　基础地形的制作与优化

2.2.1　基础地形绘制

通过本小节的学习，我们将理解地形组件的功能、分类及其主要参数的含

义；能够熟练使用各类地形组件进行地形创建；能够熟练使用地形组件的各个工具，并能够进行参数设置；能够综合运用各类地形组件进行简单场景的创建。

本小节内容分为两大部分：地形组件介绍与场景制作案例。

1. 地形组件的功能及使用

在 Unity 中，地形组件（Terrain Component）是构建复杂、逼真且多样化地形场景的核心工具之一，它不仅为游戏开发者提供了直观易用的界面来塑造地形，还集成了丰富的功能来增强地形的视觉效果和实现性能优化。我们之所以能够在 Unity 中创建比较复杂的地形，地形组件功不可没。

要创建一个新的地形，首先打开 Unity，然后单击游戏对象（Game Object）→ 3D 对象（3D Object），将"地形（Terrain）"添加到项目（Project）和层级视图（Hierarchy Views）中，如图 2.2.1 和图 2.2.2 所示。此时，场景视图中将出现一个地形，如图 2.2.3 所示。

图 2.2.1　选择"地形（Terrain）"

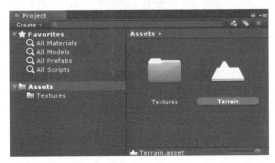

图 2.2.2　添加到项目（Project）中

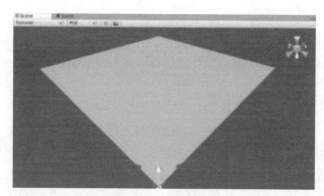

图2.2.3　生成地形

如果需要创建不同大小的地形，首先选中地形，在检查器（Inspector）中的地形组件中可以看到图2.2.4所示的组件工具按钮。单击最右侧的地形设置（Terrain Settings）按钮后，可以看到很多关于地形的参数，这里重点介绍最基本的"分辨率（Resolution）"相关参数，可以进行与地形大小相关的多项设置，如图2.2.5所示。

图2.2.4　组件工具按钮

Resolution	
Terrain Width	2000
Terrain Length	2000
Terrain Height	600
Heightmap Resolution	513
Detail Resolution	1024
Detail Resolution Per Patch	8
Control Texture Resolution	512
Base Texture Resolution	1024
* Please note that modifying the resolution will clear the heightmap, detail map or splatmap.	

图2.2.5　"分辨率（Resolution）"参数

地形选项功能说明见表2.2.1。

表2.2.1　地形选项功能说明

选项功能	说明
地形宽度 （Terrain Width）	以单位计的地形宽度
地形高度 （Terrain Height）	以单位计的地形高度

选项功能	说明
地形长度 （Terrain Length）	以单位计的地形长度
高度图分辨率 （Heightmap Resolution）	选中地形的高度图分辨率
细节分辨率 （Detail Resolution）	控制草地和细节网格的地图分辨率。出于性能原因 （为了节省绘图调用），该数字设置得越小越好
控制纹理分辨率 （Control Texture Resolution）	用于将地形上所画的纹理进行分层的泼溅贴图 （splat map）分辨率
基础纹理分辨率 （Base Texture Resolution）	用于代替在一定距离处的泼溅贴图的复合纹理分辨率

在 Unity 地形组件中，有多种地形工具供选择。每个矩形按钮都代表不同的地形工具，包括调整高度、绘制材质和添加树木等，如图 2.2.6 所示。

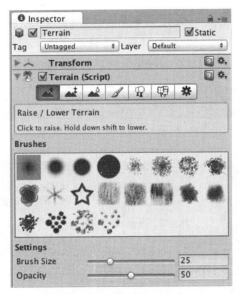

图 2.2.6　地形工具

（1）"Raise/Lower Terrain" 工具

"Raise/Lower Terrain" 工具用于地形高度调整。初次创建地形时，可以使用这个工具创建基本地形轮廓，根据需要选择一种笔刷，每单击一次鼠标左键，就会使高度增加一些，也可以在按住鼠标左键的同时移动鼠标来持续地增加高度，直到达到最大高度为止。图 2.2.7 和图 2.2.8 所示为使用不同的笔刷得到的不同效果。

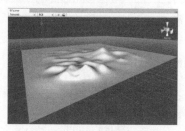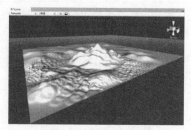

图 2.2.7　高度效果 1　　　　　　　图 2.2.8　高度效果 2

如果需要降低地形，在选中笔刷后，将鼠标光标移动到场景视图中地形的某个高度上，按住键盘上的"Shift"键，然后单击鼠标左键，即可降低高度。降低地形高度时需要注意，降低地形高度的前提是地形在 Y 轴方向的高度必须大于 0，因为所降低的最低的高度即为 Y 轴的 0 点。

（2）"Paint Height"工具

"Paint Height"工具（见图 2.2.9）能够指定目标高度值。设置高度值时，将地形的任意部分移向这个高度，一旦达到这个目标高度，地形便会停止移动，并保持在这个高度值，效果如图 2.2.10 所示。

图 2.2.9　"Paint Height"工具

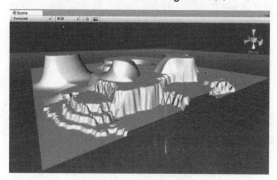

图 2.2.10　目标高度设置

同时，还可以用这个工具抬高地平面。首先设置地面高度值，如设置为 100，然后单击旁边的"Flatten"按钮，地平面就会被抬高，最后选择"Raise/Lower Terrain"工具，同时按住"Shift"键和鼠标左键就可以向下绘制凹陷地形。

（3）"Smooth Height"工具

学习了前面两个工具的用法，基本上就可以绘制地形的外形了，但绘制出的外形可能过于突兀或尖锐，此时需要使用"Smooth Height"工具，如图2.2.11所示，它能够很好地柔化绘制区域中的任何高度差和尖锐、突兀的边缘。这个工具常用于优化地形细节，将地形的高度差和外部轮廓变得更加自然流畅。与其他笔刷的使用一样，首先选择合适的笔刷，然后在场景视图中用笔刷绘制需要平滑的区域，如图2.2.12所示，直到符合要求为止。

图 2.2.11　"Smooth Height"工具

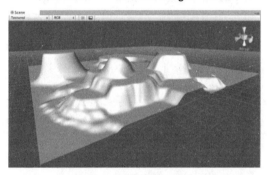

图 2.2.12　平滑效果

（4）"Paint Texture"工具

以上绘制的基本地形呈现出来的只是一个通过高度值的差异来表现其高低起伏的外部形态，地形上还没有地貌，此时可使用"Paint Texture"工具（见图2.2.13）添加纹理（Textures）贴图，也称为泼溅贴图。我们可以使用它直接为地形绘制多个 Alpha 贴图，多个 Alpha 贴图的叠加和混合，可以极大降低地形贴图重复的视觉感受，可以为地形提供各种接近于真实场景的表面纹理。由于与地形尺寸相比纹理并不大，因此纹理的分布尺寸会非常小。例如，图2.2.14（a）所示为未添加贴图的场景，图2.2.14（b）所示为添加贴图后的场景，可以看出两者的差别非常大。

图 2.2.13　"Paint Texture"工具

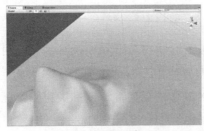 

（a）未添加贴图　　　　　　　　　　（b）添加贴图

图2.2.14　添加贴图前后效果对比

有一点需要注意，使用像素值是 2 的整数次幂的纹理会为贴图的性能和存储提供最大的优势。

绘制地形纹理（Terrain Textures）之前，需要从项目文件夹中添加至少一个纹理到地形中。单击"编辑纹理（Edit Texture）"下拉菜单，选择"添加纹理（Add Texture）"，就可以添加纹理了，如图2.2.15所示。

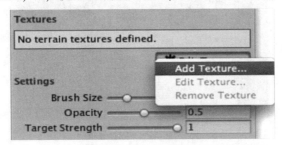

图2.2.15　添加纹理

用户可以在添加两个或两个以上的地形纹理后，用多种方式把它们混合在一起。

当前选中的地形纹理会高亮显示蓝色，当前选中的笔刷也会高亮显示蓝色，如图2.2.16所示。

（5）"Paint Trees"工具

有了基本的地形地貌以后，需要向上面添加地物，也就是花、草、树、木、石等地表附着物，其中，树木是地表上最重要的地物之一，要向地形

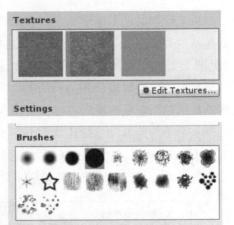

图2.2.16　混合纹理

上添加树木，需要使用"Paint Trees"工具，如图 2.2.17 所示。在将树添加到地形上之前，需要将树的资源添加到可用树的库中。在前面的章节里，我们已经学会了在项目中添加标准资源包，其中有一些树的资源，要执行上述添加树资源的操作，只需单击"编辑树（Edit Trees）"按钮，添加树，就可以看到"添加树（Add Tree）"对话框，如图 2.2.18 所示。

图 2.2.17 "Paint Trees"工具

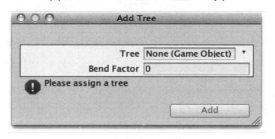

图 2.2.18 "添加树（Add Tree）"对话框

在检视器中选择要刷的树模型，单击"Add"按钮即可添加到树库中待用。

当树资源添加进去以后，就可以选择笔刷，向地形上添加任意数量的树，可以选择检视器中的每棵树，然后将其放置在地形上。当前选中的树总是以高亮显示，一般显示为蓝色，如图 2.2.19 所示。

图 2.2.19 添加树

添加树后可以实现图2.2.20所示的效果。

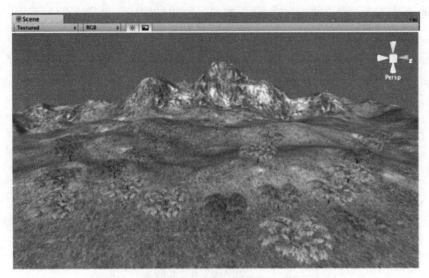

图2.2.20　添加树后的效果

以上介绍的只是添加树的基本操作，在"Paint Trees"工具中还有很多参数，可以调整树木的数量、树木的大小、树与树之间的距离，还可以设置树木颜色的变化，设置树高、树宽以及对宽度变化进行设置。"Paint Trees"工具参数说明如表2.2.2所示，我们要充分了解其含义，并在添加树的时候根据需要对参数进行设置。

表2.2.2　"Paint Trees"工具参数说明

选项功能	说明
笔刷大小（Brush Size）	放置树的笔刷的半径（以米为单位）
树间距（Tree Spacing）	两树之间的树宽的百分比
颜色变化（Color Variation）	每棵树之间所允许的颜色差异值
树高（Tree Height）	每棵树相比于资源的高度调节
树宽（Tree Width）	每棵树所允许的高度差异值
宽度变化（Width Variation）	每棵树所允许的宽度差异值

（6）"Paint Details"工具

除了添加树木，还可以添加其他地物，如各种植被或饰物，这时需要使用"Paint Details"工具，如图2.2.21所示。利用这个工具，可以绘制草、花、岩石或地形上的其他装饰物。

　　和"Paint Trees"工具一样，"Paint Details"工具中也有很多参数，如细节纹理、最小宽度、最大宽度、最小高度、最大高度、噪波范围、颜色以及灰度照明等，如图 2.2.22 所示。后续案例制作中将对这些参数一一进行设置，以此理解不同的参数所代表的功能。"Paint Details"工具参数说明见表 2.2.3。

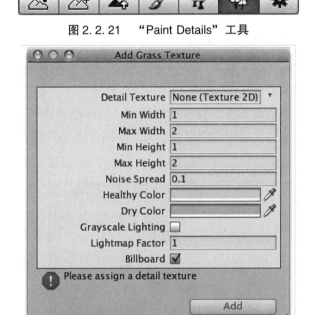

图 2.2.21　"Paint Details"工具

图 2.2.22　"Paint Details"设置

表 2.2.3　"Paint Details"工具参数说明

选项功能	说明
细节纹理（Detail Texture）	用于草的纹理
最小宽度（Min Width）	每小块草地的最小宽度（以米为单位）
最大宽度（Max Width）	每小块草地的最大宽度（以米为单位）
最小高度（Min Height）	每小块草地的最小高度（以米为单位）
最大高度（Max Height）	每小块草地的最大高度（以米为单位）
噪波范围（Noise Spread）	生成噪波的草丛大小，数值越低，噪波就越少

续表

选项功能	说明
健康色（Healthy Color）	正常的草的颜色，在噪波范围中心突出显示
干枯色（Dry Color）	干枯的草的颜色，在噪波范围外缘突出显示
灰度照明（Grayscale Lighting）	如果启用，照在地形上的任何彩色光都不会对草纹理进行染色
光照贴图因数（Lightmap Factor）	如果启用，照在地形上的任何亮度的光都不会对草纹理进行照亮
布告板（Billboard）	如果勾选此项，草一直会面向主相机（Camera）旋转

在绘制细节中，最重要的一种植被就是草。单击"添加（Add）"按钮后，会看到检视器中出现可以选择的草。

绘制草的工作原理与绘制纹理或树相同。选择想要绘制的草，然后直接在场景视图中的地形上运用笔刷进行绘制，如图 2.2.23 所示。绘制完成的草如图 2.2.24 所示。

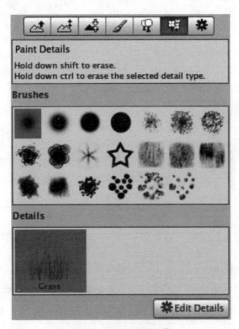

图 2.2.23　绘制草

图2.2.24　绘制草的效果

2. 基础地形的综合案例制作

上文对如何绘制地形、如何对地形的基本环境进行设置、如何添加地貌和地物等操作进行了比较详细的介绍。下面将进行一个基础地形的综合案例制作，学习如何完成一个完整的虚拟地形场景。

利用Unity地形工具绘制一个中心有小湖、四面环山的写实场景，要求如下：

①造型合理，能够明确地表现出湖面和山峦的造型。

②要采用写实风格的贴图，尽可能构造相对真实的地貌。

③地形场景中应该有树木、花草、植被、湖面等元素的点缀，如图2.2.25所示。

图2.2.25　写实场景

（1）地形对象的创建

新建一个项目工程，创建地形，将初始位置归零，如图 2.2.26 和图 2.2.27 所示。

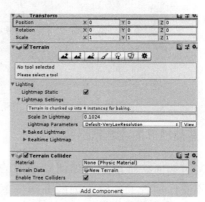

图 2.2.26　选择"Terrain"　　　　　图 2.2.27　初始位置归零

（2）地形起伏形态的绘制

按照上面的任务要求，一般先绘制出中间的凹陷湖泊地形，单击"Paint Height"工具并设置参数，如图 2.2.28 所示，特别是设置地面高度值，然后选择"Raise/Lower Terrain"工具，鼠标左键同时按住"Shift"键向下绘制凹陷的湖泊，如图 2.2.29 所示。继续单击"Raise/Lower Terrain"工具，选择合适的笔刷，在湖泊的四周单击或长按鼠标左键绘制或拔高山峰。当然，按住"Shift"键也可以降低高度，这样就可以绘制出高低起伏的山峦状态。绘制效果如图 2.2.30 所示。

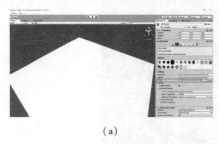

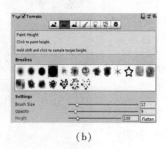

（a）　　　　　　　　　　　　　　　　（b）

图 2.2.28　设置"Paint Height"工具参数

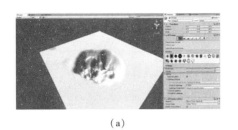 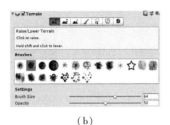

（a）　　　　　　　　　　　　　　　　（b）

图 2.2.29　绘制凹陷地形

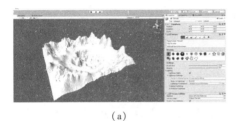 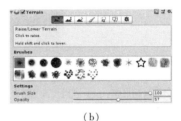

（a）　　　　　　　　　　　　　　　　（b）

图 2.2.30　绘制效果

（3）地形的平滑处理

有了地形高低起伏的状态，下一步需要进行地形的平滑处理。使用平滑工具，就可以用合适的笔刷在适当的位置进行地形的平滑处理，使地形的高度变化更加自然流畅。

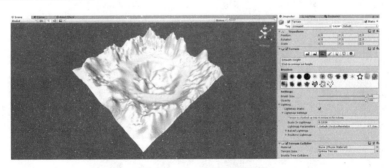

图 2.2.31　平滑处理

（4）地貌纹理的绘制

选择"Paint Texture"工具，然后从事先准备好的资源文件夹中导入贴图资源，添加到贴图纹理集中，如图 2.2.32 所示，这样就可以选用合适的贴图纹理对地形进行地貌绘制。

图2.2.32　贴图纹理

　　绘制纹理是一个细致入微的过程，需要根据实际的地貌特征，尽可能地描绘还原真实场景中的地貌，这就需要不断地调整 Brush Size、Opacity、Target Strength 等参数进行局部的绘制，直到满意为止，图2.2.33 所示为绘制纹理后的场景。

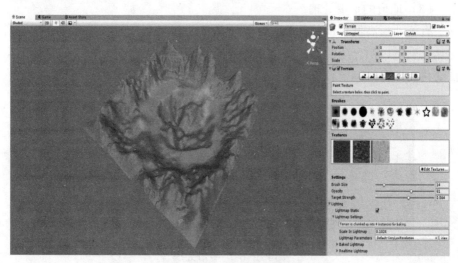

图2.2.33　绘制纹理效果

　　(5) 添加树预制体

　　从这一步开始，需要向地形场景中添加树等地物。树是一种预制体，所以可以先导入环境标准资源包，如图2.2.34 所示。然后单击"Edit Trees"工具，单击"编辑树（Edit Trees）"按钮→"添加树（Add Tree）"按钮，就可以看到"添加树（Add Tree）"对话框，这样就可以在树木添加器中添加树的预制体，如图 2.2.35 所示。

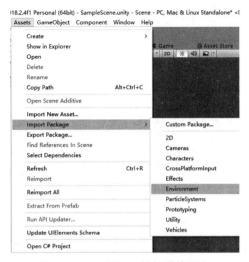

图 2.2.34　导入环境标准资源包

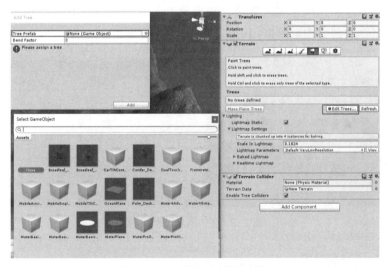

图 2.2.35　添加树的预制体

（6）批量添加树资源

有了树的预制体，如果希望批量地添加树资源，可以单击"Mass Place Trees"按钮，使用批量添加模型的方式，例如，可以将数量控制在 100~200，单击"Place"按钮添加树，如图 2.2.36 所示。当然，也可以少量甚至一棵一棵地进行添加，这取决于地形场景的实际需要。

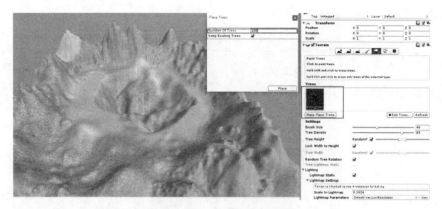

图 2.2.36 批量添加树资源

（7）添加其他细节资源

有了树，接下来需要添加一些其他细节资源。添加细节资源的方法与添加树类似，不同的是需要选择"添加细节（Edit Details）"工具，然后在细节添加器中添加花草等细节资源，利用笔刷工具添加到场景中，如图 2.2.37 所示。具体的细节内容根据用户的设计需要进行添加。

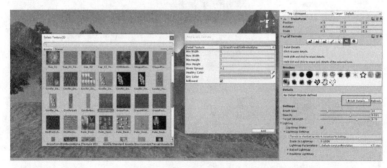

图 2.2.37 添加细节资源

（8）添加水资源

有了纹理和细节资源后，还需要向凹陷的湖泊地形中添加水。在"资源（Assets）"中检索"WaterProDaytime"，将预制体调整至合适的大小并拖到湖泊地形的凹陷处，略低于地面，形成湖面，这样就可以将水资源添加到需要的位置，完成水资源的添加，如图 2.2.38 所示。

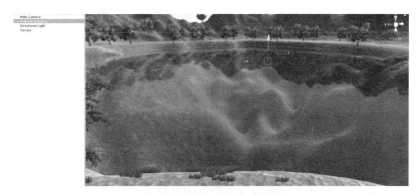

图 2.2.38　添加水资源

至此，一个基础场景就基本创建好了，如图 2.2.39 所示。

图 2.2.39　基础场景

 课后任务

根据本小节所学的内容完成这一基础场景项目的制作，并添加第一人称控制器，实现基础场景的漫游。

2.2.2　地形场景的优化

第 2.2.1 节学习了如何创建基础地形场景，包括添加和编辑地形地貌、树木、纹理及水体等场景元素，使场景具备了初步的形态。然而，在实际应用中，往往需要根据不同的气象、光线等条件对地形场景进行进一步优化，以增强其真实感和沉浸感。本小节将详细介绍如何对地形场景进行优化，包括风场组件的添加与设置、环境设置以及雾效设置等内容。

1. 风场组件的添加与设置

（1）认识风场

风场（Wind Zone）用于模拟真实世界中的风力效果。它可以模拟风吹树叶、树干、花草等物体的效果，既能模拟强烈的台风，也能模拟柔和的微风。对于一个逼真的场景，风是必不可少的。图2.2.40和图2.2.41所示为风场组件及其主要参数。

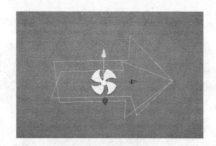

图2.2.40　风场组件

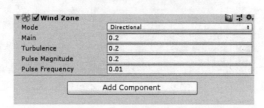

图2.2.41　风场组件的主要参数

（2）风的创建

在 Unity 中，风场是一个风力系统，位于"Game Object"的"3D Object"分类下。要创建风场，首先需要打开先前创建的基础地形场景，然后在 Hierarchy 面板的空白处右键单击"3D Object"→"Wind Zone"，就可以把风力系统添加到事先创建好的地形场景中，如图2.2.42所示。

图 2.2.42　风场的创建

"Wind Zone"组件包含多个参数，用于定义风的形状、方向、半径、主风强度、紊流程度以及风的脉冲幅度和频率等，这些参数共同决定了风在场景中的具体表现。表 2.2.4 给出了风场组件的主要参数说明，用户需要通过不断的练习实践，深入了解每个参数的功能及其对场景效果的影响。

表 2.2.4　风场组件的选项参数说明

选项参数	说明
球形（Spherical）	风区仅影响半径范围内的区域，并从中心朝边缘衰减
方向（Directional）	风区从一个方向影响整个场景
半径（Radius）	球形风区的半径（如果设置为球形模式）
主风（Wind Main）	主要风力，产生柔和变化的风压
紊流（Turbulence）	满流风的力量，产生瞬息万变的风压
脉冲幅度（Pulse Magnitude）	定义风随时间变化的幅度
脉冲频率（Pulse Frequency）	定义风向改变的频率

了解了风场组件的参数，就可以根据需要对风进行相应的设置，但仅依靠风场组件尚不足以构成一个完整且优化的环境。风虽然能模拟树木摇曳、水面波动、旗帜飘扬等自然现象，但还需要进一步通过环境设置来增强场景的真实感与沉浸度。

2. 环境设置

（1）灯光设置

灯光是环境设置的重要组件之一，关于灯光系统，将在第 3 章详细讲解，在这里，只是结合本章中地形场景的环境优化做一个简单的介绍。

对于室外场景，在不考虑环境氛围的情况下，通常以"打亮"环境为主。对于整体场景的环境光，可以通过调整"Directional Light"参数来调节主光源照亮场景的明暗情况，对于局部未被打亮的阴暗区域，可以根据需要采用"Point Light"参数进行补光，以达到均衡的照明效果，如图2.2.43所示。

图2.2.43　灯光设置

（2）反射效果

为了增强场景的真实感，可以添加"Reflection Probe"组件来模拟水面的反射效果。在灯光组件中找到"Reflection Probe"对象，如图2.2.44所示，添加到场景中，并适当调整其参数，可以使湖面等水面产生真实的反射效果，进一步提升场景的视觉效果。关于具体的参数，这里不再赘述，需要通过不断的练习实践去深入理解并运用。

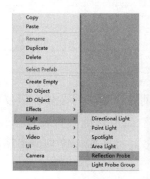

图2.2.44　反射效果的添加

（3）天空盒设置

天空盒（Skybox）是另一种重要的环境设置手段。天空盒专门用于模拟天空背景，Unity本身默认的是淡蓝色的天空盒，可以通过替换默认的天空盒，为地形场景添加与整体环境相协调的天空背景。天空盒可以自行制作，也可以从资源商店中获取并导入项目中，如图 2.2.45 所示。

图 2.2.46 中远方的天空与整体环境的搭配就比较和谐，这个天空就是通过天空盒的替换和设置来实现的。

图 2.2.45　从资源商店中获取天空盒

图 2.2.46　天空盒效果

3．雾效设置

（1）雾效概述

有了环境的设置，场景已经得到了优化。但是，目前优化的场景并没有考虑一些特殊的效果。例如，在自然环境中，总会有一些烟雾弥漫的情况。如何实现烟雾效果呢？开启"Fog"功能模块后，即可在场景中渲染出雾的效果，在 Unity 中可以对雾的颜色、密度等属性进行调整。

通过添加雾效，可以在场景中渲染出雾气效果，增强场景的氛围感。同时，开启雾效后，远处的物体被雾遮挡，这时就可以选择不渲染距离摄像机较远的物体，从而节省性能。

图 2.2.47 和图 2.2.48 所示分别为未开启雾效和开启雾效的效果。从中可以看出，开启雾效前后的整体氛围有很大的不同。

图 2.2.47 未开启雾效

图 2.2.48 开启雾效

（2）雾效的添加与设置

在 Unity 编辑器中，可以通过 Window 菜单下的"Rendering"选项进入"Other Settings"面板，勾选"Fog"复选框来开启雾效，如图 2.2.49 所示。随后，可以调整雾效的颜色、模式、浓度以及线性雾效的开始和结束距离等参数，以达到期望的雾效效果，雾效的参数见表 2.2.5。

图 2.2.49 勾选"Fog"选项

表 2.2.5 雾效的选项参数说明

选项参数	说明
Fog（雾效）	勾选该选项游戏场景将开启雾效
Fog Color（雾的颜色）	单击该选项右侧的色条，在弹出的"Color"对话框中可以为雾效指定颜色
Fog Mode（雾效模式）	该项用于指定雾效的模式，有三种模式可供选择
Fog Density（雾效浓度）	用于设定雾效的浓度，取值范围为 0~1，数值越大，雾的浓度越高，雾的遮挡能力越强
Linear Fog Start（线性雾效开始距离）	用于控制雾效开始渲染的距离（该项仅在"Fog Mode"指定为线性模式时有效）

续表

选项参数	说明
Linear Fog End（线性雾效结束距离）	用于控制雾效结束渲染的距离（该项仅在"Fog Mode"指定为线性模式时有效）

4. 项目测试

完成上述场景优化操作后，在"Project"窗口搜索栏搜索"第一人称控制器（FPSController）"，如图 2.2.50 所示，将第一人称控制器添加至场景中。

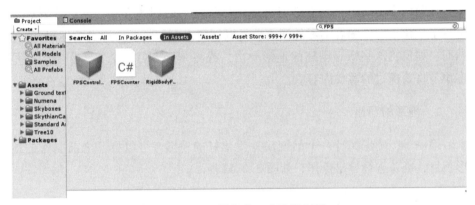

图 2.2.50　添加第一人称控制器

运行项目，在场景中自由游览，测试项目优化效果，如图 2.2.51 所示。

图 2.2.51　项目优化效果

◆ 课后任务

对第 2.2.1 小节创建的基础场景进行优化，有以下三项基本要求：

①添加与场景匹配的天空和资源。

②灯光设置合理，场景不能有曝光暗黑的色块。

③为场景添加雾效。

2.2.3 地形的导出和导入

在前两个小节中，我们学习了基础场景地形的创建方法，并对地形场景进行了优化处理。随着学习的深入，可以创建出更加复杂、逼真的地形场景。然而，如何将这些精心创建的地形导出，或将其导入另一个场景中呢？这是本小节将要探讨的重要内容。

1. 地形的导出

第一步，确保拥有一个已创建并优化好的地形。可以打开之前制作的地形项目，准备进行导出操作，如图 2.2.52 所示。

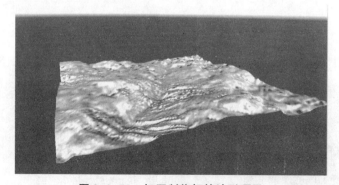

图 2.2.52　打开制作好的地形项目

第二步，选择 "Terrain" 组件，在右侧的 "Terrain" 命令面板中，单击地形设置按钮，找到 "Heightmap" 命令，单击 "Export Raw..." 按钮，如图 2.2.53 所示。

图 2.2.53　单击"Export Raw..."按钮

第三步，单击"Export Raw..."按钮后，Unity 界面的右上角出现"Export Heightmap"对话框，对话框中会显示所创建的地形的宽度和高度。通常把"Depth"设置为 Bit 8 或者 Bit 16，如图 2.2.54 所示。

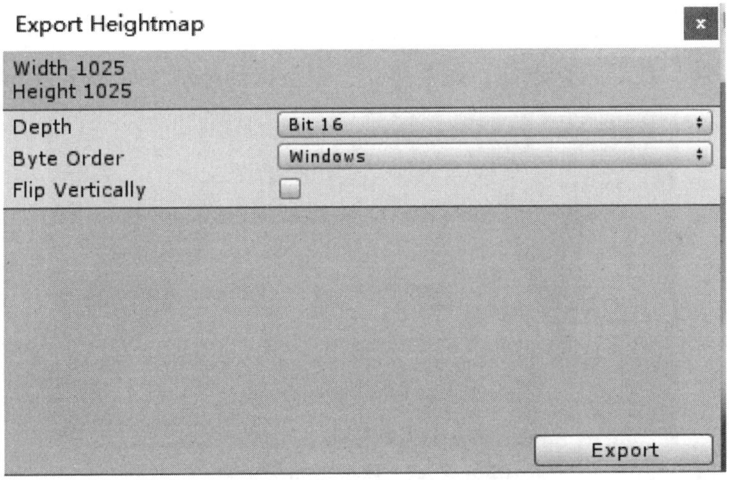

图 2.2.54　设置"Depth"的参数值

第四步，单击"Export"按钮，Unity 将生成一个 Raw 格式的文件，并允许用户选择保存位置，选择适当的路径并保存文件，如图 2.2.55 所示。

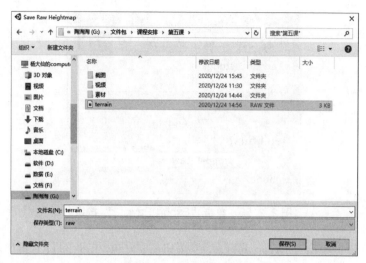

图 2.2.55　生成文件并保存

2. 地形的导入

第一步，在导入地形前，需要建立一个空白的地形，如图 2.2.56 所示。

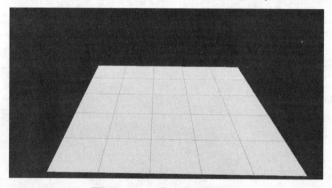

图 2.2.56　建立空白的地形

第二步，选中地形，在右边的"Terrain"命令中单击地形设置按钮，在下面找到"Heightmap"命令，单击"Import Raw…"按钮，此时弹出文件选择器对话框。

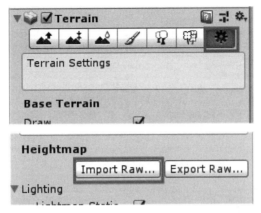

图 2.2.57　单击"Import Raw..."按钮

第三步，选中前面已导出的 Raw 格式文件，单击"打开"按钮。

图 2.2.58　导出 Raw 格式文件

第四步，打开 Raw 格式文件后，在弹出的导入设置对话框中，可以看到 Raw 格式文件的像素大小（宽度、高度和深度）以及建议的地形大小（X、Y、Z 值）。这些值通常不需要修改，也可以根据需要进行调整。

Import Heightmap

Raw files must use a single channel and be either 8 or 16 bit.

Depth	Bit 16
Width	1025
Height	1025
Byte Order	Windows
Flip Vertically	☐

Terrain Size

X 500   Y 600   Z 500

Import

图 2.2.59　打开 Raw 文件并修改相关参数

第五步，单击"Import"按钮，Unity 将使用选定的 Raw 格式文件数据来更新地形的高度图，此时即可在场景中看到新导入的地形，如图 2.2.60 所示。

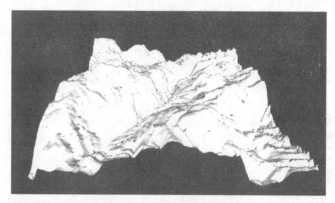

图 2.2.60　更新后的地形

将导出时和导入后的地形进行比较，可以发现导入后地形的高度发生了明显的变化，如图 2.2.61 所示。

（a）导出时　　　　　　　　　（b）导入后

图 2.2.61　导出时与导入后的地形对比

　　导入后，地形的高度变化可以通过地形设置命令中的参数进行修改，如图 2.2.62 所示。

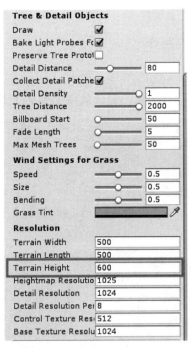

图 2.2.62　参数调整界面

　　本小节的内容虽然比较简单，但是非常重要，因为无论设计和开发多么复杂、多么真实的场景，都需要进行导出和导入操作，所以必须熟练掌握本小节的内容。

▶ 课后任务

　　根据本小节所学的内容，尝试对自己设计制作的基础场景地形进行导入和导出操作。

2.3　本章实践项目

　　在前面两节中，我们系统地学习了地形创建及优化的基本方法、地形导入/导出的基本步骤，并完成了一个简单的地形场景案例。本节将学以致用，综合运用前面所学的知识，从而能够举一反三，学会设计与制作更加复杂、逼真的地形场景。

实践项目二：山峰地形制作

【实践任务】：通过 Unity 的地形系统制作山峰地形，同时为地形赋予材质，添加细节，对地形进行美化，完成效果如图 2.3.1 所示。

图 2.3.1　山峰地形完成效果

【任务分析】：通过实践深入理解地形组件的功能、分类及其主要参数的含义，熟练使用各类地形组件和工具，根据山峰地形的主要特征，模拟制作山峰地形，同时根据山峰的环境颜色特点为白模赋予贴图，在合适的区域添加树木、花草和水源。

1. 素材导入与地形对象的创建

（1）导入环境资源

首先导入 Unity 环境标准资源包。单击菜单栏中的"Assets"按钮后，依次单击"Import Package"→"Environment"，在弹出的对话框中单击"Import"，导入完毕后即可看见项目视图中的"环境（Environment）"文件夹，在"Assets"中有了相应的环境资源，如图 2.3.2 所示。

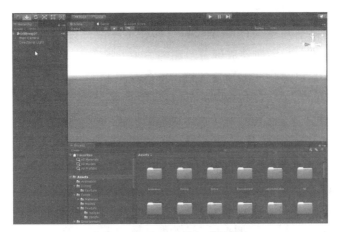

图 2.3.2　导入环境标准资源包

（2）创建地形对象

在"Hierarchy"面板中，单击鼠标右键，在弹出的选择框中依次单击"3D Object"→"Terrain"，创建一个地形对象，如图 2.3.3 所示。

 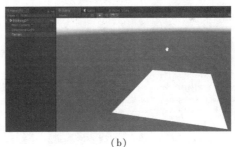

（a）　　　　　　　　　　　　　　　　（b）

图 2.3.3　创建地形对象

2. 绘制基本地形

（1）设置地形参数

在"Hierarchy"面板中单击"Terrain"按钮，随后在屏幕右侧"Inspector"面板中单击"Terrain Settings"按钮，此处可以设置地形参数。为了减小地形面积，将面板下方的"地形宽度（Terrain Width）"和"地形长度（Terrain Length）"都调节为 100。

调节完毕后，单击"Paint Height"按钮，将"高度（Height）"设置为 10，单击"Flatten"按钮完成设置，如图 2.3.4 所示。本操作的目的是将整体地形拔高，为后期制作凹陷地形区域做准备。在 Unity 的地形系统中，当地形的高度值为 0 时，无法通过向下挖掘来制作凹陷区域，因此对于需要通过下降高度来制作凹陷区域的地形，都需要提前设置一定的高度。

设置完毕后单击"Raise/Lower Terrain"选项，准备开始绘制地形，如图 2.3.5 所示。在本工具中，可以根据目标地形选择合适的笔刷形状，设置笔刷大小（Brush Size）和笔刷厚度（Opacity），从而更好地完成目标地形的制作。关于笔刷大小，向右滑动时增大，向左滑动时减小；笔刷的不透明度在此处代表笔刷厚度，向右滑动时增大，向左滑动时减小。

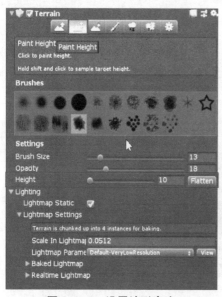

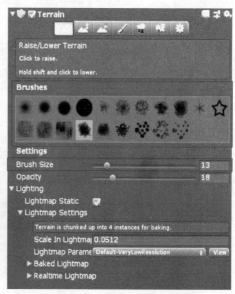

| 图 2.3.4　设置地形高度 | 图 2.3.5　设置笔刷参数 |

（2）绘制地形

选择合适的笔刷形状，设置好笔刷大小和厚度后，在 Scene 视图的地形处，按住鼠标左键在地形上滑动，即可对地形进行局部拔高，以此模拟出山峰的效果。此处可以将笔刷大小调大、硬度调高，从而绘制出高耸山峰的效果。

绘制完拔高区域后，按住"Shift"键+鼠标左键，在地形上滑动，可对地形进行局部塌陷，以此制作凹陷的效果，如图 2.3.6 所示。

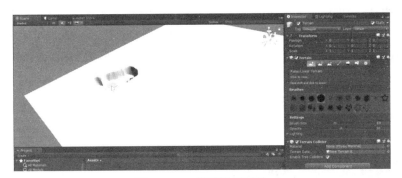

图 2.3.6　凹陷地形制作

由于拔高区域通常会有突兀的凸起，为了使地形表面更加逼真，可进行平滑操作。单击"Smooth Height"选项，与"Raise/Lower Terrain"选项的操作方法相同，可选择笔刷形状，调节笔刷大小和厚度，在需要平滑的地形处，按住鼠标左键滑动，即可平滑处理该区域的地形。在绘制地形这一步，需要根据目标地形，利用不同的笔刷工具，选择不同的笔刷参数精细绘制并重复操作，直至达到自己想要的效果，如图 2.3.7 所示。

图 2.3.7　完成地形创建

3. 绘制地形纹理

完成地形绘制后，为了使地形更加美观且逼真，需要进行纹理添加。

（1）设置参数

单击"Paint Texture"选项，然后依次单击"Edit Textures"→"Add Texture"按钮，如图 2.3.8 所示。在弹出的对话框中选择"Albedo"下方的"Select"按钮，此时会弹出一个包含纹理的对话框，在众多纹理中找到适合目标地形的纹理并选择即可，如图 2.3.9 所示。此处地形为山峰，可以选择类似于绿茵山峰纹理的"GrassHillAlbedo"，单击"Add"按钮添加，右侧的"Texture"中就有了这个纹理。第一个添加的纹理会被运用到整个地形中，此时重复上述操作，将不同的新纹理添加到"Texture"中，为后续绘制做准备。

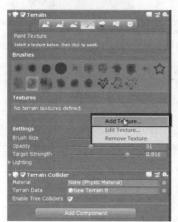
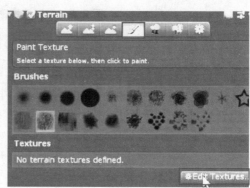

图 2.3.8　单击"Add Texture"按钮

图 2.3.9　选择纹理

（2）绘制纹理

选择"Textures"下方的贴图，再选择"Brushes"下方的笔刷，按下鼠标左键的同时在地形上滑动涂抹，即可像画画一样为地形绘制纹理。此处可以根据目标地形更换不同的纹理进行多次绘制，直至达到自己想要的效果，如图 2.3.10 所示。例如，此处山峰的整体色调为草绿色，可以选择土黄色的纹理，叠加在山峰的底端模拟山地的黄土，逐步调节"Target Strength"的大小，逐步涂抹纹理，即可实现渐变效果。先将"Target Strength"调为 0.2，涂抹一层，然后逐步往上调节 0.2，重复涂抹。

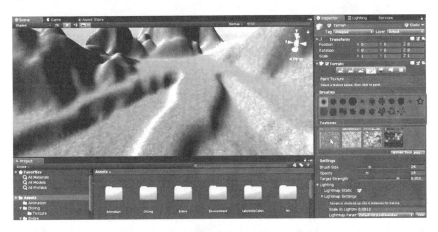

图 2.3.10　多次涂抹直至达到想要的效果

4. 绘制树木

（1）设置树木参数

单击"Paint Trees"选项后，依次单击"Edit Trees"→"Add Tree"按钮，如图 2.3.11 所示。在弹出的对话框中，单击最右侧圆环会弹出树预制体的对话框，其中包含多种树预制体，如图 2.3.12 所示，选择一种树的预制体后，单击"Add"按钮，即可添加到右侧的"Trees"中。重复上述操作，可以添加多种类型的树木，为后续绘制树木做准备。

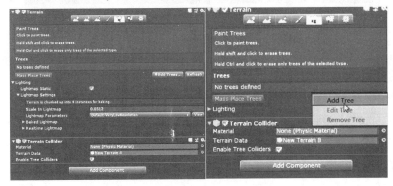

图 2.3.11　单击"Add Tree"按钮

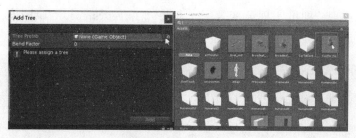

图2.3.12 选择树木

（2）绘制并添加树木

单击"Trees"中树的预制体，根据环境调节笔刷大小（Brush Size）、区域内树的疏密范围（Tree Density）和树的高度（Tree Height）。在地形处，按住鼠标左键滑动，为目标地形中需要树木的区域添加树木，如图2.3.13所示。如果需要在很大一片区域内随机添加树木，可以单击"Mass Place Trees"按钮，在"Number of Trees"后输入一个数，单击"Place"按钮，即代表在笔刷范围内随机点处生成该数目的树。

图2.3.13 为地形添加树木

若要删除区域内的树木，可以按住"Shift"键+鼠标左键，单击需要删除树木的区域即可。

注意：添加草的方法与添加树木的方法类似，不同之处是单击"Paint Details"选项，然后依次单击"Edit Details"→"Add Grass Texture"按钮，在弹出的对话框中单击右侧圆环，此时弹出草的贴图对话框，可按照目标地形选择需要的贴图，随后单击"Add"按钮，其余操作与绘制树木的方法相同。同样，也可以重复上述操作，添加多种花草，选择合适的花草添加到合适的位置。

5. 添加水

第一种方法：圆形区域水源。在项目视图右侧搜索栏中搜索"water"，找到名为"WaterProDaytime"的水资源，按住鼠标左键将其拖入场景视图中需要水的位置，此处的水可以像物体一样，通过移动工具将其调整到合适位置，通过缩放工具合理调整水资源的范围，如图 2.3.14 所示。

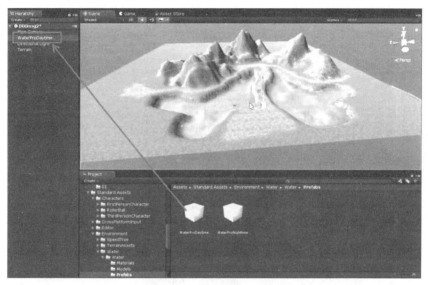

图 2.3.14　为地形添加水

第二种方法：四边形区域水源。在项目视图右侧搜索栏中搜索"water"，找到名为"Water4Advanced"的水资源，按住鼠标左键将其拖入场景视图中需要水的位置，此处的水也可以像物体一样，通过移动工具将其调整到合适位置，通过缩放工具合理调整水资源的范围。

注意：水的范围不需要太大，只要能覆盖模拟湖泊地形的凹陷区域即可。

实践项目三：岛屿地形制作

【实践任务】：通过 Unity 的地形系统制作岛屿地形，同时为地形赋予材质，添加细节，对地形进行美化，完成效果如图 2.3.15 所示。

【任务分析】：通过实践深入理解地形组件的功能、分类及其主要参数的含义。熟练使用各类地形组件和工具，根据岛屿地形的特点模拟制作岛屿地形，同时根据岛屿的环境颜色特点为白模赋予贴图，添加树木和水源等模型。

图 2.3.15　岛屿地形完成效果

1. 素材导入与地形的创建

（1）导入资源

导入 Unity 环境标准资源包，单击菜单栏中的"Assets"后，依次单击"Import Package"→"Environment"按钮，在弹出的对话框中单击"Import"按钮。导入完毕后，即可看见项目视图中的"Environment"文件，如图 2.3.16 所示。

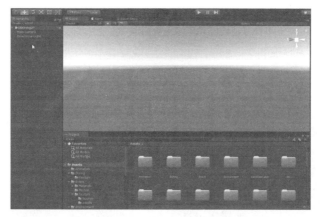

图 2.3.16　导入环境标准资源包

（2）创建对象

在"Hierarchy"面板中单击鼠标右键，在弹出的选择框中依次单击"3D Object"→"Terrain"按钮，创建一个地形，如图 2.3.17 所示。

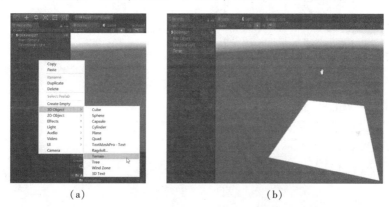

（a）　　　　　　　　　　　　　（b）

图 2.3.17　在"Hierarchy"面板中创建一个地形

2. 绘制基本地形

（1）设置参数

在"Hierarchy"面板中单击地形后，在屏幕右侧的"Inspector"面板中单击"Terrain Settings"按钮，如图 2.3.18 所示。此处可以设置地形参数，为了减小地形面积，将面板下方的地形宽度和地形长度都调节为 100，如图 2.3.19 所示。

调节完毕后，单击"Paint Height"按钮，将高度设置为 10，单击"Flatten"按钮完成设置，如图 2.3.20 所示。

设置完毕后，单击"Raise/Lower Terrain"按钮，准备开始绘制地形，如图 2.3.21 所示。在本工具中，可以根据目标地形选择合适的笔刷形状，设置笔刷大小和笔刷厚度。

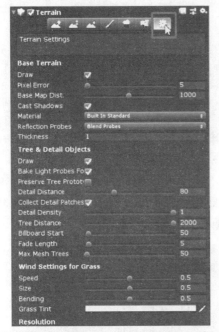

图 2.3.18　单击"Terrain Settings"按钮

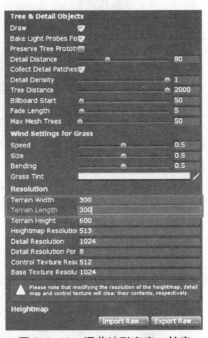

图 2.3.19　调节地形宽度、长度

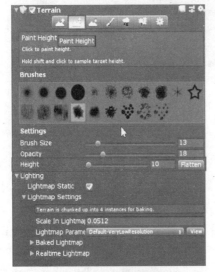

图 2.3.20　设置地形高度

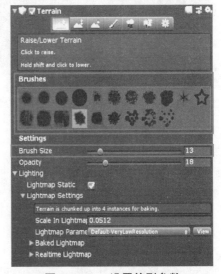

图 2.3.21　设置笔刷参数

（2）绘制地形

选择合适的笔刷形状，设置好笔刷大小和厚度后，由于岛屿时常伴随着大面积的湖泊水源等，在场景视图的地形处，按住"Shift"键+鼠标左键，在地形上滑动，可对地形进行局部塌陷，以此制作凹陷的效果，为水源的添加做准备，如图 2.3.22 所示。

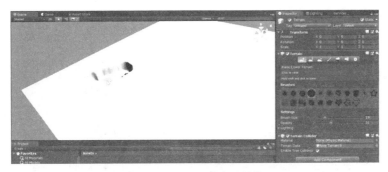

图 2.3.22　凹陷地形制作

再次按下"Shift"键后按住鼠标左键在地形上滑动，即可对多处地形进行局部小幅度拔高，以此模拟出湖泊环绕的岛屿效果，如图 2.3.23 所示。此处可以适当减小笔刷尺寸或者选择较小的笔刷，在多处地方分散地进行局部拔高，还原岛屿地形。

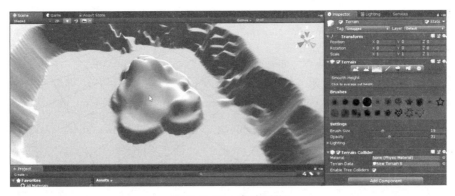

图 2.3.23　岛屿制作

为了使地形表面更加逼真，可以进行平滑操作，单击"Smooth Height"图标，选择笔刷形状。调节笔刷大小和厚度，在需要平滑的地形处，按住鼠标左键滑动，即可平滑处理该区域的地形。根据目标地形，利用不同的笔刷工具，根据不同的笔刷参数精细绘制并重复操作，直至达到自己想要的效果。

（3）添加水资源

第一种方法：圆形区域水源。在项目视图右侧搜索栏中搜索"water"，找到名为"WaterProDaytime"的水资源，按住鼠标左键将其拖入场景视图中需要水的位置，如图 2.3.24 所示。

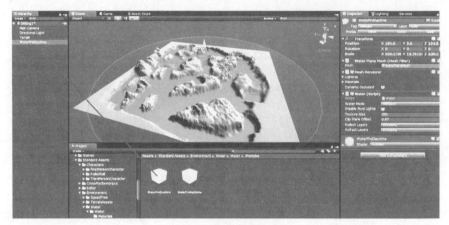

图 2.3.24　添加水源

第二种方法：四边形区域水源。在项目视图右侧搜索栏中搜索"water"，找到名为"Water4Advanced"的水资源，按住鼠标左键将其拖入场景视图中需要水的位置。

3. 绘制地形纹理

完成地形绘制后，为了使地形更加美观且逼真，需要进行纹理添加。

（1）添加纹理到笔刷

单击"Paint Texture"图标后，依次单击"Edit Textures"→"Add Texture"按钮，如图 2.3.25 所示。在弹出的对话框中选择"Albedo"下方的"Select"，此时会弹出一个包含纹理的对话框，在众多纹理中找到适合目标地形的纹理并选择即可，如图 2.3.26 所示。此处地形为岛屿，可以选择类似于绿茵岛屿纹理的"GrassHillAlbedo"，单击"Add"按钮进行添加，右侧"Texture"中就有了这个纹理。

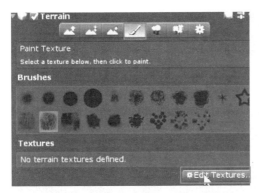

图 2.3.25　单击"Add Texture"按钮

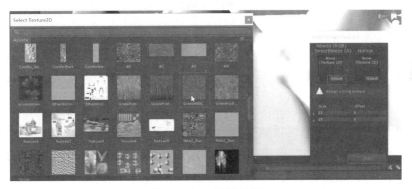

图 2.3.26　选择纹理

（2）使用纹理

选择"Textures"下方的贴图，再选择"Brushes"下方的笔刷，按下鼠标左键的同时在地形上滑动涂抹，即可像画画一样为地形绘制纹理，此处可以根据目标地形更换不同的纹理进行多次绘制，直至达到自己想要的效果。如果想要渐变的效果，可以逐步调整"Target Strength"的大小，将不同的纹理刷到地形上。例如，此处岛屿的颜色是接近绿色，那么河床的颜色就可以运用类似于砂石的纹理刷在河床的部分；岛屿上不仅有土地，还有石块，则可以选择类似于石块的纹理，刷在凸起部分的地形上，得到美化地形、还原真实世界地形的效果，如图 2.3.27 所示。

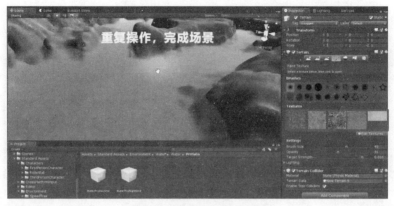

图 2.3.27　纹理绘制完成

4. 绘制树木

（1）设置参数

单击"Paint Trees"→"Edit Trees"→"Add Tree"，在弹出的对话框中，单击最右侧圆环会弹出树预制体的对话框，如图 2.3.28 所示，选择一种树的预制体后，单击"Add"按钮，即可将其添加到右侧的"Trees"中。重复上述操作，添加多种类型的树，为后续绘制树木做准备。

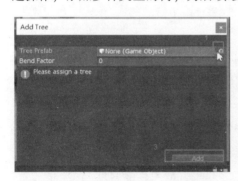
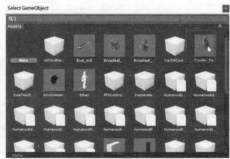

图 2.3.28　选择树木

（2）绘制并添加树木

单击"Trees"中树的预制体，根据环境调节笔刷大小（Brush Size）、区域内树的疏密范围（Tree Density）和树的高度（Tree Height），在地形处，按住鼠标左键滑动，为目标地形中需要树木的区域添加树木。

若要删除区域内的树木，按住"Shift"键+鼠标左键，单击需要删除树木的区域即可删除。

5. 添加模型

将素材事先下载到计算机中，找到素材的位置，其中包括船和石头的素材，按住鼠标左键，将 Unity 文件的素材直接拖入地形中，在弹出的对话框中单击"Import"按钮，即可在项目视图中添加"LakeSideCabin"文件夹。

依次单击此文件夹和"Models"，找到船的预制体，如图 2.3.29 所示，按住鼠标左键将船直接拖入地形中，此时可以根据 Unity 基本物体移动旋转的方法，将小船摆放到合适的位置，如图 2.3.30 所示。也可以用相同的方法导入更多素材，如石块、码头等。

图 2.3.29　在导入的素材中找到小船

图 2.3.30　将素材摆放到合适位置

实践项目四：雪地地形制作

【实践任务】：利用 Unity 的地形系统制作出雪地地形，同时为地形赋予材质，添加细节，对地形进行美化，完成效果如图 2.3.31 所示。

图 2.3.31　雪地地形完成效果

【任务分析】：通过实践深入理解地形组件的功能、分类及其主要参数的含义。可以根据雪地地形的特点，熟练使用各类地形组件和工具模拟制作雪地地形，同时能够根据雪地的环境颜色特点为白模赋予贴图、添加树木、房屋模型和水源。

1. 素材导入与地形的创建

（1）导入资源

导入 Unity 环境标准资源包，单击菜单栏中的"Assets"→"Import Package"→"Environment"按钮，在弹出的对话框中单击"Import"。导入完毕后，项目视图中有了"Environment"文件，如图 2.3.32 所示。

接着导入系统提供的雪地资源包。在计算机文件夹中找到雪地素材，按下鼠标左键，将雪地素材拖入 Unity 中，在弹出的对话框中单击"Import"按钮。导入完成后，项目视图中有了"snow"文件。

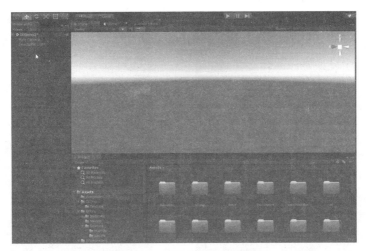

图 2.3.32　导入环境标准资源包

（2）创建对象

在"Hierarchy"面板中，单击鼠标右键，在弹出的选择框中依次单击
"3D Object"→"Terrain"按钮，创建一个地形，如图 2.3.33 所示。

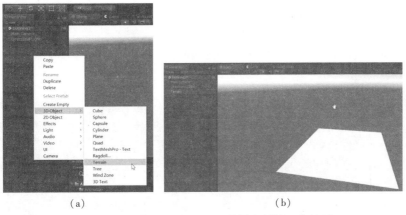

（a）　　　　　　　　　　　　　　　　　（b）

图 2.3.33　在"Hierarchy"面板中创建一个地形

2. 绘制基本地形

（1）设置参数

在"Hierarchy"面板中单击地形后，在屏幕右侧的"Inspector"面板中
单击"Terrain Settings"图标，如图 2.3.34 所示。将地形宽度和地形长度都调
节为 300，如图 2.3.35 所示。

 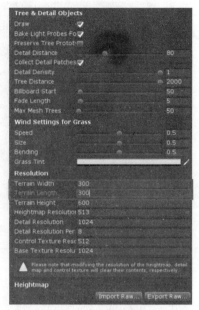

图2.3.34 单击"Terrain Settings"图标　　图2.3.35 调节地形宽度、长度

调节完毕后，单击"Paint Height"图标，将高度设置为10，然后单击"Flatten"按钮，完成设置，如图2.3.36所示。

设置完毕后单击"Raise/Lower Terrain"图标，准备开始绘制地形，如图2.3.37所示。

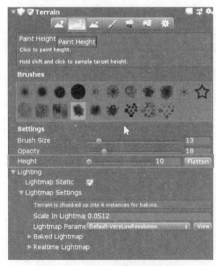 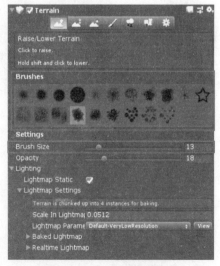

图2.3.36 设置地形高度　　图2.3.37 设置笔刷参数

（2）绘制地形

选择合适的笔刷形状，设置好笔刷大小和厚度后，在场景视图的地形处，可以选择小形状的笔刷调高笔刷的大小，按住鼠标左键在地形上轻轻滑动，即可对地形进行局部小幅度拔高，以此模拟出雪地的效果，如图 2.3.38 所示。

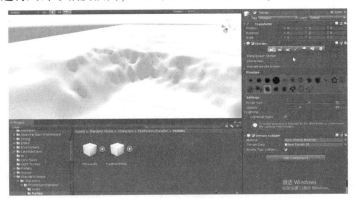

图 2.3.38　绘制雪地地形的拔高区域

绘制完拔高区域后，按住"Shift"键+鼠标左键，在地形上滑动，可对地形进行局部塌陷，以此制作凹陷的效果。

由于雪地地面柔软，没有较多的棱角，为了使地形表面更逼真，可以进行平滑操作。单击"Smooth Height"图标，与"Raise/Lower Terrain"的操作相同，可以选择笔刷形状，调节笔刷大小和厚度，在需要平滑的地形处，按住鼠标左键滑动，即可平滑处理该区域地形，如图 2.3.39 所示。在绘制地形这一步，需要根据目标地形，利用不同的笔刷工具，选择不同的笔刷参数精细绘制并重复操作，直至达到自己想要的效果。

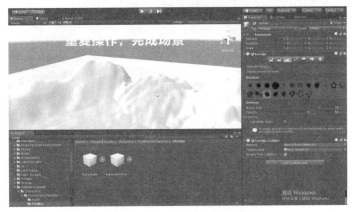

图 2.3.39　平滑处理地形

3. 绘制地形纹理

完成地形绘制后，为了使地形更加美观且逼真，需要进行纹理添加。

（1）添加纹理到笔刷

单击"Paint Texture"图标后，依次单击"Edit Textures"→"Add Texture"，如图2.3.40所示。在弹出的对话框中选择"Albedo"下方的"Select"，此时会弹出一个包含纹理的对话框，在众多纹理中找到适合目标地形的纹理并选择即可，如图2.3.41所示。此处地形为雪地，可以选择类似于雪地和冰川的纹理，单击"Add"按钮进行添加，右侧"Texture"中就有了这个纹理。

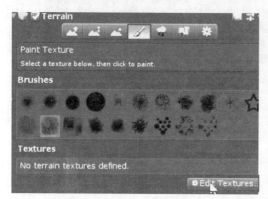

图2.3.40　添加纹理到笔刷

图2.3.41　选择纹理

（2）使用纹理

此处雪地的颜色接近白色，那么湖泊底部的颜色就可以运用类似于冰川的纹理，刷在湖底的部分；雪地上凸出的部分通常为堆积的雪，靠近地面的部分通常是冰，则可以选择类似于冰面的纹理，从小到大逐步调节"Target Strength"的大小并刷在平地上，获得渐变的效果，使场景更加美观，如图2.3.42所示。

图 2.3.42　绘制纹理

4. 添加水资源

在项目视图右侧搜索栏中搜索"water"，找到名为"WaterProDaytime"的水资源，按住鼠标左键将其拖入场景视图中需要水的位置，如图2.3.43所示。

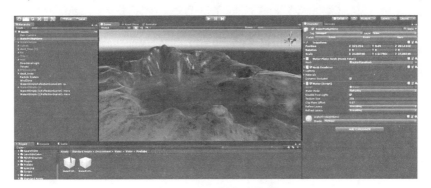

图 2.3.43　添加水资源

5. 添加模型

双击项目视图中的"snow"文件夹，按住鼠标左键将树模型、房子模型和雪人模型拖入雪地中的合适位置，根据自己的喜好和对地形的把握布置模型的位置，如图2.3.44所示。

图2.3.44　添加模型到合适位置

实践项目五：沙漠地形制作

【实践任务】：利用Unity的地形系统制作沙漠地形，同时为地形赋予材质，添加细节，对地形进行美化，完成效果如图2.3.45所示。

图2.3.45　沙漠地形完成效果

【任务分析】：通过实践深入理解地形组件的功能、分类及其主要参数的含义。熟练使用各类地形组件和工具模拟制作沙漠地形，同时能够根据沙漠的环境颜色特点为白模赋予贴图，添加树木和金字塔等模型。

1. 素材导入与地形的创建

（1）导入资源

导入 Unity 环境标准资源包，单击菜单栏中的"Assets"→"Import Package"→"Environment"，在弹出的对话框中单击"Import"。导入完毕后，项目视图中有了"Environment"文件，如图 2.3.46 所示。

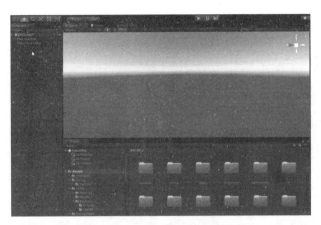

图2.3.46　导入环境标准资源包

接着导入系统提供的沙漠资源包。在计算机文件夹中找到沙漠素材，按下鼠标左键将其拖入 Unity 中，在弹出的对话框中单击"Import"。导入完毕后的项目视图中有了"shamo"文件。

（2）创建对象

在"Hierarchy"面板中，单击鼠标右键，在弹出的选择框中依次单击"3D Object"→"Terrain"，创建一个地形，如图 2.3.47 所示。

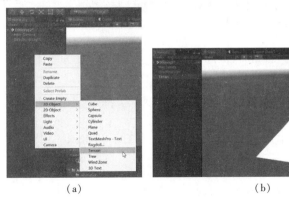

（a）　　　　　　　　　　　（b）

图2.3.47　在"Hierarchy"面板中创建一个地形

2. 绘制基本地形

（1）设置参数

在"Hierarchy"面板中单击"Terrain"后，在屏幕右侧的"Inspector"面板中单击"Terrain Settings"图标，如图2.3.48所示。将地形宽度和地形长度都调节为300，如图2.3.49所示。

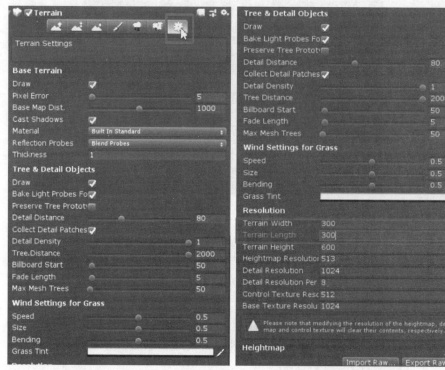

图2.3.48　单击"Terrain Settings"按钮　　图2.3.49　调节地形宽度、长度

调节完毕后，单击"Paint Height"图标，将高度设置为10，单击"Flatten"按钮，完成设置，如图2.3.50所示。

设置完毕后单击"Raise/Lower Terrain"图标，准备开始绘制地形，如图2.3.51所示。

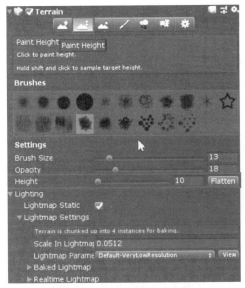

图 2.3.50　设置地形高度

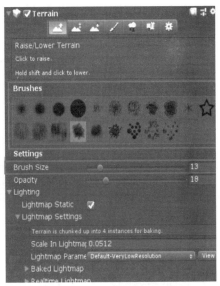

图 2.3.51　设置笔刷参数

（2）绘制地形

选择合适的笔刷形状，设置好笔刷大小和厚度后，由于沙漠的平均高度不是很高，在场景视图的地形处，将笔刷硬度调小，按住鼠标左键在地形上轻轻滑动，即可对地形进行局部小幅度拔高，以此模拟出沙漠的效果，如图2.3.52 所示。

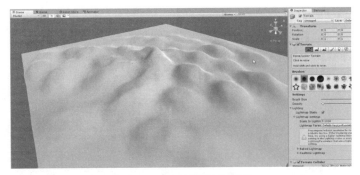

图 2.3.52　沙漠地形绘制

绘制完拔高区域后，按住"Shift"键+鼠标左键，在地形上滑动，可对地形进行局部塌陷，以此制作凹陷的效果。

由于沙漠地面柔软，没有较多的棱角，为了使地形表面更逼真，可进行平滑操作。单击"Smooth Height"图标，选择笔刷形状，调节笔刷大小和厚度，在需要平滑的地形处按住鼠标左键滑动，即可平滑处理该区域地形，如图2.3.53所示。

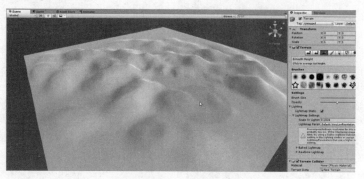

图2.3.53　平滑处理

3. 绘制地形纹理

完成地形绘制后，为了使地形更加美观且逼真，需要进行纹理添加。

（1）添加纹理到笔刷

单击"Paint Texture"图标后，依次单击"Edit Textures"→"Add Texture"按钮，在弹出的对话框中选择"Albedo"下方的"Select"，在弹出的对话框中选择适合目标地形的纹理，如图2.3.54所示。此处地形为沙漠，可以选择一张沙漠的纹理贴图，单击"Add"按钮进行添加，右侧"Texture"中就有了这个纹理。

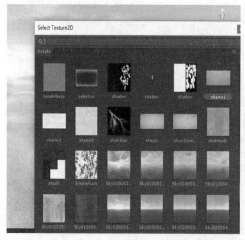

图2.3.54　选择纹理

（2）使用纹理

此处沙漠的颜色接近黄色，由于沙漠环境中不同位置处沙子的湿度不同，可以运用不同深浅的纹理，营造出不同颜色的沙子，单击与整个地形不同的纹理，从小到大逐步调节"Target Strength"的大小并刷在平地上，得渐变的效果，使场景更加美观，如图 2.3.55 所示。

图 2.3.55　绘制纹理

4. 绘制树木

（1）设置参数

单击"Paint Trees"→"Edit Trees"→"Add Tree"按钮，在弹出的对话框中单击最右侧圆环，此时弹出树预制体对话框，由于沙漠中的植物多为仙人掌，因此可以找到仙人掌的预制体，然后单击"Add"按钮进行添加，如图 2.3.56 所示。

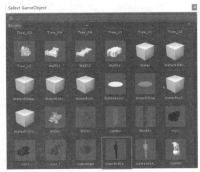

图 2.3.56　添加仙人掌

（2）绘制树木

单击树的预制体，在添加树的两种方法中选择一种完成仙人掌的添加，如图 2.3.57 所示。

图 2.3.57　树木绘制完成效果

5. 优化场景

（1）添加模型

双击项目视图中的"shamo"文件夹，单击"prefabs"文件夹，按住鼠标左键，将金字塔模型和草的模型拖入场景中的合适位置，根据自己的喜好和对地形的把握，适当放大模型并调整好位置，如图 2.3.58 所示。

图 2.3.58　添加模型

（2）添加天空盒

双击项目视图中的"Skyboxwan"文件夹，单击"Sky"文件夹，按住鼠标左键，将名为"Sky"的天空盒直接拖入场景视图中即可，如图 2.3.59所示。

图 2.3.59　添加天空盒

第3章　灯光系统

本章将学习灯光系统的相关概念，介绍 Unity 引擎中四种常用的灯光类型，并在此基础上完成一些与灯光系统相关的实践项目。

3.1　灯光系统概述

在不同的游戏场景中，灯光（Light）所起到的烘托和渲染的效果是十分明显的。灯光会使制作者的游戏具有自己的个性和风格，如图3.1.1所示。

图3.1.1　灯光效果

在开发 Unity 项目过程中，制作者可以使用灯光来照亮场景和对象，如模拟太阳、燃烧的火柴、手电筒、炮火等，以达到炫丽的视觉效果，如图3.1.2所示。

图3.1.2　使用灯光模拟各种场景

3.1.1　灯光系统的分类

Unity 中包含四种灯光系统，即方向灯、聚光灯、点灯和区域灯。

1. 方向灯（Directional light）

方向灯放置于无穷远处并影响场景中的一切，效果类似于太阳，主要用于模拟室外场景中的太阳光与月光，会影响场景中所有对象的表面。方向灯的图形处理器成本最低。Cookie 是在大型户外场景中快速添加细节的工具。在方向灯具有 Cookie 时，Cookie 会被投射到灯的 Z 轴的中心位置，如图 3.1.3 和图 3.1.4 所示。

图 3.1.3　方向灯模拟太阳光

图 3.1.4　方向灯模拟月光

2. 聚光灯（Spot light）

聚光灯从一个点向一个方向发光，仅照亮一个锥形范围内的对象，效果类似于手电筒（见图 3.1.5），用于制作光照穿过窗户的效果（见图 3.1.6）。

（a）手电筒效果

（b）爆炸效果

图 3.1.5 聚光灯

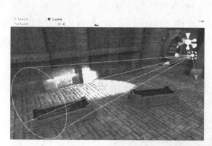

图 3.1.6 聚光灯模拟光照穿过窗户的效果

3. 点灯（Point light）

点灯从一个位置向所有方向发射相同强度的光，效果类似于灯泡。

4. 区域灯（Area light）

区域灯仅适用于光照贴图烘焙的效果，一般用于类似于矩形灯带照射出的灯光。灯光被投射在其影响范围内的所有对象上，矩形的大小是由宽度和高度属性值决定的，且平面的法线与灯光的 Z 轴正方向相同。灯光从矩形的整个表面发出。

Unity 中四种灯光系统的图标如图 3.1.7~图 3.1.10 所示。

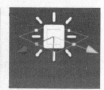

图 3.1.7 方向灯　图 3.1.8 聚光灯　图 3.1.9 点灯　图 3.1.10 区域灯

灯光系统中除灯光种类对场景灯光效果有影响外，灯光参数也比较重要。灯光参数说明见表 3.1.1。

表 3.1.1　灯光参数说明

参数	说明
范围（Range）	从对象中心起的光发射距离，仅适用于点灯和聚光灯
聚光灯角度（Spot Angle）	决定锥形的角度，仅适用于聚光灯
颜色（Color）	所发射的光的颜色
强度（Intensity）	光的亮度。点灯、聚光灯、区域灯的默认值为 1，方向灯的默认值为 0.5
Cookie	此纹理的 alpha 通道用作遮蔽图，以决定光在不同位置的亮度。如果灯为聚光灯或方向灯，则此纹理必须为二维纹理；如果灯为点灯，则该项必须为立方体贴图（Cubemap）
阴影类型（Shadow Type）	阴影的暗度，其值介于 0 和 1 之间
阴影强度（Strength）	阴影的强度，其值介于 0 和 1 之间
分辨率（Resolution）	阴影的细节等级
偏移（Bias）	比较光照空间的像素位置与阴影贴图的值时使用的偏移量。请参阅下文中的阴影贴图和偏移属性
柔化（Softness）	缩放半影区（模糊样本的偏移量），仅适用于方向灯
柔化淡出（Softness Fade）	基于到相机的距离的阴影柔化淡出，仅适用于方向灯
绘制光晕（Draw Halo）	如果勾选此项，光线的球形光晕将被绘制，该光晕的半径与范围（Range）相等
渲染模式（Render Mode）	自动（Auto）／重要（Important）／不重要（Not Important）
剔除遮蔽图（Culling Mask）	用于有选择地使某些对象组不受灯光影响
宽度（Width）	矩形光照区域的宽度，仅适用于区域灯
高度（Height）	矩形光照区域的高度，仅适用于区域灯

3.1.2　灯光系统制作案例——手电筒效果制作

本小节的学习目标是完成灯光系统制作案例，综合运用灯光系统的组件和参数，在 Unity 引擎中制作一个开关手电筒的效果。

1. 前期准备

①搭建场景。利用 Cube 基础几何体搭建一个简单场景，如图 3.1.11 所示。

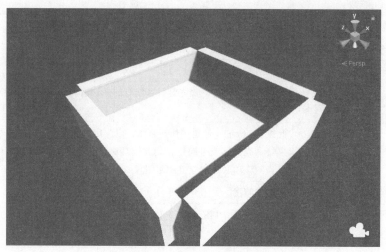

图 3.1.11 搭建场景

②将"人物"标准资源包导入场景中，如图 3.1.12 所示。

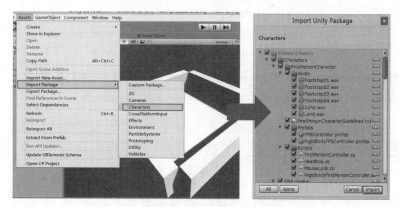

图 3.1.12 导入"人物"标准资源包

③导入第一人称控制器，即将"FPSController"预制体导入 Hierarchy 中，如图 3.1.13 所示。

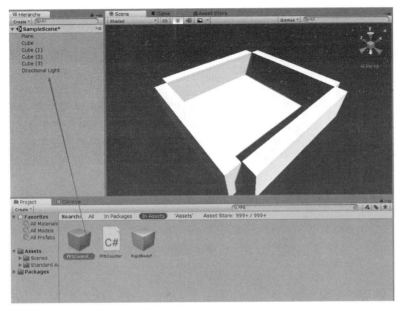

图 3.1.13　导入预制体

④将上一步导入的预制体的位置（Position）设置为"0，0，0"，如图 3.1.14 所示。

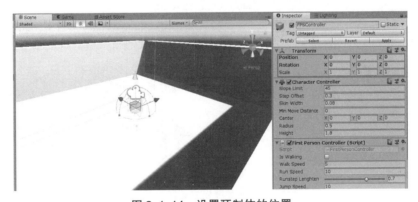

图 3.1.14　设置预制体的位置

⑤单击运行按钮，检测场景能否正常运行，如图 3.1.15 所示。

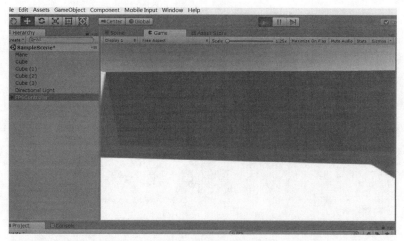

图 3.1.15　检测场景能否正常运行

2. 添加手电筒效果

①导入聚光灯游戏对象，并将其位置设置为（0，0，0），如图 3.1.16 所示。

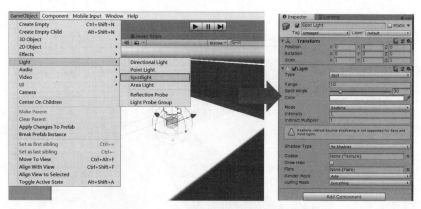

图 3.1.16　设置聚光灯游戏对象的位置

②设定父子对象链接，将"Spot Light"拖动到"FirstPersonCharacter"对象下，并按照实际画面效果，将手电筒上移到接近人物手持的高度，如图 3.1.17 所示。

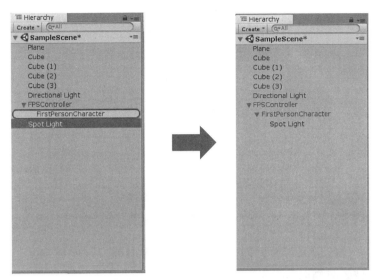

图 3.1.17 将"Spot Light"拖动到"FirstPersonCharacter"对象下

③单击运行按钮，测试手电筒的效果是否正常，如图 3.1.18 所示。

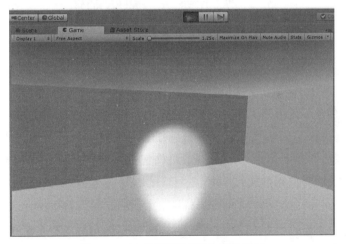

图 3.1.18 运行测试手电筒的效果

3. 参数说明

聚光灯在实现手电筒功能时使用的参数包括手电筒照射范围（Range）、扩散角度（Spot Angle）、灯光颜色（Color）、亮度（Intensity），如图 3.1.19所示。

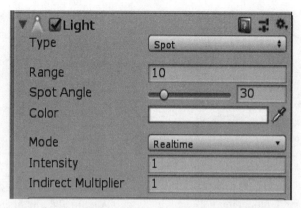

图 3.1.19　聚光灯在实现手电筒功能时使用的参数

注意：一般情况下，人们使用右手抓取手电筒，因此绑定父子关系后，手电筒的位置应稍向右平移。

3.2　灯光系统与烘焙贴图

本节的学习目标是进一步深入学习 Unity 灯光系统，并掌握 Unity 烘焙流程。

Unity 灯光系统由两类组件构成：第一类是光源组件，即灯光子系统；第二类为烘焙组件。如前文所述，灯光系统包括方向灯、聚光灯、点灯和区域灯四种类型，而用于烘焙光照的烘焙组件包括灯光探头组和反射探头。本节主要对烘焙贴图进行介绍。

3.2.1　烘焙光照

Unity 光照系统通过烘焙将复杂的 CPU 运算负担转换成显卡 GPU 的轻量图形运算，不但优化了项目的实时运行效果，而且维持了出色的光照效果，如图 3.2.1 所示。

（a）烘焙前　　　　　　　　　　　　（b）烘焙后

图 3.2.1　烘焙前后的区别

1. 烘焙光照的原理

烘焙光照的原理是将场景中的光源信息事先烘焙为"光照贴图（Light-mapping）"，用这些贴图存储光照，然后引擎会自动地将这些"光照贴图"与场景模型相匹配，实现静态的光照效果。

2. 光照贴图技术概述

光照贴图技术是指在 Unity 引擎中，已全面集成的与 Lightmapping 相关的功能，旨在以较低的性能损耗显著提升静态场景的逼真度、丰富度及立体感，即利用光照贴图技术，可以通过简单的操作制作出良好的光影效果，如图 3.2.2 所示。

图 3.2.2　光照贴图技术的应用

3.2.2　烘焙参数设置

1. 模型设置

对于所有参与烘焙的物体模型对象，其网格必须有合适的 Lightmapping UV。若不确定，则应在导入模型设置中勾选"Generate Lightmap UVs"复选框。同时，任何参与烘焙的物体对象都要标注为"static"，如图 3.2.3 所示。

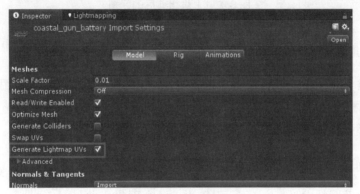

图 3.2.3　模型设置

2. 灯光设置

灯光设置中包含三个关键参数，如图 3.2.4 所示。

"Realtime"：实时模式。选择此项后，光源将不参与预计算光照烘焙，仅作用于实时渲染的光照环境。

"Mixed"：混合光照模式。此模式作为全烘焙光照与全实时光照之间的折中方案，允许部分物体采用烘焙光照，而其余物体则通过实时计算获取光照效果。

"Baked"：烘焙模式。顾名思义，当场景中的光源被配置为"Baked"模式时，该光源的唯一作用是参与光照的烘焙过程，而在烘焙完成后的其他时间里，它将不再对场景中的任何物体施加光照影响。为了进行光照烘焙，需要选择场景中的特定光源并设置为"Baked"模式。

图 3.2.4 灯光设置

3. 渲染设置

渲染设置界面如图 3.2.5 所示。

Ambient GI：显示当前灯光系统的模式（实时或烘焙）。

Auto Generate：该复选框的作用是自动更新，控制采样数据是自动生成还是手动生成。

Generate Lighting：该按钮的作用是生成光照，是对烘焙光照相关光照数据的"构造生成"。

选择"Window"→"Rendering"→"Lighting Settings"，打开光照设置，将渲染设置改为"Baked Mode"，取消勾选"Auto Generate"复选框，单击"Generate Lighting"按钮进行手动渲染。

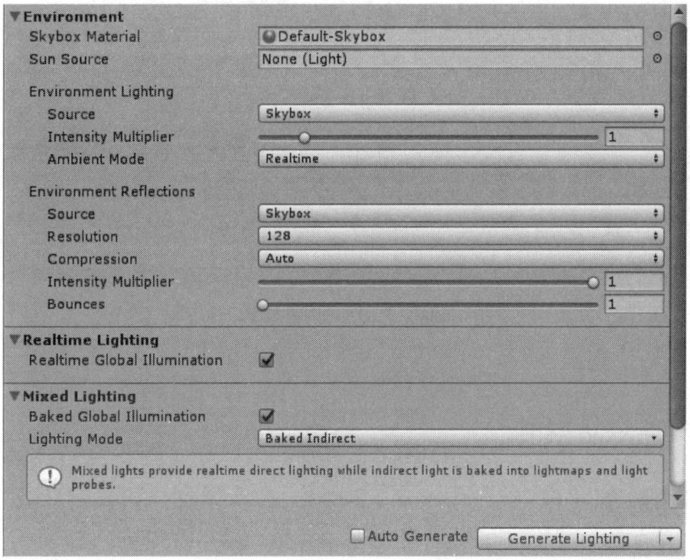

图 3.2.5 渲染设置界面

4. 渲染参数

渲染参数如图 3.2.6 所示，主要参数如下。

（1）烘焙分辨率（Lightmap Resolution）

烘焙分辨率是指生成的光照贴图的分辨率。其值越大，烘焙效果越好，体积越大，烘焙时间越长；反之亦然。

（2）烘焙间距（Indirect Resolution）

烘焙间距用于控制烘焙出来的光照贴图元素信息之间的间距，其默认值为 2。

（3）图集尺寸（Lightmap Size）

图集尺寸是指单张光照贴图的最大尺寸。

（4）贴图效果（Ambient Occlusion）

贴图效果的作用和标准着色器中的 AO 贴图类似，都是用于优化模型的阴影和转角部分。

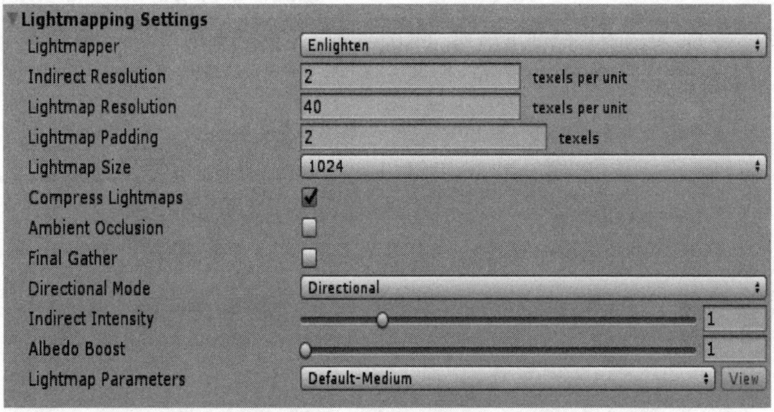

图 3.2.6 渲染参数

3.2.3 场景烘焙案例

1. 搭建场景

启动 Unity 应用程序，使用 Cube 搭建场景，利用工具栏中的移动、旋转、缩放等命令对所创建的 Cube 进行编辑，构建一个简单的场景后，将全部模型选中并勾选静态属性，如图 3.2.7 所示。

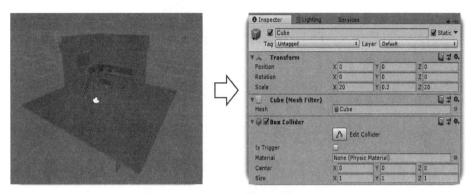

图 3.2.7　搭建场景

2. 构建灯光

创建一盏方向灯光，调整合适的灯光强度与照射方向，并将渲染模式改为静态，如图 3.2.8 所示。

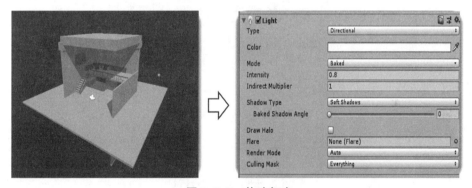

图 3.2.8　构建灯光

3. 渲染设置

调整渲染参数，将渲染模式改为"Baked"模式，单击烘焙渲染生成光照贴图，如图 3.2.9 所示。

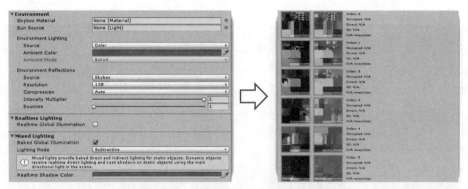

图 3.2.9　完成渲染设置并生成贴图

4．完成烘焙

渲染结束，完成烘焙，运行场景观看效果，如图 3.2.10 所示。

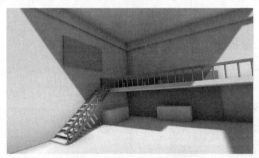

图 3.2.10　场景渲染效果

3.3　材质与贴图

通过本节的学习，理解材质与贴图的基本概念和作用，掌握常见材质的制作方法，能够运用材质与贴图的相关知识进行模型优化，并结合灯光系统进行合理的设计。

综合运用本节所学内容，对自己的项目进行优化，完成阶段性的 Unity 3D 基本模型的项目实践任务。

3.3.1　Unity 中的透明玻璃和彩色玻璃的制作方法

①在项目开始前，需要构建一个基础环境。因为要体现玻璃的特性，所以这里采用的是三种颜色的标准几何体，如图 3.3.1 所示。

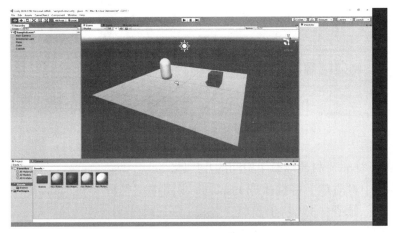

图 3.3.1　构建基础环境

②用四个标准几何体构成一个"墙面"，将之前的两个几何体阻隔开，如图 3.3.2 所示。

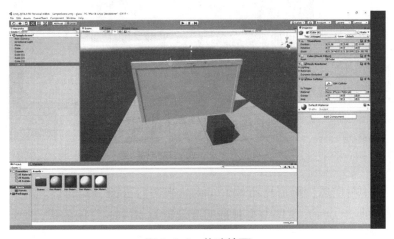

图 3.3.2　构建墙面

③制作材质球。新建一个材质球，将其命名为"boli"，如图 3.3.3 所示。

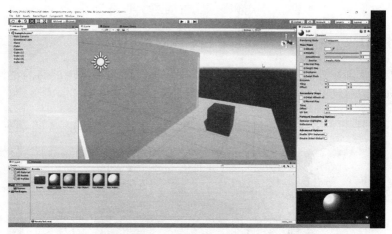

图 3.3.3　制作材质球

④将"boli"材质球赋予中间的几何体。

⑤选中材质球，将材质球 Inspector 视图中"平滑（Smoothness）"的值调到最大，如图 3.3.4 所示。

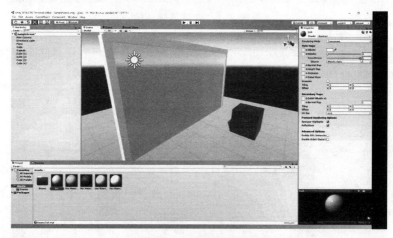

图 3.3.4　调整平滑值

⑥选中材质球，单击材质球 Inspector 视图后方的"Albedo"矩形框，随后在弹出的"Color"窗口中将其透明度设置为 10~15 之间的值，如图 3.3.5 所示。

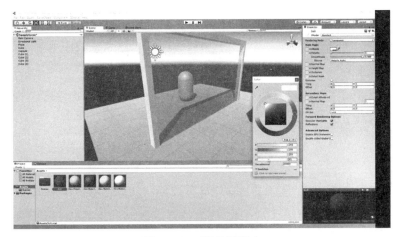

图 3.3.5 调整透明度

⑦透明玻璃效果如图 3.3.6 所示。

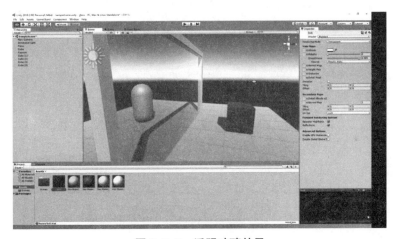

图 3.3.6 透明玻璃效果

3.3.2 彩色玻璃的效果制作

彩色玻璃的制作依然是在"Color"面板中进行，选择不同的颜色，即可完成彩色玻璃的制作，如图 3.3.7 和图 3.3.8 所示。

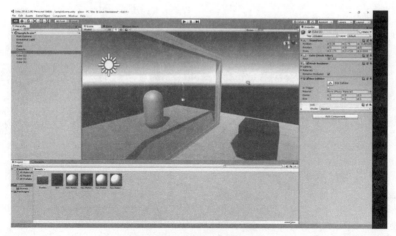

图 3.3.7　彩色玻璃效果 1

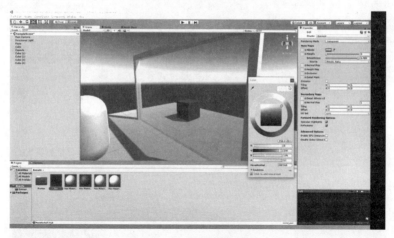

图 3.3.8　彩色玻璃效果 2

3.3.3　金属材质的效果制作

①与制作玻璃材质的准备工作一致，即搭建基础环境、构建小球并命名为"metal tong"，以实现金属材质效果，如图 3.3.9 所示。

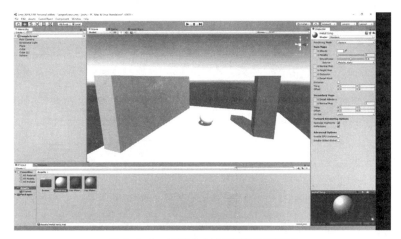

图 3.3.9　搭建金属材质的基础环境

②调整金属度和平滑度，如图 3.3.10 所示。

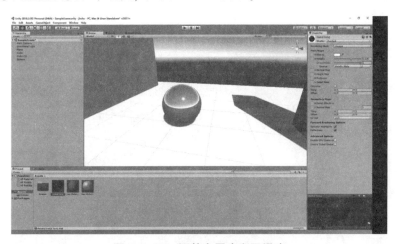

图 3.3.10　调整金属度和平滑度

③单击"Albedo"后方的颜色框，将其颜色调节为黄色，观察效果并进行精细调节，如图 3.3.11 所示。

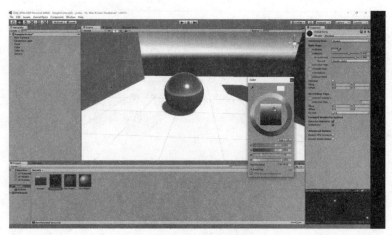

图 3.3.11　调整颜色

④在层级视图中选择球，单击鼠标右键为其添加反射探头组，如图 3.3.12 所示。

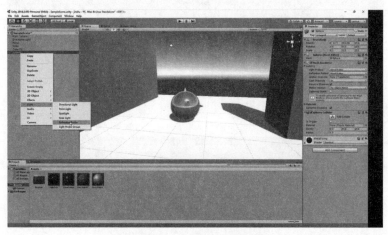

图 3.3.12　添加反射探头组

⑤调节反射探头大小，并根据项目要求进行进一步调节，如图 3.3.13 所示。

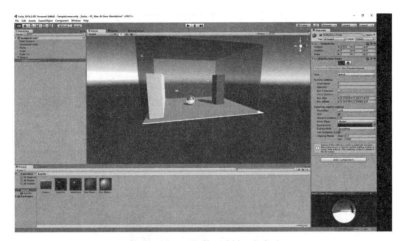

图 3.3.13　调节反射探头大小

⑥金属材质最终效果如图 3.3.14 所示。

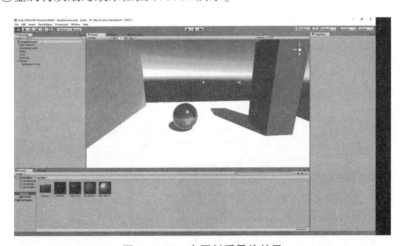

图 3.3.14　金属材质最终效果

3.3.4　普通木地板的效果制作

①与制作金属材质的准备工作一致，在项目开始前搭建一个基础环境，并提前准备好木地板素材。

②选择一个木地板素材并导入 Unity 中，如图 3.3.15 所示。

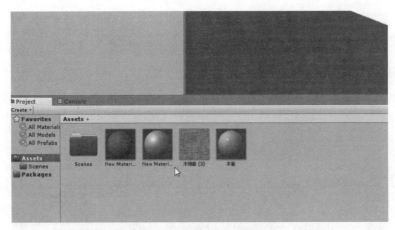

图 3.3.15　导入木地板素材

③新建一个材质球，命名为"木地板"，将木地板材质球拖拽到平面上，如图 3.3.16 所示。

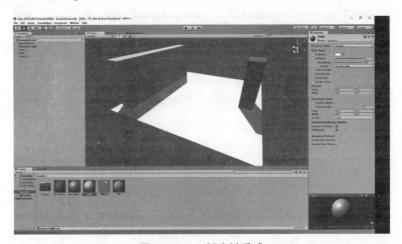

图 3.3.16　新建材质球

④将木地板贴图赋予材质的"Albedo"处，如图 3.3.17 所示。

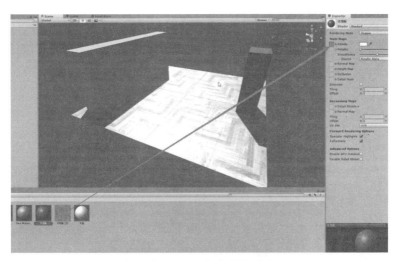

图 3.3.17　导入木地板贴图

　　⑤单击"Albedo"后方的矩形框，在弹出的调色板中选择合适的颜色作为辅助颜色，如图 3.3.18 所示。

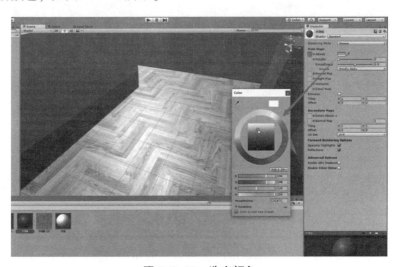

图 3.3.18　选定颜色

　　⑥单击并复制木地板贴图，将复制的贴图拖拽到"Normal Map"上，如图 3.3.19 所示。

图 3.3.19　将复制的贴图拖拽到"Normal Map"上

⑦单击"Fix Now"按钮，如图 3.3.20 所示。

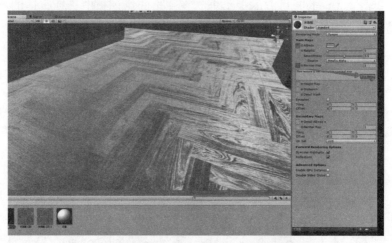

图 3.3.20　单击"Fix Now"按钮

⑧单击新复制出来的木地板贴图，修改它的贴图属性，勾选"Create from Grayscale"复选框，如图 3.3.21 所示。

图 3.3.21　修改贴图属性

⑨将下方滑块数值调整到 0.2~0.4，单击"Apply"按钮，如图 3.3.22 所示。

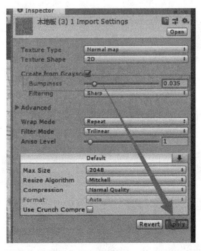

图 3.3.22　调整滑块数值并单击"Apply"按钮

⑩根据项目要求，结合实际情况进行多次调整，直至调出想要的效果，如图 3.3.23 所示。

图 3.3.23　调整出想要的效果

⑪如果需要木地板有包漆的反光效果，可以选择材质球，通过改变平滑度为其添加反光效果，如图 3.3.24 所示。

图 3.3.24　添加反光效果

⑫如果需要调整贴图重复情况，可以选择材质球，通过"Tiling"选项调整重复效果，如图 3.3.25 所示。

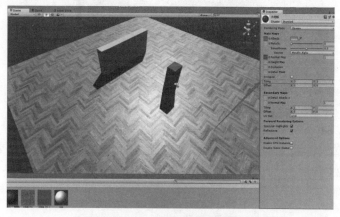

图 3.3.25　调整贴图重复情况

3.3.5 带孔镂空金属板的效果制作

①与制作木地板的准备工作一致，在开始项目前搭建一个如图 3.3.26 所示的基础环境，准备好对应的镂空金属板贴图资源，并将镂空金属板的贴图导入 Unity 中。

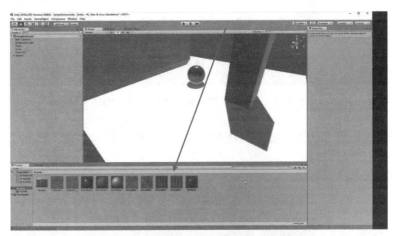

图 3.3.26 搭建带孔镂空金属板的基础环境

②制作四个"带孔金属板"的材质球，如图 3.3.27 所示。

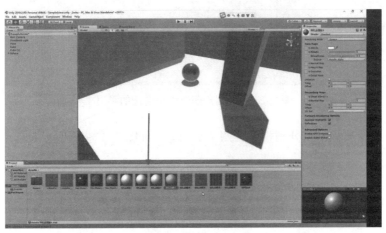

图 3.3.27 制作四个"带孔金属板"的材质球

③选中图片，在如图 3.3.28 所示的位置更改图片的"Alpha Source"。

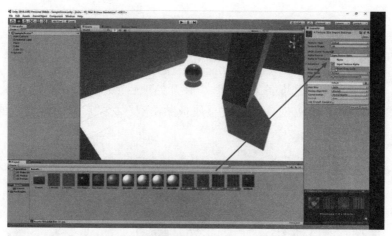

图 3.3.28　更改图片的 "Alpha Source"

④利用标准几何体缩放，创建四个大小合适的平面，如图 3.3.29 所示。

图 3.3.29　创建四个大小合适的平面

⑤将金属板材质分别指定到四个平面上，如图 3.3.30 所示。

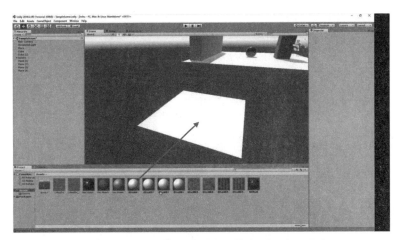

图 3.3.30　将金属板材质分别指定到四个平面上

⑥将金属板材质的"Rendering Mode"设置为"Cutout",如图 3.3.31 所示。

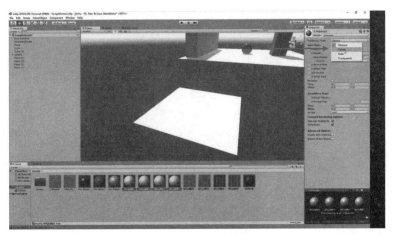

图 3.3.31　修改模式

⑦选中一个金属板材质,将镂空金属板贴图拖拽到"Albedo"前方的矩形框中,如图 3.3.32 所示。

图 3.3.32　将镂空金属板贴图拖拽到矩形框中

⑧进一步调节其金属度和平滑值，直至达到需要的效果，如图 3.3.33 所示。

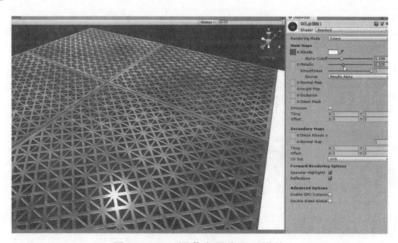

图 3.3.33　调节金属度和平滑值

⑨用同样的方法制作四个镂空金属板平面，如图 3.3.34 所示。

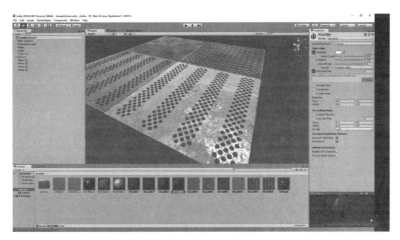

图 3.3.34　制作四个镂空金属板平面

在后续实践中，可妥善运用本章所学内容，为项目添加更为合适的灯光组件，或者利用自发光、各种材质对房间模型进行优化。可供参考的技术指标如下（不必拘泥于以下各项要求）：

①利用所学的自发光材质相关知识，为场景中的每一个灯光光源制作灯的发光实体。

②利用所学的自发光材质和灯光相关知识，为计算机/显示屏制作合适的效果（自发光屏幕+屏幕的环境灯光效果+开关显示光源+开关显示光实体）。

③利用所学的金属材质相关知识，对场景中的金属类物品效果进行优化。

④利用所学的玻璃材质相关知识，对场景中的玻璃物品进行优化。

⑤利用所学的地板瓷砖知识，完善场景地面。

⑥利用所学的木质地板相关知识，寻找合适的木质花纹，为木桌、木柜等制作合适的表面纹理。

第4章　可视化交互开发脚本工具 PlayMaker

PlayMaker 是 Unity 中一个重要的可视化交互插件，本章将围绕该插件工具的安装、操作、功能应用进行讲解。

4.1　PlayMaker 简介、安装及基本界面操作

4.1.1　PlayMaker 简介

在许多虚拟现实项目的设计中，开发者所用的编程语言即为构成游戏逻辑、交互等要素的指令集，其脚本逻辑将直接影响项目的运行效果。

PlayMaker 作为一款由第三方软件开发商研发的、专用于 Unity 平台的可视化编程插件，能够做到对一般的脚本代码进行可视化，无论是设计师还是程序员，都能够使用 PlayMaker 快速地完成游戏原型制作，既适合独立开发者，也适合团队合作，大大提高了游戏原型设计的效率。PlayMaker 图标如图 4.1.1 所示。

图 4.1.1　PlayMaker 图标

对于 Unity 而言，PlayMaker 是一款可视化的有限元状态机；其使用逻辑

十分清晰，场景中的物体交互均由一系列行为组成，无论行为多么复杂，都可以被分成许多简单步骤。不妨将行为中的每一个步骤都称为一个状态，而 PlayMaker 需要做的就是将各个状态进行连接，为每个状态的转换添加条件事件。这种对多个状态进行连接的方式称为有限状态机（Finite State Machine，FSM），PlayMaker 就是通过驱动 FSM 来控制 Unity 的。

FSM 实质上是一种数学模型，它表示有限个状态，以及在这些状态之间的转移与动作等行为，而且能够根据输入事件在这些状态间进行转换。FSM 将对象的一系列复杂行为特征归纳为有限个不同的状态，在每个状态中分别指定行为，让处于对应状态的对象来执行，同时设置一些阈值条件。在 FSM 中，将这些条件称为事件，当条件被满足，也就是事件被触发时，交互对象就会从当前状态转换为另一种状态，在 Unity 中则表现为其执行行为的变化。

对于编程能力有限的独立开发者以及人手有限的开发团队，PlayMaker 所提供的可视化交互编辑功能，为状态、动作以及事件提供的直观结构无疑是便捷且实用的，足以让开发者群体能够高效地进行项目制作。而学习使用 PlayMaker 进行游戏开发也远比学习使用 C#或 Java 等编程语言更为容易，在使用 PlayMaker 时，用户仅通过拖拽组件、设置参数，就能够将各种状态连接成复杂而完善的执行动作，其中内置的许多行为也保证了它的开发效率。

由此可见，PlayMaker 对于大多数初学者来说是一款功能强大且极易上手的插件工具。下面就来介绍 PlayMaker 插件的下载及安装方法。

4.1.2　PlayMaker 的安装

1. 环境要求

PlayMaker 的系统要求与 Unity 软件的系统要求一致，要确保 PlayMaker 版本与当前使用的 Unity 版本适配。需要注意的是，Unity 的 Alpha 和 Beta 版本并不受 PlayMaker 官方支持，用户无法在这些版本中使用 PlayMaker。

2. PlayMaker 的下载

在各种插件工具的下载过程中，应当做到支持正版，可以在 Unity 自带的资源商店中检索 PlayMaker，随后进行购买并下载，下载时需要选择 1.9 以上的版本。PlayMaker 的获取方式如图 4.1.2 所示。

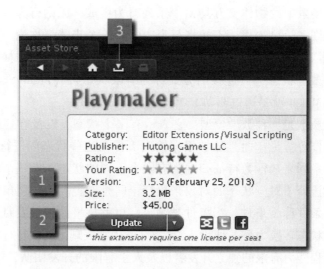

图 4.1.2　PlayMaker 的获取方式

①单击"版本（Version）"查看发行说明，确认是否与当前使用的 Unity 平台版本适配，在这里推荐使用 1.9 以上的版本。

②购买/导入/更新 PlayMaker。

3. 导入资源

PlayMaker 下载完成后，需要在 Unity 中进行手动导入。导入操作如下：选择"Assets"→"Import Package"→"Custom Package"，然后选择之前下载的 PlayMaker. unitypackage 插件包进行导入，如图 4.1.3 所示。导入成功后如图 4.1.4 所示。

图 4.1.3　导入资源

图 4.1.4 导入成功后的欢迎界面

4. 安装插件

在文件栏界面找到 PlayMaker 选项，单击"Install PlayMaker"选项进行安装，确认安装插件的版本，并在下级界面中再次单击"Install PlayMaker 1.9.0"。PlayMaker 1.9.0 的安装步骤如图 4.1.5 和图 4.1.6 所示。

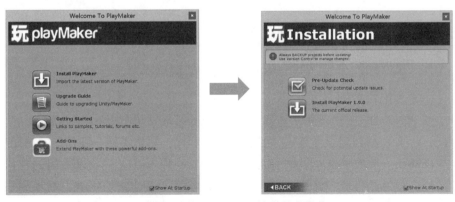

图 4.1.5 PlayMaker 的安装步骤 1

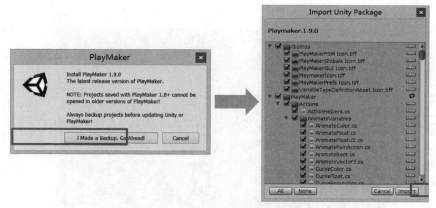

图 4.1.6　PlayMaker 的安装步骤 2

5. 安装完成

安装完成后，即可通过文件栏单击"PlayMaker"→"PlayMaker Editor"调出插件主菜单。图 4.1.7 所示为 PlayMaker 主界面。

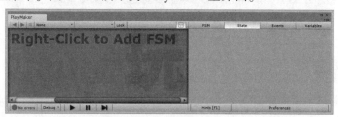

图 4.1.7　PlayMaker 主界面

4.1.3　PlayMaker 基本界面操作

1. PlayMaker 的核心概念

（1）有限状态机

在 PlayMaker 中，FSM 是被作为组件（Componet）添加给 GameObject 的。因此，一个 FSM 可以被看作一个独立的脚本程序，用于实现一种独立的功能。

FSM 是一种数学模型，用于表示有限个状态以及在这些状态之间的转移和动作等行为。它是一种算法思想，由一组状态、一个初始状态、输入和根据输入及现有状态转换为下一个状态的转换函数组成。一个事件的状态机由开始状态、状态、过渡事件、过渡、全局转换等要素组成。图 4.1.8 所示为

PlayMaker 中某事件的状态机。

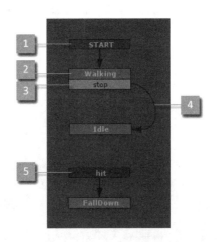

图 4.1.8　PlayMaker 中某事件的状态机

①开始状态。当 FSM 启用时，会发送开始事件。开始事件激活第一个状态，称为开始状态，也是对象未接收任何事件指令的初始状态。

②状态。有限状态机的每一个独立配置称为一个状态。状态代表系统在某一时刻的情况。一次只能有一个状态处于活动状态，活动状态执行操作并接收事件。

③过渡事件。事件可以由 Unity 发送，如碰撞、触发器、鼠标输入、动画事件等，也可以通过操作发送，如距离检查、超时、游戏逻辑等，每当系统接收到一个待定的输入事件时，FSM 会根据当前状态做出判定，决定是否进行状态转换。

④过渡。活动状态为"退出"，新状态为"进入"。可视化的图形视图使构建和调试这些转换变得非常容易且直观明了。

⑤全局转换（Global Transtation）。PlayMaker 中的全局转换是指在 FSM 中，可以从任意活动状态转换到另一特定状态，常被运用于需要响应统一事件的情况。无论对象当前处于何种活动状态，在接收到全局事件时，都可以随时触发全局转换，进而切换到对应的响应状态。例如，在大多数 FPS 游戏中，角色可以随时被击中，随时需要对受击动作做出响应，此时就会使用全局转换。全局转换可以避免在每个状态中设置重复的转换，通过减少需要定义的显式转换数量来简化 FSM，以达到更快地进行状态转换的目的。全局转换类似于 Mecanim 中的任何状态转换。注意：全局转换不需要使用全局事件。

（2）动作

动作（Action）是 FSM 中被执行的具体操作或命令，当前活动状态执行动作，动作定义了对象在对应状态下应该执行的行为。每个动作在 Action Editor 中都有可编辑的参数，就像在 Unity Inspector 中的编辑脚本参数一样。图 4.1.9 所示为动作执行参数。

图 4.1.9　动作执行参数

PlayMaker 自身提供了丰富的内置动作及参数，涵盖了物理、动画、界面转换等方面。此外，用户也可以自行创建自定义动作。

（3）变量

变量是值的命名容器，在 PlayMaker 中是实现逻辑、管理状态的核心要素，合适的变量命名能够极大地增强 FSM 的可读性。动作编辑器允许用户将动作参数连接到变量而不是常量值，如图 4.1.10 所示。

图 4.1.10　PlayMaker 中的变量

如果值需要随时间变化，则应使用变量而不是硬编码值。

（4）活动

所有状态之间的转换都是由事件触发的，当设置好的条件被触发时，FSM 会根据定义规则判定状态是否需要发生转换。

（5）流程图

可以将 PlayMaker 图表视为流程图，即 FSM 的一种图形化表达，同样用于描述对象在不同状态之间的转换，FSM 流程图可以帮助设计者更直观地审阅系统的运行流程，如图 4.1.11 所示。

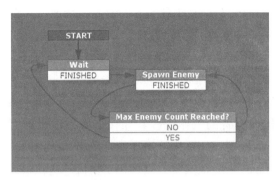

图 4.1.11　流程图

2. PlayMaker 模块

PlayMaker 的基本界面如图 4.1.12 所示。

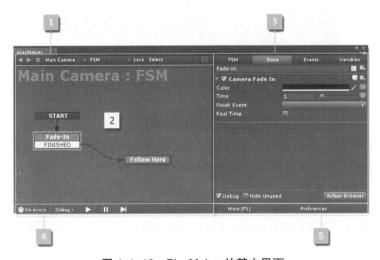

图 4.1.12　PlayMaker 的基本界面

①选择工具栏：FSM 选择工具。

②图表视图：展示当前所选对象的状态机，状态节点之间通过指向箭头连接，表示状态之间的转换，用户可以移动节点位置，添加和编辑状态及转换。

③检查面板：展示选定状态下需要执行的动作、事件和变量，通过检查面板，用户可以更加高效地调整对象设置，编辑选定的状态，管理状态机。

④调试工具栏：调试和播放工具，支持实时调试，显示当前状态情况和事件触发情况，用户可以在此监控状态机的运行情况。在调试面板中，用户可以查看状态机中所有变量的实时数值，从而迅速判断逻辑的运行状况。调试面板右侧会显示状态机的错误和警告信息，有助于开发者进行修正和优化，当 FSM 顺利运行时，面板右侧则会显示"NO errors"。

⑤偏好：组织核心设置，用户通过此窗口可以重新定制 PlayMaker 的界面布局，以适应不同使用者的工作流程和操作偏好，包括界面的颜色和字体样式，使 PlayMaker 面板更好地适应使用者的审美习惯。同时，用户也可以在此查看和设置 PlayMaker 中的快捷键，以加快工作流，这在很大程度上提升了用户的使用体验和工作效率。

3. PlayMaker 的选择工具栏

图 4.1.13 所示为 PlayMaker 的选择工具栏。

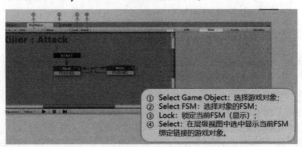

图 4.1.13　PlayMaker 的选择工具栏

根据本节介绍的方法下载安装相应版本的 PlayMaker，并了解 PlayMaker 的基本操作。

4.2　PlayMaker 的基础功能应用

本节将介绍如何使用 PlayMaker 建立交互逻辑，实现可视化编程。

4.2.1　基础功能之材质切换

在 Unity 游戏开发中，材质的灵活切换不仅能够增强游戏的视觉效果，还能为玩家提供丰富的交互体验。PlayMaker 作为一款强大的可视化编程插件，极大地简化了这一过程，使得即便是非专业程序员，也能轻松实现复杂的材质交换逻辑。本小节将深入探讨如何利用 PlayMaker 插件，通过两种方式——单击物体直接实现颜色切换与单击 UI 按钮间接控制颜色切换——来高效实现材质的变换。这两种方式在基本概念和操作流程上有所相似，但是在具体操作和细节上存在一定的差异。

1．单击物体直接实现颜色切换

在 Unity 游戏开发中，单击物体改变其颜色是一项基础且实用的功能，该功能的实现可以增强玩家的交互体验，使游戏更加生动有趣。单击物体实现颜色切换是指，当单击场景中的某个物体时，该物体可以实现颜色变化。下面将通过一个具体案例展示如何实现这一操作。

（1）搭建场景

利用基础几何体 Cube 搭建一个简单的场景。

添加 Cube：在 Unity 的菜单栏中，选择"GameObject"→"3D Object"→"Cube"，创建一个新的"Cube"对象。选中所创建的"Cube"对象，使用 Inspector 面板中的"Transform"组件来调整其位置（Position）、旋转（Rotation）和缩放（Scale）参数，可以单击新建（或使用快捷键"Ctrl＋D"复制）一定数量的"Cube"，通过上述方法调整到合适的参数，以符合所需的场景设计要求，如图 4.2.1 所示。

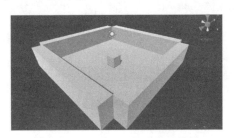

图 4.2.1　基础场景的简单搭建

（2）添加 FSM

选中想要切换颜色的物体，这里选中位于所创建场景中心的立方体；在 PlayMaker 视图中单击鼠标右键，在列表中选择 "Add FSM"，为其添加 FSM 状态，如图 4.2.2 所示。

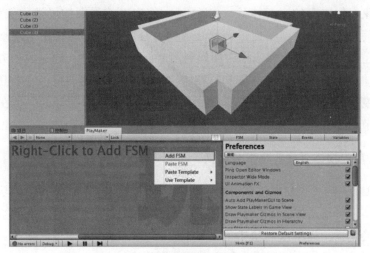

图 4.2.2　为物体添加 FSM 状态

（3）增加动作

单击 "START" 下方的第一个状态，并将它的名称重命名为 "black"；在 "State" 界面单击 "Action Browser" 按钮，在出现的界面中找到 "Set Material Color"，并为该状态添加 "Set Material Color" 动作；回到 "State" 界面，将该状态的 "Set Material Color" 下方的 "颜色" 更改为黑色，如图 4.2.3 所示。

图 4.2.3　为物体添加动作

（4）新建状态（State）

单击鼠标右键，在列表中选择 "Add State" 新建一个状态，如图 4.2.4 所示。

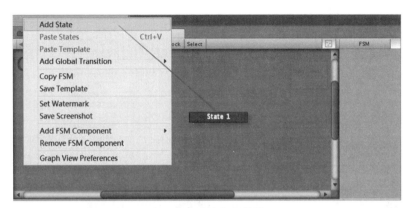

图 4.2.4　添加新状态

（5）添加改变颜色的动作

将新的状态重命名为"red"，并按照第（3）步操作（图 4.1.12 中的②）添加"Set Material Color"的动作，将该状态的"Set Material Color"下方的"颜色"更改为红色，如图 4.2.5 所示。

图 4.2.5　为新状态添加动作

（6）添加 Transition——black 状态

选中状态"black"，单击鼠标右键，在出现的列表中选择"Add Transition"→"System Events"，为其添加"MOUSE DOWN"Transition，如图 4.2.6 所示。

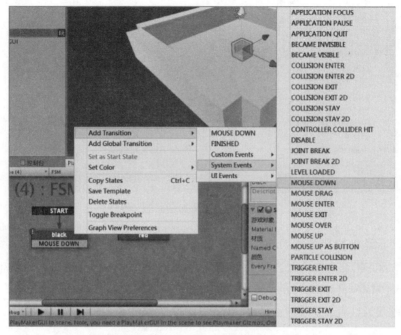

图 4.2.6 为 "black" 状态添加 Transition

（7）连接——black 状态切换

单击鼠标左键长按 "MOUSE DOWN" Transition，将箭头连接到 "red" 状态，如图 4.2.7 所示。

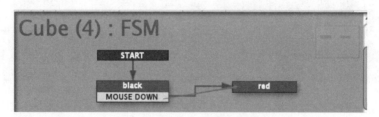

图 4.2.7 连接 "red" 状态

（8）添加 Transition——red 状态

选中状态 "red"，单击鼠标右键，在出现的列表中选择 "Add Transition" → "System Events"，为其添加 "MOUSE UP" Transition，如图 4.2.8 所示。

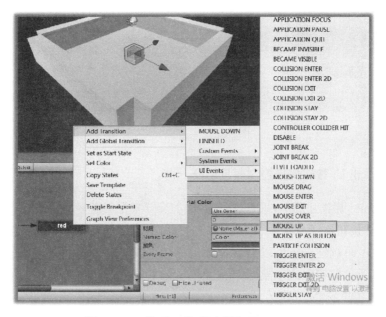

图 4.2.8 为"red"状态添加 Transition

（9）连接——red 状态切换

单击鼠标左键长按"MOUSE UP"Transition，将箭头连接到"black"状态，如图 4.2.9 所示。

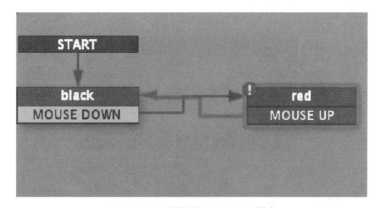

图 4.2.9 连接到"black"状态

（10）测试

进入场景后，添加 FSM 的立方体变为"黑色"，单击鼠标长按该立方体，该立方体变为"红色"，取消长按后该立方体又变回"黑色"，如图 4.2.10 所示。

图 4.2.10　测试场景

2. 单击 UI 按钮间接控制颜色切换

在 Unity 游戏开发中，通过用户界面的交互来控制游戏场景中的物体，实现单击 UI 按钮改变与其关联的物体的颜色是一个常用的功能。该功能既可以增强游戏的可玩性，还可以为玩家提供更加直观的反馈。下面将通过一个具体案例展示如何实现这一操作。

（1）搭建场景

利用基础几何体 Cube 搭建一个简单的场景。在 Unity 菜单栏中，选择"GameObject"→"3D Object"→"Cube"，创建一个新的"Cube"对象。选中所创建的"Cube"对象，使用 Inspector 面板中的 Transform 组件调整其位置（Position）、旋转（Rotation）和缩放（Scale）参数，可以新建或使用快捷键"Ctrl+D"复制一定数量的"Cube"，通过上述方法调整到合适的参数，以符合所需的场景设计，如图 4.2.11 所示。

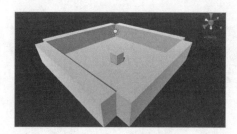

图 4.2.11　搭建场景

（2）新建按钮

在顶部菜单栏，单击"GameObject"→"UI"→"Button"，创建一个新的按钮。创建好后，可以在该按钮下方新建或使用快捷键"Ctrl+D"复制一个新的按钮，如图 4.2.12 所示。

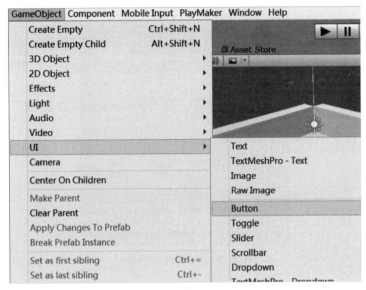

图 4.2.12　新建按钮

（3）重命名按钮

选中其中一个"Button"，再次单击一下该"Button"，将该"Button"重命名为"red"，再将新建或复制出来的"Button"重命名为"black"，如图 4.2.13 所示。

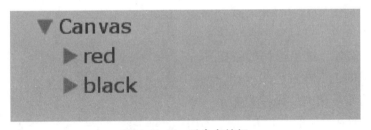

图 4.2.13　重命名按钮

打开按钮"red"和"black"对象的子对象"text"，修改该对象的"Text"组件，将按钮"red"的"Text"修改为"red"，将按钮"black"的"Text"修改为"black"，如图 4.2.14 所示。

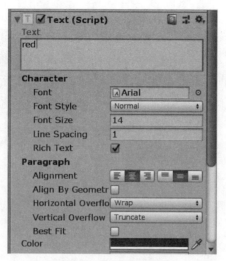

图 4.2.14　修改"Text"

（4）改变位置——red 按钮

单击"red"按钮，在 Inspector 菜单中修改其组件"Rect Transform"，单击左侧 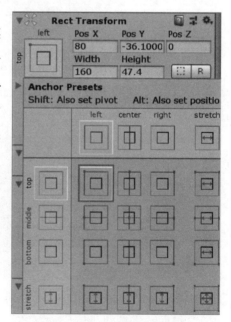 按钮，在弹出的"Anchor Presets"界面中按住"Alt"键并单击左上角的 按钮（注意：要判断按钮所处的位置，可以看矩形框中的红色线段。例如，这里选择的按钮是左边和相邻的上面的红色线段相交，在矩形框的左上角有一个棕色的点，表示按钮设置在场景的左上角），将该 UI 按钮放置在界面左上角，如图 4.2.15 所示。

（5）改变位置——black 对象

按上述步骤对"black"按钮进行

图 4.2.15　改变按钮位置

操作，使"black"按钮的最终位置如图 4.2.16 所示。

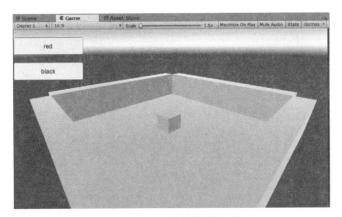

图 4.2.16　按钮最终布局

（6）新建 FSM

为需要切换颜色的物体新建 FSM，这里选择所创建场景中心的立方体，在 PlayMaker 视图中单击鼠标右键，选择"Add State"添加两个状态，将新建的两个状态分别重命名为"red"和"black"，如图 4.2.17 所示。

图 4.2.17　新建 FSM 并添加状态

（7）新建事件

在"Event"界面下方的"Add Event"矩形框中输入"go red"，单击"Enter"键，这样就创建了事件"go red"，再按照同样的方法新建一个"go black"事件，如图 4.2.18 所示。

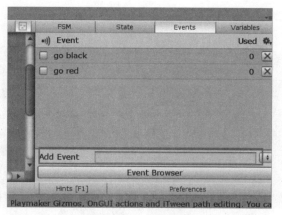

图 4.2.18　新建事件

（8）新建 Transition 并连接

在"START"下方的初始状态"State 1"中单击鼠标右键选择"Add Transition"，新建"go red"Transition，再按照上述方法新建"go black"Transition，分别长按"go red"和"go black"连接到对应的"red"和"black"两个状态上，如图 4.2.19 所示。

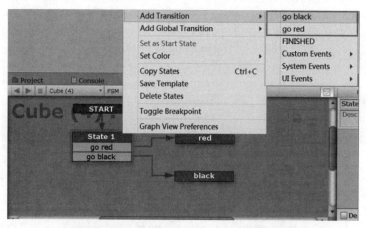

图 4.2.19　新建 Transition 并连接对应状态

（9）添加改变颜色动作——red 状态

选中"red"状态，在"State"界面单击"Action Browser"，在出现的界面中找到"Set Material Color"，并给"red"状态添加"Set Material Color"的动作，然后回到"State"界面，将该状态的"Set Material Color"下方的"Color"更改为红色，如图 4.2.20 所示。

图 4.2.20　为状态"red"添加动作

（10）添加改变颜色动作——black 状态

按照步骤（9）的方法给"black"状态添加"Set Material Color"的动作，在"State"界面，将该状态的"Set Material Color"下方的"Color"更改为黑色，如图 4.2.21 所示。

图 4.2.21　为状态"black"添加动作

（11）状态与 UI 按钮关联

①选中"red"按钮，将需要单击 UI 按钮切换颜色的物体拖拽到界面右边"red"按钮组件下"On Click（）"下方的矩形框中，如图 4.2.22 所示。

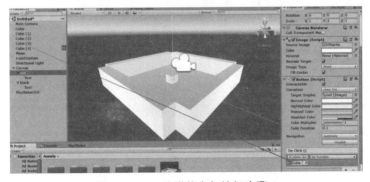

图 4.2.22　关联状态与按钮步骤 1

②单击"No Function"按钮，在弹出的列表中选择"PlayMakerFSM"中的"SetState（string）"选项，如图 4.2.23 所示。

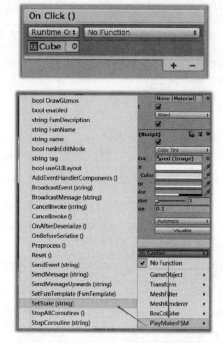

图 4.2.23　关联状态与按钮步骤 2

③在"PlayMakerFSM. SetState"下方的矩形框中填上状态"red"的名字，如图 4.2.24 所示。

图 4.2.24　关联状态与按钮步骤 3

④按照操作"red"按钮的方法，将"black"按钮对应的状态与按钮关联。注意："PlayMakerFSM. SetState"下方的矩形框中应填写状态"black"的名字，如图 4.2.25 所示。

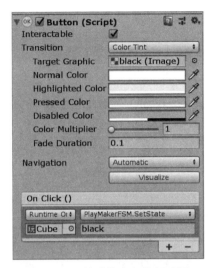

图 4.2.25　关联状态与按钮步骤 4

（12）运行与测试

运行场景预览 UI 界面进行测试，单击相应的 UI 元素来验证颜色是否按预期改变。如果出现问题，则按照上述步骤检查是否操作有误，根据需要进行调整以确保一切正常工作。单击"red"按钮时，与按钮关联的立方体的颜色变为了红色；单击"black"按钮时，与按钮关联的立方体的颜色变为了黑色，如图 4.2.26 所示。

图 4.2.26　测试场景

掌握了基本的单击切换颜色功能后，可以尝试将这一技能应用到更复杂的场景中，如实现颜色渐变、根据游戏状态或玩家行为动态改变颜色等。此外，还可以结合音效、动画等其他元素，提升用户体验的丰富性和沉浸感。学生可以尽情发挥创意，将所学知识融会贯通，创造出既美观又富有互动性的游戏界面和功能。通过不断的实践和创新，逐步理解并熟练使用 PlayMaker，成长为一名优秀的游戏开发者。

4.2.2 基础功能之开关灯

在 Unity 游戏开发中，掌握高效且直观的工具对于加速开发进程和提升游戏质量至关重要。PlayMaker 作为一款强大的可视化编程插件，为 Unity 开发者提供了一个无须编写大量代码即可实现复杂逻辑的平台。本小节将深入剖析如何熟练地使用 PlayMaker 插件，通过一个精心设计的案例项目——实现开关灯的效果，来引导大家逐步掌握其操作流程与技巧。

1. 搭建场景

与材质切换相同，需要利用基础几何体 Cube 搭建一个简单的场景。在 Unity 的菜单栏中，选择"GameObject"→"3D Object"→"Cube"，创建一个新的"Cube"对象。选中所创建的"Cube"对象，使用 Inspector 面板中的 Transform 组件来调整其位置（Position）、旋转（Rotation）和缩放（Scale）参数，可以单击新建或使用快捷键"Ctrl+D"复制一定数量的"Cube"，通过上述方法调整到合适的参数，以符合所需的场景设计要求，如图 4.2.27 所示。

图 4.2.27 基础场景

2. 新建按钮

在顶部菜单栏中单击"GameObject"→"UI"→"Button"，创建一个新的按钮，如图 4.2.28 所示。

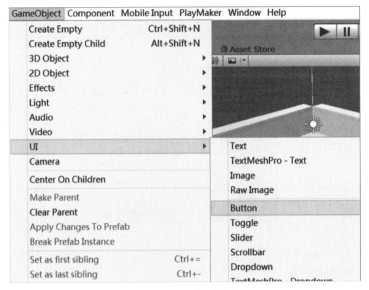

图 4.2.28　新建按钮

3. 重命名

选中新建的按钮，再次单击一下将该按钮重命名为"on/off"，如图
4.2.29 所示。

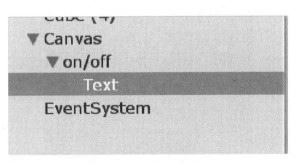

图 4.2.29　重命名按钮

打开"on/off"按钮的子对象"text"，将该对象的"Text"组件修改为
"on/off"，如图 4.2.30 所示。

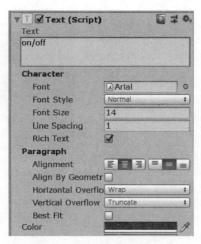

图 4.2.30　修改 "Text"

4. 改变按钮位置

单击 "on/off" 按钮，在 Inspector 菜单中修改其组件 "Rect Transform"，单击左侧 按钮，在弹出的 "Anchor Presets" 界面中按住 "Alt" 键并单击左上角的 按钮，将该 UI 按钮放置到界面的左上角，如图 4.2.31 所示。

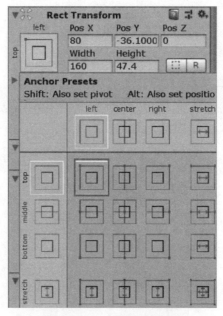

图 4.2.31　改变按钮位置

设置完成后，场景中按钮的最终布局如图 4.2.32 所示。

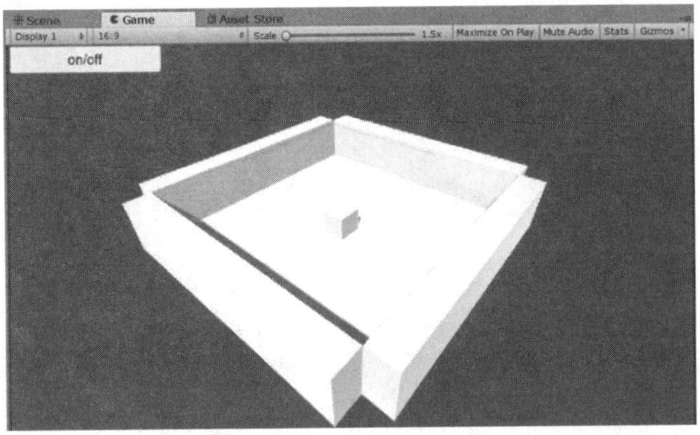

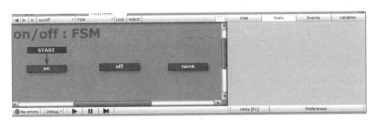

图 4.2.32　按钮最终布局

5. 新建 FSM

选中需要开关的"on/off"的对象，单击鼠标右键选择"Add FSM"，为该对象新建 FSM，并在 PlayMaker 视图中单击鼠标右键选择"Add State"添加三个状态，将这三个状态分别重命名为"on""off""none"，如图 4.2.33 所示。

图 4.2.33　新建 FSM 并添加状态

6. 添加 Action——"on"状态

在"on"状态下，单击右下角的"Action Browser"，并在出现的界面中找到"Active Game Object"，为"on"状态添加"Active Game Object"的动作。单击"Game Object"右边的"User Owner"，在出现的列表中选择"Specify Game Object"，选中需要控制开关灯的元件，并长按鼠标左键将其拖拽到"Specify Game Object"下方的矩形框中，如图 4.2.34 所示。

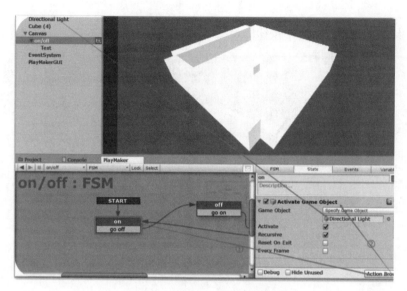

图 4.2.34　为状态"on"添加动作

7. 添加 Action——"off"状态

在"off"状态下，按照步骤 6 的方法为"off"状态添加"Active Game Object"的 Action。需要注意的是，在"off"状态下，不应勾选"Activate"右边的矩形框，如图 4.2.35 所示。

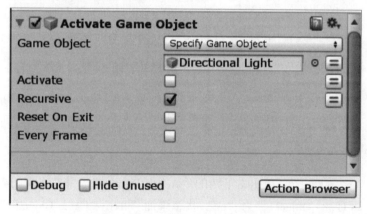

图 4.2.35　为状态"off"添加动作

8. 新建事件

在"Event"界面中"Add Event"后方的矩形框中输入"go off"，单击

"Enter" 键新建事件 "go off"，然后按照同样的方法新建 "go on" 和 "none" 两个事件，如图 4.2.36 所示。

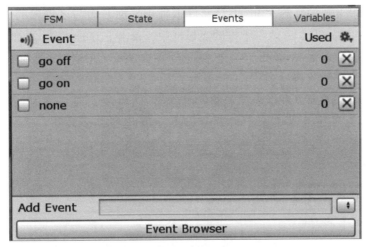

图 4.2.36　新建事件

9. 新建 Transition 并连接

在 "on" 状态下，单击鼠标右键选择 "Add Transition" 新建 "go off" Transition；在 "off" 状态下，单击鼠标右键选择 "Add Transition" 新建 "go on" Transition；在 "none" 状态下，单击鼠标右键选择 "Add Transition" 新建 "none" Transition。鼠标右键长按 "go off" Transition 连接到 "off" 状态，鼠标右键长按 "go on" Transition 连接到 "none" 状态，鼠标右键长按 "none" Transition 连接到 "on" 状态构成循环，如图 4.2.37 所示。

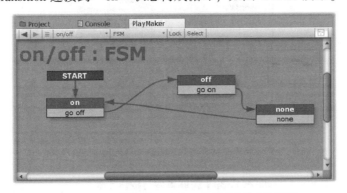

图 4.2.37　新建 Transition 并连接到对应状态

10. 事件与按钮关联

①将单击开关灯的"on/off"元件拖拽到界面右边与之关联的"Button"组件下的"On Click（）"下方的矩形框中，单击下方的"+"添加两个相同的组件，如图4.2.38所示。

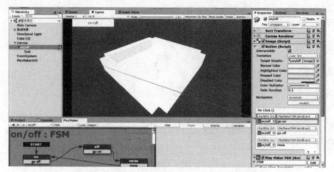

图4.2.38　关联事件与按钮步骤1

②分别单击三个组件的"No Function"按钮，在弹出的列表中选择"PlayMakerFSM"中的"SendEvent（string）"选项，如图4.2.39所示。

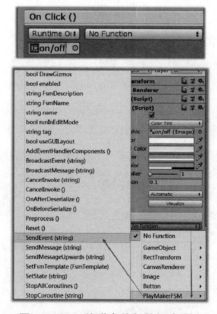

图4.2.39　关联事件与按钮步骤2

③在"on/off"后方矩形框中填上事件"go on"的名字，用同样的方法

分别填上事件"go off"和"none"的名字，如图 4.2.40 所示。

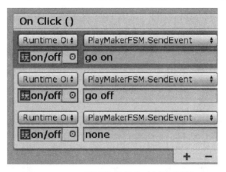

图 4.2.40　关联事件与按钮步骤 3

11. 运行与测试

运行场景进行测试，单击或触发所设置的开关对象（"on/off"按钮），观察光源是否按预期切换开关状态（单击"on/off"按钮时，整体灯光关闭；再次单击"on/off"按钮时，又回到灯光打开的状态）。如果出现问题，则按照上述步骤仔细检查是否存在操作失误的地方，检查状态机的逻辑是否正确，确保所有连接和动作都设置得当。根据需要进行调整，直至获得令人满意的效果，如图 4.2.41 所示。

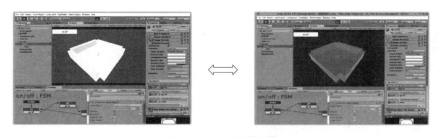

图 4.2.41　测试场景

以上是利用 PlayMaker 插件实现开关灯效果的具体步骤，可以根据以上步骤完成本小节内容的学习和巩固，也可以根据对以上知识点的理解尝试做出手电筒的效果。掌握了基本的开关灯效果后，可以尝试结合更多的 PlayMaker 功能来丰富交互设计。例如，利用 PlayMaker 的"Audio Source"动作添加开关音效，或者使用"Move Object"动作让光源在开启时移动到特定位置。此外，还可以探索 PlayMaker 的"Random Float"等随机功能，为灯光效果增添不确定性，提升游戏的趣味性和沉浸感。

通过上述步骤的学习与实践，不仅能够掌握利用 PlayMaker 实现开关灯效果的方法，还能为后续的复杂交互功能设计打下坚实的基础。建议读者勇于尝试，将所学的知识应用到实际创作中，不断挑战自我，提升游戏设计的综合能力。

4.2.3　基础功能之开关音乐

在 Unity 游戏开发中，多媒体元素的集成与交互设计是创造沉浸式体验的关键环节。视频、音频等多媒体素材不仅能够丰富游戏内容，还能通过巧妙的交互设计提升玩家的参与感和情感共鸣。而 PlayMaker 作为一款强大的可视化脚本工具，以其直观易用的特点，为开发者提供了一种高效实现复杂逻辑的途径，尤其是在处理多媒体播放控制方面。

能够开关背景音乐的多媒体控件，是许多游戏项目中不可或缺的功能之一。它允许玩家根据自己的喜好或游戏情境的需要，随时开启或关闭背景音乐，从而提供更加个性化的游戏体验。通过使用 PlayMaker 插件，可以轻松地实现这一功能，无须编写复杂的代码，即可达到预期的交互效果。

本小节将学习制作开关音乐的多媒体控件，使读者熟练掌握利用 Play-Maker 插件实现按键触发背景音乐开关的效果。

1. 相关类简介

（1）Input 类动作

在 Unity 游戏开发引擎中，Input 类动作扮演着至关重要的角色，它提供了一个接口，使开发者能够轻松获取和处理玩家的输入，包括键盘、鼠标、触控板以及游戏手柄等设备的操作。

Get Key Down 方法是 Input 类动作中一个特别实用的功能，用于检测玩家是否在当前帧内首次按下了某个特定的键。具体来说，当调用 Input. Get Key Down 方法时，会立即检查玩家是否刚刚按下了指定的键（通过 KeyCode 枚举指定），如果确实是在当前帧内首次按下该键，则方法返回 true；如果键已经被持续按下，或者在当前帧内尚未被按下，则返回 false。这种机制非常适合处理那些需要响应单次按键事件的操作，如开始游戏、暂停游戏、切换武器或者执行一次性动作等。

Get Key Down 方法的显著优点是简洁性和直观性。开发者不需要编写复杂的逻辑来判断按键是否为首次被按下,而是可以直接调用这个方法,并传入想要检测的键作为参数。这不仅简化了代码编号,还提高了代码的可读性和可维护性。

此外,由于 Input 类动作是静态的,因此可以在任何地方直接调用 Input. Get Key Down 方法,而无须先实例化 Input 类对象。这使得 Get Key Down 方法成了处理玩家输入时不可或缺的工具之一。

在本案例项目中,将使用这个动作来检测是否按下了某个预设的按键(如空格键),以此作为触发音乐开关的信号。

(2) Game Object 类动作

在 Unity 游戏开发引擎中,激活游戏对象(Activate Game Object)这一动作并不是直接通过单一的函数调用来实现的,但它是处理 Game Object 可见性、启用状态以及是否参与游戏逻辑的重要手段。实际上,通过修改 Game Object 的 Set Active 方法,可以实现"激活"或"停用"Game Object 的功能。

当一个 Game Object 被激活时,意味着该对象将在场景中可见(如果它包含 Renderer 组件的话),同时其上的所有组件都将正常工作,参与游戏的逻辑计算。这对于动态管理游戏场景中的元素非常有用,例如,按需要加载或卸载场景中的资源,以优化性能或创建交互式游戏体验。

与激活相反,停用 Game Object 意味着该对象在场景中将不可见(即使它包含 Renderer 组件),同时其上的所有组件都将停止工作,不再参与游戏的逻辑计算。这常用于隐藏场景中的元素,以改善用户界面或游戏流程。

由于我们的音乐播放器很可能被封装在一个 Game Object 中,因此将使用这个动作来控制该 Game Object 的激活状态,从而控制音乐的播放与停止。

2. 实现步骤

(1) 基本环境配置

①工程准备阶段。为了顺利推进项目,首要任务是确保已妥善配置开发环境。以下是工程准备阶段的具体步骤。

第一步,验证 PlayMaker 插件安装。

● 启动 Unity 编辑器:打开 Unity 软件,进入工作空间。

● 检查插件:在 Unity 的菜单栏中,找到"PlayMaker"菜单,单击该菜单项,尝试打开 PlayMaker 的编辑器界面,如图 4.2.42 所示。

图 4.2.42　PlayMaker 欢迎界面

● 验证功能：观察 PlayMaker 界面是否正常加载，各项功能是否可用。若界面正常显示且可进行操作，则说明 PlayMaker 插件已成功安装并配置正确。

第二步，导入人物标准包。

● 资源准备：确认已拥有适用于本项目的"人物标准包"，该包应包含所有必要的预制件、脚本、材质及所需的音频资源。图 4.2.43 所示为本小节所需资源包示例。

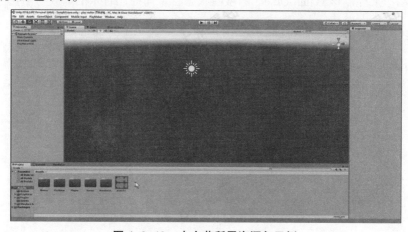

图 4.2.43　本小节所需资源包示例

● 导入资源：在 Unity 的项目视图中，单击空白区域，选择"Import Package"→"Custom Package..."（或其他适用的导入选项，具体取决于资源包的格式），在弹出的文件选择器中，找到并选中所需的人物标准包文件，然后单击"Import"按钮。

● 检查导入内容：资源包导入完成后，Unity 将自动展开一个导入对话框，可从中预览并调整导入设置。仔细检查列表中的资源，确保所有需要的资源都已选中，并根据需要进行必要的设置调整。最后，单击"Import"按钮完成导入。

● 组织资源：在项目视图中，可能需要将新导入的资源移动到更合适的文件夹中，以便更好地组织和管理它们。

②场景构建。

第一步，导入基本平面并调整大小。

● 创建基本平面：在 Unity 编辑器的"Hierarchy"面板中，右键单击空白区域，选择"3D Object"→"Plane"，在场景中创建一个新的基本平面对象。

● 调整平面大小：选中场景中的平面对象，在"Inspector"面板中找到"Transform"组件。在"Scale"属性中，通过直接输入数值或使用滑块来调整平面大小。图 4.2.44 所示为场景示例。

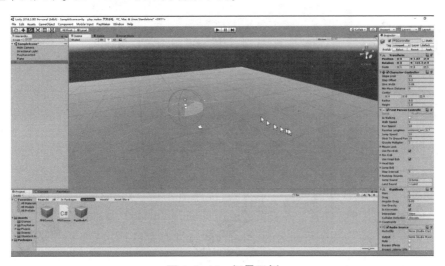

图 4.2.44　场景示例

第二步，搜索并导入第一人称控制器。在搜索框中找到第一人称控制器

（FPSController），并将其从项目面板拖放到场景视图中，以将其添加到当前场景中。

第三步，禁用场景的默认"Main Camera"。经过以上三个步骤，场景已经创建完毕。

③添加空对象。

第一步，创建一个空物体。在 Unity 编辑器的"Hierarchy"面板中，右键点击空白区域，选择"Empty"，在场景中创建一个空物体。

第二步，将空物体拖放到"FirstPersonCharacter"下，选中之前创建的空物体。在"Hierarchy"面板中，将空物体拖放到"FirstPersonCharacter"对象上，使空物体成为其子对象。此时，空物体会在"Hierarchy"面板中缩进显示，表明它是"FirstPersonCharacter"的子对象，如图4.2.45所示。

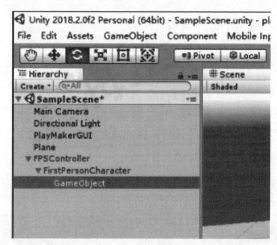

图4.2.45　拖放空物体

④设置对象。

第一步，在"Hierarchy"界面选中空物体。此时，该空物体的属性将在"Inspector"面板中显示，如图4.2.46所示。

第二步，重置相对坐标。选中空物体后，在"Inspector"面板中找到"Transform"组件，设置"Position""Rotation""Scale"属性的 X、Y、Z 值。

第三步，将空物体重命名为"bgm"，如图4.2.47所示。

图 4.2.46 选中空物体

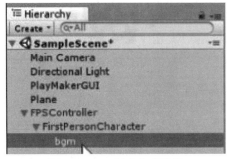

图 4.2.47 重命名空物体

⑤添加音频源组件。

第一步，选中该物体。

第二步，添加"Audio Source"组件。在"Inspector"面板中，找到并单击"Add Component"按钮，这个按钮通常位于"Inspector"面板的底部，用于为选中的物体添加新的组件。在弹出的搜索框中输入"Audio Source"，然后从搜索结果中选择"Audio Source"组件进行添加。注意：Unity 的 UI 界面可能会根据版本而有所不同，但大致流程是相似的，此步骤是以 Unity 2018.2.0 为例。

第三步，添加成功后，在"Inspector"面板中可以看到"Audio Source"组件的相关属性和参数，如音频片段（AudioClip）、音量（Volume）、音调（Pitch）等，如图 4.2.48 所示。

⑥绑定音频文件。

第一步，选中该物体。在 Unity 的"Hierarchy"面板中，找到并选中已经添加了"Audio Source"组件的物体，这个物体在这里被命名为"bgm"。

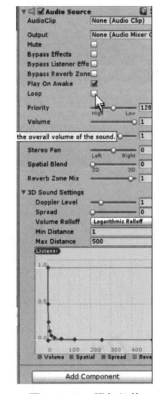

图 4.2.48 添加组件

第二步，找到"AudioClip"属性。在"Audio Source"组件中，寻找名为"AudioClip"的属性，这个属性通常是一个带有矩形框的字段，用于指定要播放的音频文件。

第三步，拖入音频文件。在项目视图中找到想要绑定的音频文件，单击并拖拽这个文件，直至鼠标指针悬停在"Inspector"面板中"AudioClip"属性后方的矩形框上；然后松开鼠标按钮，音频文件将被绑定到"AudioClip"属性上，如图4.2.49所示。

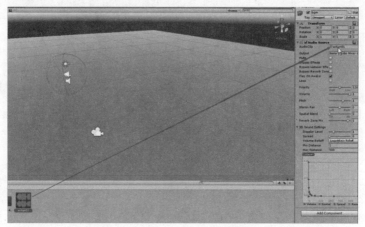

图4.2.49　绑定音频文件

⑦修改音频源组件参数。如图4.2.50所示，将"融合（Spatial Blend）"参数从2D改为3D，将"扩散（Spread）"参数从0改到360。

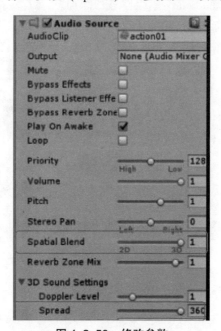

图4.2.50　修改参数

⑧运行测试。单击"运行"按钮，测试声音效果是否正常。

（2）交互逻辑构建

①添加状态。

第一步，选中 FirstPersonCharacter 对象。在 Unity 的"Hierarchy"面板中，找到并单击选中名为"FirstPersonCharacter"的游戏对象，以确保接下来在"PlayMakerEditor"中所做的更改都应用于该对象，如图 4.2.51 所示。

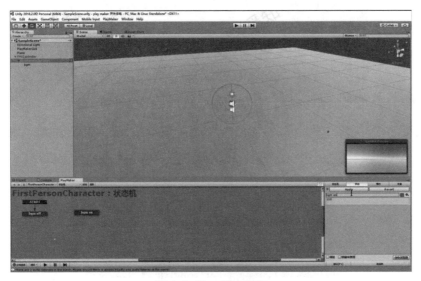

图 4.2.51　状态添加

第二步，打开 PlayMakerEditor。确保 PlayMaker 插件已经安装在 Unity 项目中，然后在 Unity 中打开 PlayMakerEditor。

第三步，添加新状态。在 PlayMakerEditor 中，可以看到一个状态机的视图，在状态机视图的空白区域单击右键，选择"Add State"选项以添加一个新状态。

第四步，为新状态命名。在状态机视图中，新状态通常会有一个默认的名称（如"State 1"），可以双击该名称并输入"bgm off"进行重命名。重复上述步骤，再添加一个名为"bgm on"的新状态。

②新建（过渡）事件。如图 4.2.52 所示，单击"事件"面板，在"添加事件"处，分别输入"go off"和"go on"并单击"Enter"键。

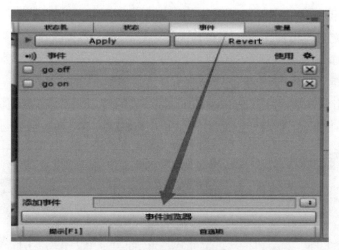

图 4.2.52　添加事件

③事件连接。按图 4.2.53 所示的方式拖动鼠标左键对状态和事件进行连接。

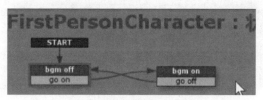

图 4.2.53　连接事件与状态

④设置状态。

第一步，选择"bgm off"状态，单击动作浏览器，找到"Activate Game Object"动作，如图 4.2.54 所示。

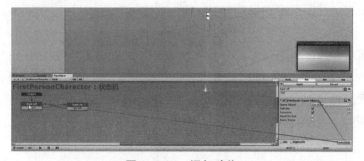

图 4.2.54　添加动作

第二步，将"Activate Game Object"动作的"Game Object"从原始的

"Use Owner" 修改为 "Specify Game Object"，并将作为音频源的 "bgm" 拖入后方的矩形框中，如图 4.2.55 所示。

图 4.2.55　绑定物体

第三步，取消勾选 "Activate" 复选框，如图 4.2.56 所示。

第四步，重复同样的方法，设置 "bgm on" 状态，并勾选 "Activate" 复选框，如图 4.2.57 所示。

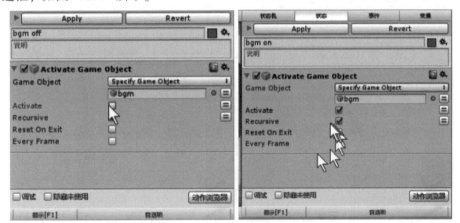

图 4.2.56　取消勾选　　　　图 4.2.57　勾选 "Activate" 复选框

⑤设置过渡。选择 "bgm off" 状态，单击动作浏览器，找到并添加 "Get Key Down" 动作，如图 4.2.58 所示。

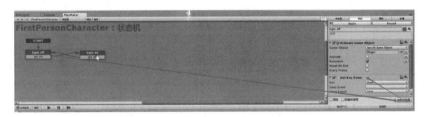

图 4.2.58　添加 "Get key Down" 动作

⑥绑定事件。打开"Get Key Down"动作中"Send Event"后方的下拉列表，选择"go on"事件，完成组件对事件的绑定，如图4.2.59所示。

⑦绑定按键。打开"Get Key Down"动作中"Key"后方的下拉列表，在按键中选择"M"键，完成按键的绑定，如图4.2.60所示。

图 4.2.59　事件绑定　　　　　　　　图 4.2.60　绑定按键

⑧重复步骤。重复以上步骤，完成"bgm on"状态的设置，如图4.2.61所示。

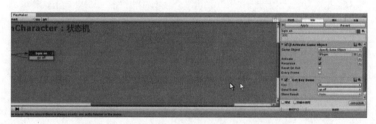

图 4.2.61　完成"bgm on"状态的设置

（3）测试

①在Unity中按下运行按钮，运行场景。

②按下"M"键进行测试。

③如果有问题，按操作步骤仔细检查操作过程中是否存在失误，检查是否有任何逻辑错误或性能问题，并进行必要的调整和优化。

在学习本小节后，可以根据课程内容为自己的项目添加按键触发音频的效果。通过这个练习，不仅能够加深对Unity中音频播放和玩家输入处理的理解，还能将所学知识应用于项目中，提升自己的开发技能。本小节总结如图4.2.62所示。

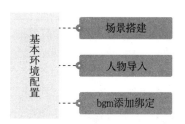

图 4.2.62　基本环境配置主要内容

4.2.4　基础功能之视角切换

通过前面内容的学习，我们已经了解了 PlayMaker 这一强大工具的基本应用，不仅掌握了如何通过它实现颜色的动态切换，让场景变得多姿多彩，还学会了控制灯光的开关，营造出不同的光影效果，甚至可以轻松控制多媒体音乐的播放与暂停。在本小节中，将学习如何利用 PlayMaker 插件实现视角切换。

在构建复杂多变的虚拟现实场景或游戏时，视角的灵活运用是提升用户体验、增强沉浸感的关键所在。所谓视角切换，简而言之，就是允许用户在不同的视觉模式间自由切换，以满足不同的观察与探索需求。本小节中的案例任务将聚焦于如何利用 PlayMaker 这一高效易用的可视化编程工具，实现用按键切换第一/第三人称视角的效果。本小节将深入学习 PlayMaker 中的相关模块与状态机设计，探索如何根据用户的操作或预设条件，动态调整摄像机（Camera）的视角，从而在不同的视觉体验间无缝切换。

1. 基本环境配置

（1）工程准备

①在 Unity 编辑器中，通过查找"Assets"文件夹下的"PlayMaker"文件夹，确认 Playmaker 插件在已安装列表中，且版本号符合项目需求。

②从资源商店获取并导入"standard assets"资源包。

③选择自己喜欢的音频，保存为 Unity 支持的音频文件格式（如 MP3、WAV 等），并将准备好的音频文件导入 Unity 项目中，如图 4.2.63 所示。

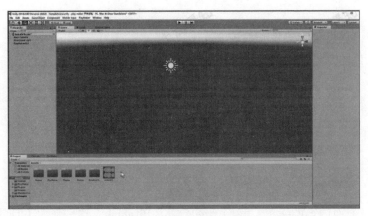

图 4.2.63　音频导入

（2）场景构建

在 Unity 的菜单栏中，选择"GameObject"→"3D Object"→"Plane"，创建一个新的"Plane"对象，选中所创建的"Plane"对象，使用"Inspector"面板中的"Transform"组件来调整其各项参数。在 Unity 编辑器中，通过菜单栏选择"Window"→"Asset Store"，打开 Unity 的资源商店，搜索"第一人称控制器（FirstPersonController）"并导入 Unity 项目中，将导入的"第一人称控制器"拖拽到场景中。在 Unity 编辑器的"Hierarchy"视图中，找到并选中默认创建的"Main Camera"对象，在"Inspector"视图中，找到并勾选"Active in Scene"复选框，禁用 Main Camera，如图 4.2.64 所示。

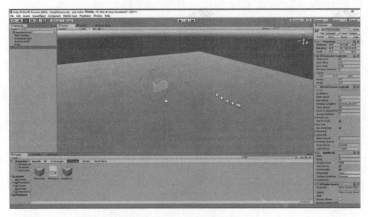

图 4.2.64　基础场景

（3）添加第三人称视角摄像机

复制相机（FirstPerson Character）对象，并使用"Inspector"面板中的"Transform"组件将新的相机的位置（Position）、旋转（Rotation）参数调整到第三人称视角处，如图 4.2.65 所示。

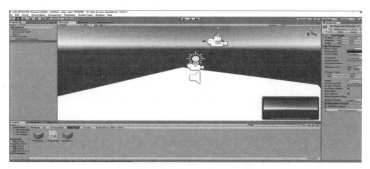

图 4.2.65　第三人称视角摄像机

（4）添加基本几何体作为第三人称看到的"玩家"

在 Unity 的菜单栏中，选择"GameObject"→"3D Object"→"Capsule"，在场景中创建一个新的"玩家（Capsule）"对象，如图 4.2.66 所示。

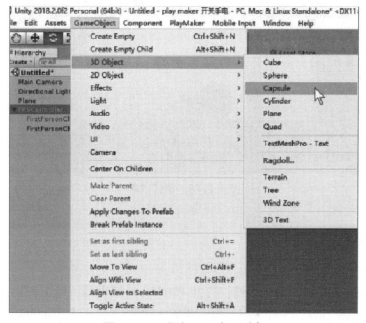

图 4.2.66　添加"玩家"对象

（5）"玩家"设置

将"玩家"作为"FPSController"的子对象，并在"Inspector"面板中重置其位置，如图4.2.67所示。

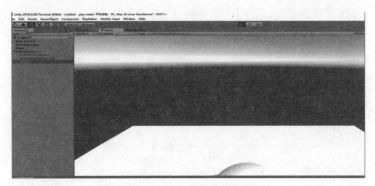

图4.2.67　"玩家"设置

（6）运行测试

运行场景，测试第三人称视角的效果，如图4.2.68所示。

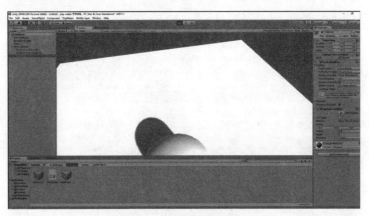

图4.2.68　测试效果

2. 交互逻辑构建

（1）添加状态

单击选中"FPSController"，打开 PlayMaker 编辑器，单击鼠标右键，在出现的列表中选择"Add FSM"为其添加 FSM 状态；再次单击鼠标右键，在出现的列表中选择"Add State"为其添加一个状态，将两个状态分别重命名为"firstperson"和"thirdperson",如图 4.2.69 所示。

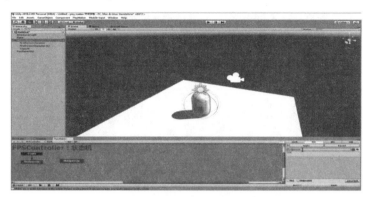

图 4.2.69　添加状态

(2)新建(过渡)事件

单击"事件(Event)"面板,在下方"添加事件(Add Event)"后的矩形框中输入"to firstperson",单击"Enter"键,创建事件"to firstperson",用同样的方法创建另一个事件"to thirdperson",如图 4.2.70 所示。

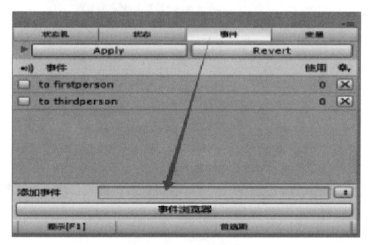

图 4.2.70　新建事件

(3)事件连接

选中"firstperson"状态,单击鼠标右键,在出现的列表中选择"Add Transition",添加"to thirdperson"Transition;选中"thirdperson"状态,单击鼠标右键,在出现的列表中选择"Add Transition",添加"to firstperson"Transition。长按"to thirdperson"Transition 连接到"thirdperson"状态,长按

"to firstperson" Transition 连接到 "firstperson" 状态，如图 4.2.71 所示。

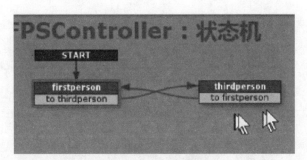

图 4.2.71　事件连接

（4）修改名称

选择"基本环境配置"步骤（3）中复制出来的摄像机（见图 4.2.65），将其重命名为"thirdPersonCharacter"，以便后续绑定状态事件时能够与"FirstPersonController"区分开来，如图 4.2.72 所示。

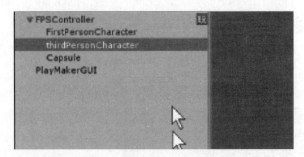

图 4.2.72　修改复制出来的摄像机名称

（5）设置状态

①选择"firstperson"状态，在右侧的"状态"面板中单击"动作浏览器（Action Browser）"，在出现的页面中找到"Activate Game Object"动作，并添加两个该动作到状态中，如图 4.2.73 所示。

图 4.2.73　添加"Activate Game Object"动作

②在"firstperson"状态下，将添加的两个动作中"Game Object"右边的"User Owner"选择为"Specify Game Object"，并分别将"第一人称控制器"和"第三人称视角摄像机"拖拽到两个"Specify Game Object"动作下方的矩形框中。注意：在"第一人称视角相机"的动作中，需要勾选"Activate"后方的复选框；而在"第三人称视角摄像机"的动作中，不需要勾选"Activate"后方的复选框，如图4.2.74 所示。

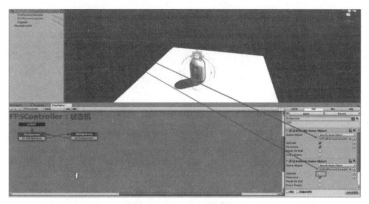

图 4.2.74　设置动作 1

③按照步骤（5）中①②的方式设置"thirdperson"状态中的两个"Activate Game Object"动作。注意：在"thirdperson"状态下，不需要勾选"第一人称控制器"的动作中"Activate"后方的复选框；而在"第三人称视角摄像机"的动作中，需要勾选"Activate"后方的复选框，如图4.2.75 所示。

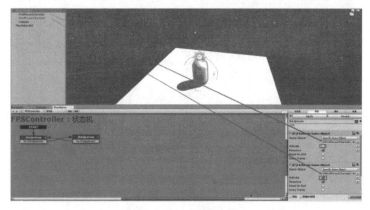

图 4.2.75　设置动作 2

（6）设置过渡

选中"firstperson"状态，单击"动作浏览器（Action Browser）"，在出现的页面中找到"Get Key Down"动作，并将该动作添加到"firstperson"状态中，如图4.2.76所示。

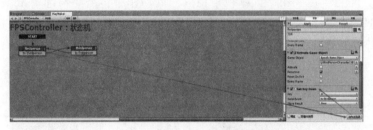

图4.2.76　添加过渡动作

（7）绑定事件

选中"firstperson"状态，在右方的状态面板中，打开"Get Key Down"动作中"Sent Event"后方的下拉列表，在列表中选择"to thirdperson"事件，完成组件对事件的绑定，如图4.2.77所示。

图4.2.77　绑定事件

（8）绑定按键

选中"firstperson"状态，在右方的状态面板中打开"Get Key Down"中"Key"下拉列表，在按键中选择"O"键，完成按键的绑定，如图4.2.78所示。

图 4.2.78　绑定按键

（9）重复步骤

选中"thirdperson"状态，按照步骤（6）～（8）的方式为"thirdper-son"状态添加"Get Key Down"动作，并对"thirdperson"状态完成对事件和按键的绑定。注意：绑定事件时，打开"Get Key Down"动作中"Sent Event"后方的下拉列表，在列表中选择"to firstperson"事件，如图 4.2.79 所示。

图 4.2.79　设置过渡，绑定事件和按键

3. 测试

运行并按键测试：运行场景，按下"O"键进行测试，测试第一人称和第三人称的切换操作是否流畅，有无延迟或卡顿现象，如图 4.2.80 所示。

图 4.2.80　测试场景

以上就是利用 PlayMaker 插件实现视角切换的所有步骤，在本实践项目中，我们共同探索并实现了一个基础而关键的功能——视角切换，这一功能的实现依托于 PlayMaker 这一强大的可视化编程工具。这一过程的完成，不仅标志着我们在游戏开发技能上的一次重要飞跃，也为后续开发更复杂的项目奠定了坚实的基础。作为游戏设计中不可或缺的一环，视角切换直接关系到玩家体验的深度与广度。通过巧妙地运用视角切换功能，游戏能够引导玩家穿梭于不同的场景之间，增强沉浸感，同时揭示游戏世界中的更多层次与细节。

因此，掌握视角切换技术，对于任何一位游戏开发者而言都是至关重要的一步。希望大家能够充分应用本节内容，深入思考我们在项目中所经历的每一个环节。从交互逻辑的梳理到界面设计的优化、从性能瓶颈的识别到用户体验的提升，每一个细节都值得我们仔细推敲与不断完善。

4.3　本章实践项目

在深入学习 Unity 引擎的各种有趣的功能之后，相信大家已经打下了坚实的基础，不仅掌握了 Unity 的核心概念与功能、Unity 引擎的基础知识，并对 PlayMaker 交互逻辑的创建有了一定的基础，还通过实践初步领略了 PlayMaker 这一强大工具在简化游戏逻辑开发方面的独特魅力。PlayMaker 以其直观的可视化编程界面，让非专业编程人员也能轻松地创建复杂的游戏逻辑，极大地拓展了游戏开发的边界。

为了进一步强化对 Unity 引擎及 PlayMaker 交互逻辑创建的理解,同时加速虚拟项目开发的步伐,本节精心策划了相关实践项目。这些实践项目旨在将理论知识与实际操作紧密结合,通过动手实践来巩固所学,使读者在解决实际问题的过程中不断积累经验,提升技能。

实践项目六:PlayMaker 开关手电筒

在深入探索 Unity 游戏开发的过程中,利用 PlayMaker 这一高效且直观的视觉编程插件,可以轻松地实现各种复杂的游戏逻辑,包括本小节实践项目所关注的按键触发手电筒的开关灯效果。这一项目不仅是对 Unity 基础操作的进一步实践,也是加深理解 PlayMaker 工作原理及其在游戏开发中应用的重要契机。本实践项目旨在通过 PlayMaker 插件,实现一个基于按键控制的手电筒开关效果。玩家将通过指定的键盘按键(如"F"键)来切换手电筒的开关状态,手电筒在开启时发出光亮,关闭时则熄灭。这一功能在游戏开发中非常常见,例如,探险、解谜类游戏往往需要玩家利用手电筒照亮黑暗区域,发现隐藏的线索或障碍物。

1. 基本环境配置

(1)场景构建

利用基本几何体 Plane 和 Cube 构建一个基本环境,并导入"第一人称控制器(FPSController)"。

在 Unity 的菜单栏中,选择"GameObject"→"3D Object"→"Cube",创建一个新的"Cube"对象。选中所创建的"Cube"对象,使用"Inspector"面板中的"Transform"组件来调整其位置(Position)、旋转(Rotation)和缩放(Scale)参数,可以新建或使用快捷键"Ctrl + D"复制一定数量的"Cube",通过上述方法调整到合适的参数,以符合所需的场景设计要求。从 Unity 资源商店中下载"第一人称控制器(Standard Assets. unitypackage)"资源,或者从其他可靠来源获取,确保下载的资源与所使用的 Unity 版本兼容。将下载好的资源导入 Unity,在项目视图中找到导入的"第一人称控制器"预制件(Prefab),将这个预制件拖拽到"Hierarchy"视图中,以将其添加到场景中,如图 4.3.1 所示。

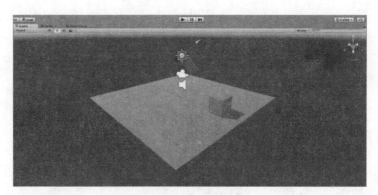

图 4.3.1　基础场景

（2）添加手电筒

在 Unity 的菜单栏中，选择"GameObject"→"Light"→"Spot Light"，创建一个新的"spotlight"对象，并将其绑定为"FPSController"子对象"FirstPersonCharacter"的子对象，如图 4.3.2 所示。

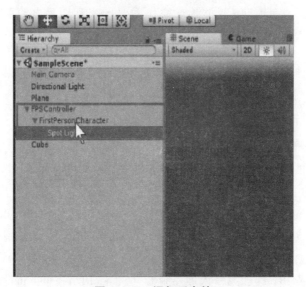

图 4.3.2　添加手电筒

（3）确认手电筒位置

使用"Inspector"面板中的"Transform"组件，设置手电筒"Spot Light"的"位置（Position）"、"旋转（Rotation）"和"缩放（Scale）"参数，以此确保手电筒的位置准确，如图 4.3.3 所示。

图 4.3.3　设置手电筒位置

（4）修正手电筒位置

根据第一人称的位置，调整手电筒"Spot Light"的位置，移动到右手位置，朝向偏左，如图 4.3.4 所示。

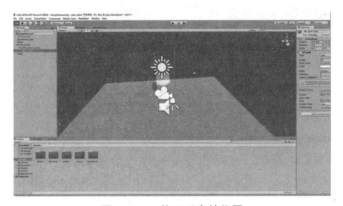

图 4.3.4　修正手电筒位置

（5）调整手电筒参数

在"Inspector"面板中调整手电筒的"扩散角度（Spot Angle）"和"亮度（Instensity）"，使手电筒的模拟效果更加真实，如图 4.3.5 所示。

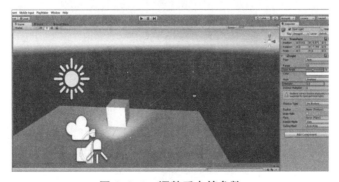

图 4.3.5　调整手电筒参数

运行场景，测试手电筒的效果。观察手电筒发出的光线是否自然、柔和，有无突兀的光斑或暗角。同时，检查光线颜色是否与设计一致，能否有效模拟真实手电筒的光照效果。测量手电筒的有效照明范围，确保其既不过于狭窄而影响视野，也不过于宽泛而导致资源浪费。通过调整手电筒与障碍物之间的距离，观察光照范围的变化是否符合预期，包括边界的清晰度和光照强度的渐变效果，确保灯光和可照范围合理，如图 4.3.6 所示。

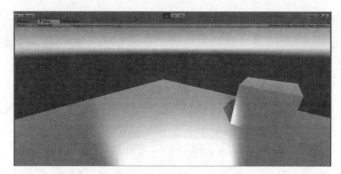

图 4.3.6　测试手电筒效果

2. 交互逻辑构建

（1）添加状态

选中"FirstPersonCharacter"，打开"PlayMaker Editor"，单击鼠标右键选中"Add FSM"为其添加 FSM 状态，再次单击鼠标右键选择"Add State"为其添加一个状态，将这两个状态分别重命名为"flashlight off"和"flashlight on"，如图 4.3.7 所示。

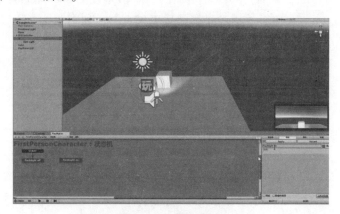

图 4.3.7　添加状态

（2）新建事件

单击右侧的"事件（Event）"面板，在下方"添加事件（Add Event）"后的矩形框中输入"go off"，单击"Enter"键为其添加"go off"事件，按照同样的方法再添加一个"go on"事件，如图 4.3.8 所示。

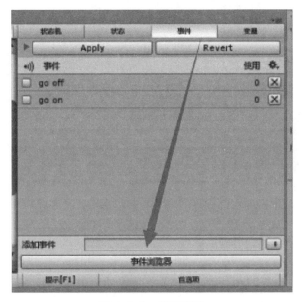

图 4.3.8　新建事件

（3）连接事件与状态

选中"flashlight off"状态，单击鼠标右键，在出现的列表中选择"Add Transition"，添加"go on"Transition；选中"flashlight on"状态，单击鼠标右键，在出现的列表中选择"Add Transition"，添加"go off"Transition。鼠标长按"go on"Transition 连接到"flashlight on"状态，鼠标长按"go off"Transition 连接到"flashlight off"状态，如图 4.3.9 所示。

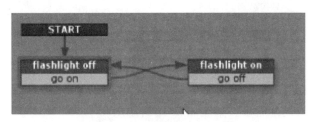

图 4.3.9　连接事件和状态

（4）设置状态

选中"flashlight off"状态，在右侧的状态面板中单击"动作浏览器（Action Browser）"，在出现的页面中找到"Activate Game Object"动作，并将该动作添加到"flashlight off"状态，如图4.3.10所示。

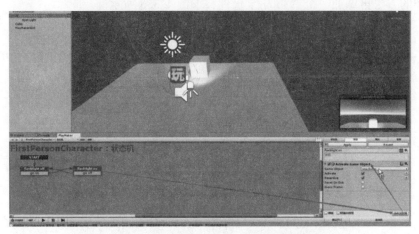

图4.3.10　添加"Activate Game Object"动作

将"Activate Game Object"动作的"Game Object"从原来的"Use Owner"修改为"Specify Game Object"，并将作为手电筒的"Spot Light"拖入"Specify Game Object"下方的矩形框中，如图4.3.11所示。

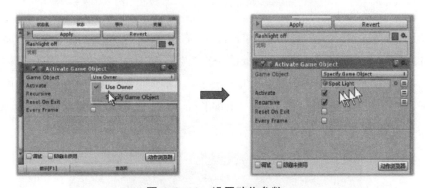

图4.3.11　设置动作参数

在"flashlight off"状态下，不需要勾选"Activate Game Object"动作中"Activate"后方的复选框，如图4.3.12所示。

图 4.3.12　取消勾选"Activate"后方的复选框

重复步骤（4）的方法，为"flashlight on"状态添加"Activate Game Object"动作，将"Game Object"后方修改为"Specify Game Object"，并将"Spot light"拖拽到"Specify Game Object"下方的矩形框中。注意：在"flashlight on"状态下，需要勾选"Activate Game Object"动作中"Activate"后方的复选框，如图 4.3.13 所示。

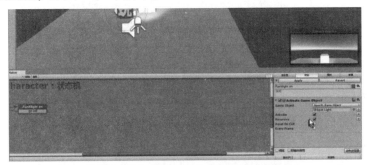

图 4.3.13　添加动作并设置相关参数

（5）设置过渡

选择"flashlight off"状态，在右侧的状态面板中单击"动作浏览器（Action Browser）"，在出现的列表中找到"Get Key Down"动作，并将该动作添加到"flashlight off"状态中，如图 4.3.14 所示。

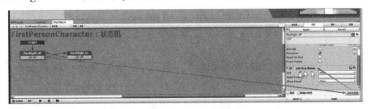

图 4.3.14　添加"Get Key Down"动作

（6）绑定事件

选择"flashlight off"状态，在状态面板中打开"Get Key Down"动作中"Sent Event"后方的下拉列表，在列表中选择"go on"事件，完成组件对事件的绑定，如图4.3.15所示。

图4.3.15　绑定事件

（7）绑定按键

选择"flashlight off"状态，在状态面板中打开"Get Key Down"动作中"Key"后方的下拉列表，在列表中选择"F"键，完成按键的绑定，如图4.3.16所示。

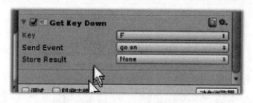

图4.3.16　绑定按键

按照步骤（5）～（7）的方法，为"flashlight on"状态添加"Get Key Down"动作，并对"flashlight on"状态完成事件和按键的绑定。注意：绑定事件时，打开"Get Key Down"动作中"Sent Event"后方的下拉列表，在列表中选择"go off"事件，如图4.3.17所示。

图 4.3.17　绑定事件和按键

3. 测试

在 Unity 编辑器中运行场景，按下 "F" 键进行测试，测试手电筒的开关操作是否流畅，有无延迟或卡顿现象。如果设计有动态调整亮度的功能，则需要验证其响应速度与调整精度，调整光源的参数（如颜色、亮度、范围等），以获得更逼真的手电筒效果。根据需要优化 FSM 的逻辑，确保游戏运行流畅且响应迅速，如图 4.3.18 所示。

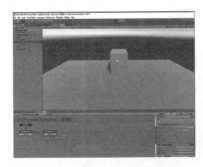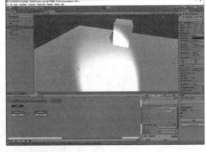

图 4.3.18　测试场景

以上就是利用 PlayMaker 插件实现按键触发手电筒开关效果的具体步骤，读者可以按照上述步骤完成该项目，也可以在其中添加自己的创意。希望读者可以根据本节所学内容，更加了解 PlayMaker 插件的使用方法，设计一个可以控制房间不同位置的灯的开关项目，将按键触发事件应用到平行光源（Directional Light）上，实现场景照明亮度的切换效果。通过本实践项目，不仅能够掌握 PlayMaker 插件的基本使用方法，还能深入理解游戏开发中事件监听、状态管理和逻辑控制的基本原理。同时，这一项目也为后续更复杂游戏功能的开发提供了宝贵的实践经验，如角色控制、物品交互等。通过不断实践和创新，读者将能够不断提升自己的游戏开发能力，创造出更加精彩纷呈的游戏世界。

实践项目七：感应灯区域检测及延时触发

在掌握了 PlayMaker 的基础操作之后，即将踏上一段深入探索其强大功能的旅程。本实践项目特别设计了一个集感应灯区域检测与延时触发机制于一体的综合应用案例，模拟常见感应灯触发效果，并拓展应用于抬手动作等场景，旨在通过实践加深理解，并将所学知识灵活应用于更广泛的场景之中，如模拟现实生活中的抬手动作触发感应灯效果。

这一项目不仅考验了我们对 PlayMaker 各项功能的综合运用能力，还激发了我们对游戏及互动设计创意的无限遐想。下面将细致解析并实践该项目的实施步骤，以巩固并提升 PlayMaker 的应用能力。

1. 基本环境配置

（1）工程准备

确认已正确安装 PlayMaker 插件，并导入"角色"标准资源包，以确保开发环境的完整性和项目可以顺利运行，如图 4.3.19 所示。

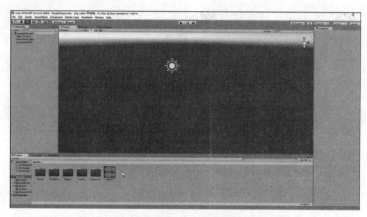

图 4.3.19　资源准备

（2）场景构建

在 Unity 编辑器的"Hierarchy"面板中，右键单击空白区域，选择"Create"→"3D Object"→"Plane""Cube"，在场景中创建一个平面和三个"Cube"，通过变换形成如图 4.3.20 所示的形状。

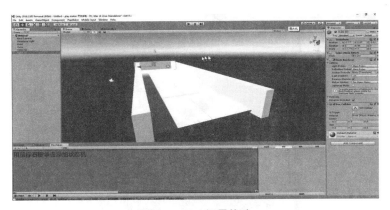

图 4.3.20　场景构建

（3）添加灯光

①创建空对象 light group。在 Unity 编辑器的"Hierarchy"面板中右键单击空白区域，选择"创建空对象（Create Empty）"，创建一个空对象，并重命名为"light group"。

②创建两盏灯光（light）。在 Unity 编辑器的"Hierarchy"面板中右键单击空白区域，选择"light"→"Point light"，创建两盏灯光，分别放置于图 4.3.21 所示的区域。选中两盏灯光，在"Inspector"视图的"color"处将灯光颜色调为蓝色。

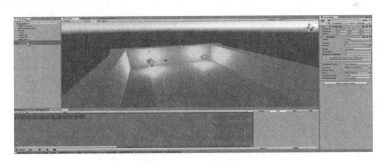

图 4.3.21　场景灯光

③调节场景平行光源（Directional Light）。在"Inspector"视图的"Intensity"处，将灯光强度数值降低为合适数值，以便更好地观察点光源的打开/关闭效果。

（4）绑定父子关系

在"Hierarchy"面板中，将两盏灯光拖放到空物体"light group"中，使其成为"light group"的子对象，统一受其控制，如图 4.3.22 所示。

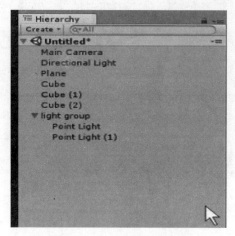

图 4.3.22　绑定父子关系

（5）导入第一人称玩家

在项目视图的搜索框中搜索并导入"FPSController"对象到场景中，如图 4.3.23 所示。

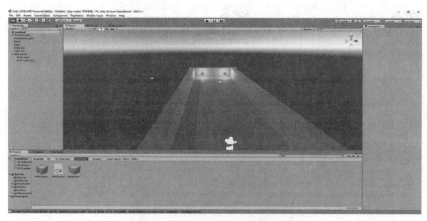

图 4.3.23　导入第一人称玩家

（6）创建触发对象

在 Unity 编辑器的"Hierarchy"面板中右键单击空白区域，选择"3D Object"→"Cube"，新建一个"Cube"对象，将该对象摆放在如图 4.3.24 所示的位置，并调整其大小。

图 4.3.24　创建触发对象

（7）触发对象参数设置

选中上一步创建的"Cube"对象，取消勾选"Inspector"视图中的"Mesh Renderer"复选框，同时勾选"Box Collider"组件中的"Is Trigger"复选框，使该"Cube"成为触发器，也就是感应区间，来控制感应灯的开关，如图 4.3.25 所示。

图 4.3.25　调节参数

2．交互逻辑构建

（1）添加状态

①选中作为触发器的"Cube"。

②打开 PlayMaker 编辑器。

③添加两个状态。在 PlayMaker 视图中单击鼠标右键，在出现的列表中选择"Add FSM"为其添加 FSM 状态，再次单击鼠标右键，在出现的列表中选择"Add State"添加一个状态，如图 4.3.26 所示，分别将创建的 FSM 状态和另一个状态重命名为"light off"和"light on"。

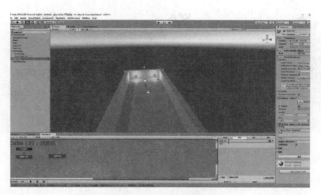

图 4.3.26　添加状态

（2）新建过渡事件

①创建新事件。在事件面板下方"添加事件（Add Event）"后的矩形框中分别输入"go off""go on"，单击"Enter"键创建两个新事件。

②为两个事件添加过渡事件。回到 PlayMaker 编辑器页面，选中"light off"状态，单击鼠标右键，在出现的列表中选择"Add Transition"→"go on"，为"light off"添加过渡事件"go on"，用同样的方法为状态"light on"添加过渡事件"go off"，如图 4.3.27 所示。

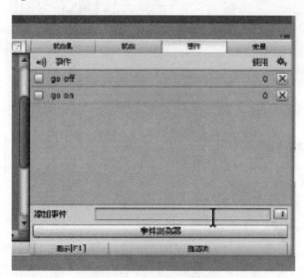

图 4.3.27　添加过渡事件

（3）事件连接

鼠标右键长按"go on"连接到状态"light on"，鼠标右键长按"go off"

连接到状态"light off"，如图 4.3.28 所示。

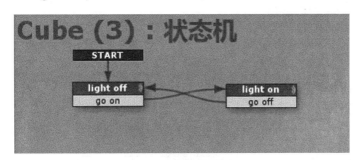

图 4.3.28　事件连接

（4）设置状态

①选择"light off"状态，单击动作浏览器，找到"Activate Game Object"动作，添加一个该动作到状态中，选定影响的"游戏对象（Game Object）"为"light group"，如图 4.3.29 所示。

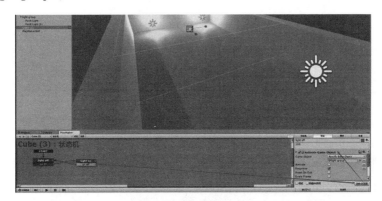

图 4.3.29　设置状态 1

②重复步骤①，为"light on"状态添加相同的动作，如图 4.3.30 所示。

图 4.3.30　设置状态 2

（5）设置过渡事件

选择"light off"状态，单击动作浏览器，找到并添加"Trigger Event"事件，具体操作如图4.3.31所示。

图4.3.31　添加过渡事件

（6）绑定事件

①打开"Trigger Event"动作中"Trigger"后方的下拉列表，在选项中选择"On Trigger Enter"→"Send Event"事件→"go on"事件，完成组件对事件的绑定，如图4.3.32所示。

图4.3.32　绑定事件

②用同样的方法为"light on"状态添加对应组件，依次选择"On Trigger Exit"→"Send Event"事件→"go off"事件，如图4.3.33所示。

图4.3.33　添加动作和事件

（7）添加等待状态

参照图4.3.34，在PlayMaker编辑器界面单击鼠标右键新建一个状态，将其命名为"wait"。

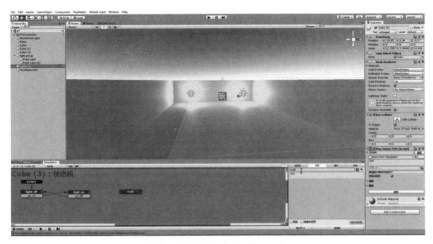

图 4.3.34　添加等待状态

（8）设置等待动作

①添加动作。如图 4.3.35 所示，单击"wait"状态，在动作浏览器中搜索并添加"wait"动作。

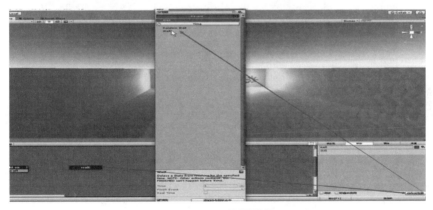

图 4.3.35　设置动作

②修改参数。如图 4.3.36 所示，将"wait"动作的"Time"参数修改为 5。

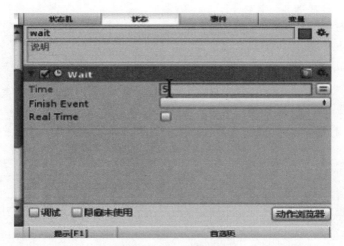

图 4.3.36　修改参数

（9）连接事件

按图 4.3.37 所示对事件进行连接。

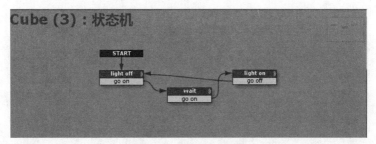

图 4.3.37　连接事件

（10）绑定事件

选中"wait"状态，按图 4.3.38 所示将"Finish Event"选定为"go on"。

图 4.3.38　绑定事件

3. 运行测试

在 Unity 编辑器中运行场景，测试感应灯系统的各项功能是否按预期要求工作，具体运行效果如图 4.3.39 所示。应注意检查感应区域的准确性、延时触发的稳定性以及抬手动作与灯光开关之间的同步性，然后根据测试结果进行必要的调整和优化，确保系统性能稳定且用户体验良好。

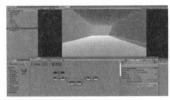

图 4.3.39　运行测试

通过本项目的实践，不仅巩固了 PlayMaker 的基础操作知识，还深入探索了其高级功能，如事件监听、状态管理、延时触发以及动画控制等，更重要的是学会了如何将这些功能综合运用于实际项目中，创造出具有实用价值和创意性的互动效果。未来，随着对 PlayMaker 的进一步学习和探索，将能够开发出更加复杂、更加富有创意的游戏和互动应用，为玩家带来更加丰富多彩的体验。

第 5 章　粒子系统

通过本章的学习，可以了解粒子系统的基本参数及其作用，学会使用粒子系统制作雨天特效、喷射器火焰特效、瀑布特效和落叶特效。

5.1　粒子特效概述

粒子系统最早出现在 20 世纪 80 年代，旨在解决计算机中大量微小物质按照特定规则运动（变化）的生成和显示问题。这项技术最初用于模拟自然现象，如火焰、烟雾和水流等，这些现象用传统图形算法难以逼真再现。

随着 Unity 引擎的发展，粒子系统作为其核心组件之一被引入。Unity 的粒子系统为开发者提供了一种高效且灵活的方式来创建和控制粒子效果，从而模拟游戏和实时三维动画中的各种复杂视觉效果。该系统采用模块化设计，将不同的功能划分为多个模块（如发射模块、形状模块等），使开发者能够根据需求轻松启用或禁用特定模块，从而调整粒子效果。

随着 Unity 版本的更新，粒子系统不断增强，新增的模块和参数使开发者能够创建更加复杂和逼真的效果。例如，Unity 的粒子系统现在支持碰撞检测、外部力场和纹理动画等高级功能。为了确保粒子效果在具有高质量的同时保持高性能，Unity 的粒子系统需要经过优化，包括改进渲染算法、减少内存占用，以及提高 CPU 和 GPU 的利用率。

粒子特效是使用 Unity 引擎创建的视觉效果，通过模拟和渲染大量动态、相互独立的粒子来展现自然或超自然现象，如火焰、烟雾、爆炸、水流和雪花等。这些粒子效果不仅增强了游戏的视觉体验，还提升了游戏的沉浸感和真实感，如游戏技能特效、场景特效和界面 UI 特效，如图 5.1.1 所示。

图 5.1.1 粒子系统特效

目前, Unity 粒子系统已经被广泛应用于各种类型的游戏和实时三维动画中。无论是模拟自然现象, 如火焰、烟雾和水流, 还是创造动态特效, 如爆炸、喷射和崩塌, Unity 粒子系统都能以其出色的性能和灵活性满足开发者的多样化需求。通过使用粒子系统, 开发者能够轻松地实现高度复杂的视觉效果, 从而为玩家创造出身临其境的游戏体验。

随着 Unity 引擎的不断发展, 粒子系统的功能和模块也将不断增强, 未来将变得更加智能和灵活。新功能的引入不仅将提升粒子效果的表现力, 还将大大简化开发过程, 减少对技术细节的关注, 让开发者能够更专注于创意和设计。此外, 开发者对更复杂和逼真的粒子效果的需求也将推动这一领域的技术创新, 随着技术的进步, 粒子系统将能够模拟更加细腻的自然现象和极具冲击力的视觉效果。

因此, Unity 粒子系统在未来的游戏开发中必将继续扮演重要的角色, 帮助开发者创造出更加丰富和引人入胜的游戏世界。

5.2 粒子特效案例制作

5.2.1 粒子系统的创建

首先, 创建新的 Unity 工程。依次单击菜单栏中的 "GameObject" → "Effects" → "Particle System", 在场景中新建名为 "Particle System" 的粒子游戏对象, 如图 5.2.1 所示。

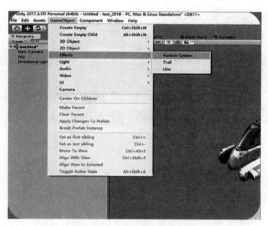

图 5.2.1　创建粒子系统

5.2.2　粒子系统功能模块介绍

要想熟练掌握粒子系统的相关知识，并使用粒子系统制作特效，就必须了解粒子系统各个模块的功能及其作用。粒子系统模块包括初始化模块、形状（Shape）模块、存活期间的限制速度（Limit Velocity Over Lifetime）模块、存活期间的受力（Force Over Lifetime）模块、存活期间的颜色（Color Over Lifetime）模块、颜色速度（Color By Speed）模块、存活期间的大小速度（Size By Speed）模块、存活期间的旋转速度（Rotation Over Lifetime）模块、旋转速度（Rotation By Speed）模块、碰撞（Collision）模块、子粒子发射（Sub Emitters）模块、纹理层动画（Texture Sheet Animation）模块、渲染器（Renderer）模块等。接下来介绍各模块的具体功能。

1.　初始化模块

①持续时间（Duration）：粒子系统发射粒子的持续时间。

②循环（Looping）：粒子系统是否循环。

③预热（Prewarm）：当循环开启时，才能启动预热，游戏开始时粒子已经发射了一个周期。

④初始延迟（Start Delay）：粒子系统发射粒子之前的延迟。注意：在预热启用时不能使用此项。

⑤初始生命（Start Lifetime）：以秒为单位的粒子存活数量。

⑥初始速度（Start Speed）：粒子发射时的速度。

⑦初始大小（Start Size）：粒子发射时的大小。

⑧初始旋转（Start Rotation）：粒子发射时的旋转值。

⑨初始颜色（Start Color）：粒子发射时的颜色。

⑩重力修改器（Gravity Modifier）：粒子在发射时受到的重力影响。

⑪继承速度（Inherit Velocity）：控制粒子速率的因素将继承自粒子系统的移动（对于移动中的粒子系统）。

⑫模拟空间（Simulation Space）：判断粒子系统在自身坐标系还是世界坐标系。

⑬唤醒时播放（Play On Awake）：如果启用，粒子系统在运行时将自动开始播放。

⑭最大粒子数（Max Particles）：粒子发射的最大数量。

2. 形状（Shape）模块

（1）球体（Sphere）

半径（Radius）：球体的半径。

（2）半球（Hemisphere）

半径（Radius）：半椭圆的半径。

（3）锥体（Cone）

①角度（Angle）：圆锥的角度（喇叭口）。如果角度为0°，则粒子将朝一个方向发射（直筒）。

②半径（Radius）：发射口半径。

（4）立方体（Box）

①Scale X：X 轴的缩放值。

②Scale Y：Y 轴的缩放值。

③Scale Z：Z 轴的缩放值。

3. 存活期间的限制速度（Limit Velocity Over Lifetime）模块

①分离轴（Separate Axis）：用于每个坐标轴控制。

②速度（Speed）：用常量或曲线指定来限制所有方向轴的速度（未选中"Separate Axis"）。

③XYZ：用不同的轴分别控制，见最大、最小曲线（选中"Separate Axis"）。

④阻尼（Dampen）：取值为 0~1，增大其值将减慢过渡的速度。

4. 存活期间的受力（Force Over Lifetime）模块

①XYZ：使用常量或随机曲线来控制作用于粒子上的力。

②Space："Local"表示自己的坐标系，"World"表示世界坐标系。

③随机（Randomize）：每帧作用在粒子上的力都是随机的。

5. 存活期间的颜色（Color Over Lifetime）模块

控制每个粒子存活期间的颜色，粒子存活时间越短，颜色变化越快。

6. 颜色速度（Color By Speed）模块

①颜色（Color）：用于指定的颜色。使用渐变色来指定各种颜色。

②颜色缩放（Color Scale）：使用颜色缩放可以方便地调节纯色和渐变色。

③速度范围（Speed Range）：通过"min"和"max"值来定义颜色速度范围。

7. 存活期间的大小速度（Size By Speed）模块

①大小（Size）：大小用于指定速度，用曲线表示各种大小。

②速度范围（Speed Range）：通过"min"和"max"值来定义大小速度范围。

8. 存活期间的旋转速度（Rotation Over Lifetime）模块

①以度（°）为单位指定值。

②旋转速度（Angular Velocity）：控制每个粒子在其存活期间内的旋转速度，有"常量""曲线""2曲线随机"三个选项。

9. 旋转速度（Rotation By Speed）模块

①旋转速度（Angular Velocity）：用来重新测量粒子的速度，使用曲线表示各种速度。

②速度范围（Speed Range）：通过"min"和"max"值定义旋转速度范围。

10. 碰撞（Collision）模块

①平面（Planes）：被定义为指定引用，可以动画化。如果多个面被使用，则将 Y 轴作为平面的法线。

②阻尼（Dampen）：取值范围为 0~1，在碰撞后变慢。

③反弹（Bounce）：取值范围为 0~1，表示粒子碰撞后的反弹力度。

④生命减弱（Lifetime Loss）：每次碰撞生命减弱的比例。取值范围为 0~1，0 表示碰撞后粒子正常死亡，1 表示碰撞后粒子立即死亡。

11. 子粒子发射（Sub Emitter）模块

①出生（Birth）：在每个粒子出生时生成其他粒子系统。

②死亡（Death）：在每个粒子死亡时生成其他粒子系统。

③碰撞（Collision）：在每个粒子碰撞时生成其他粒子系统。

12. 纹理层动画（Texture Sheet Animation）模块

①平铺（Tiles）：定义纹理的平铺。

②动画（Animation）：指定动画类型是整个表格或单行。

③时间帧（Frame Over Time）：在整个表格上控制 UV 动画，有"常量""曲线""2 曲线随机"三个选项。

④周期（Cycles）：指定动画速度。

13. 渲染器（Renderer）模块

①渲染模式（Render Mode）：选择粒子渲染模式中的一种。

②广告牌（Billboard）：粒子永远面对摄像机。

③拉伸广告牌（Stretched Billboard）：粒子将通过设定属性伸缩。

④水平广告牌（Horizontal Billboard）：让粒子沿 Y 轴对齐，面朝 Y 轴方向。

⑤垂直广告牌（Vertical Billboard）：当面对摄像机时，粒子沿 XZ 轴对齐。

⑥网格（Mesh）：粒子被渲染时使用 Mesh 而不是 Quad。

⑦材质（Material）：指定粒子的材质。

⑧排序模式（Sort Mode）：绘画顺序可通过具体设置生成早优先或晚

优先。

⑨排序校正（Sorting Fudge）：使用该功能将影响绘画顺序。粒子系统具有更低的 sorting fudge 值，更有可能被最后绘制，从而显示在透明物体和其他粒子系统的前面。

⑩投射阴影（Cast Shadows）：用于确定粒子能否投影，这是由材质决定的。

⑪接收阴影（Receive Shadows）：用于确定粒子能否接收阴影，这是由材质决定的。

⑫最大粒子大小（Max Particle Size）：设置最大粒子的大小、相对于视窗大小，有效值为 0~1。

5.2.3　火焰特效案例分析

在本小节中，将学习如何通过调整粒子系统的参数来创建一个生动的火焰特效。火焰特效通常由焰心、纹理和烟雾三部分构成，如图 5.2.2 所示，每一部分都有其独特的表现形式和动态特征。本小节将首先概述制作过程，然后逐步深入每个细节，确保开发者能掌握火焰特效的实现技巧。

图 5.2.2　火焰的组成部分

1. 创建粒子系统和材质球

将"Shader"修改为"particles/additive"，指定序列贴图"ani0059"到材质球上，如图 5.2.3 所示。

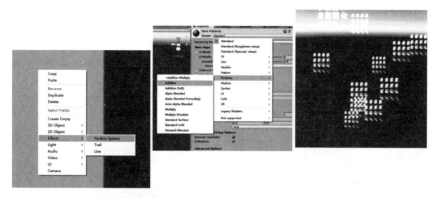

图5.2.3 创建粒子系统及材质球

2. 调整焰心运动形态

①由于焰心制作使用的是序列帧贴图，调整"Texture Sheet Animation"模块（见图5.2.4），按照贴图纵横比填写 X、Y 数值为 4×4，系统将按照裁切后的顺序进行序列帧播放。

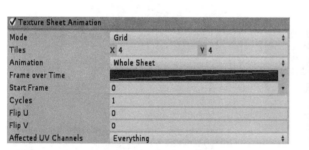
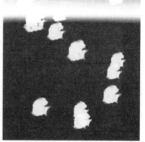

图5.2.4 调整"Texture Sheet Animation"模块

②火焰在燃烧点浮动，且火苗向上跳动，以此来调整运动形态。首先通过控制"Shape""Radius"限制燃烧区域，降低"Speed"的值控制燃烧形态，缩短"Lifetime"限制火苗的生存时间，如图5.2.5所示。

3. 细节调整

调整好火焰的基本运动形态后，开始进行细节调整，设置生命周期、速度、尺寸、旋转等参数区间值，使动态更加自然，如图5.2.6所示。通过调整尺寸与颜色曲线，使粒子的出现与消失更加自然，至此火焰焰心制作完成，如图5.2.7所示。

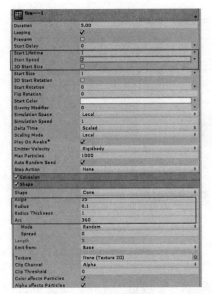

图 5.2.5　控制燃烧参数

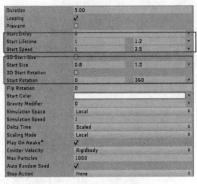

图 5.2.6　调整参数

图 5.2.7　调整尺寸与颜色曲线

4. 制作烟雾效果

①复制焰心层并更名为烟雾，创建新"Shader"选择模式为"Particls→Alpha Blended"，指定贴图"xulie_yan091_4×4"，如图 5.2.8 所示，资源见粒子系统压缩包。

②将材质指定到烟雾层，调整渲染层级关系、颜色等，完成暗部烟雾的制作，如图 5.2.9 所示。

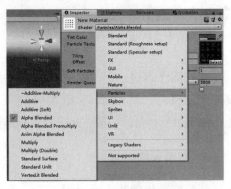

图 5.2.8　烟雾的创建

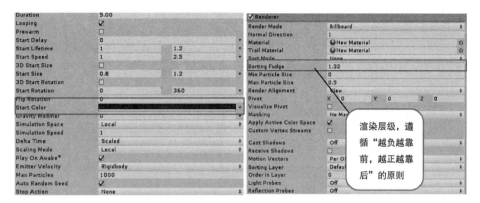

图 5.2.9　暗部烟雾的制作

5. 细节效果

①复制焰心层并更名为"细节效果",创建新"Shader",选择模式为 "Particls→Addtive",指定贴图"xulie_shandian061_4×4",如图 5.2.10 所示。

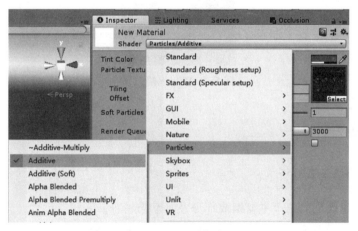

图 5.2.10　细节效果

②将材质指定到细节层,调整渲染层级关系、颜色等,添加火焰细节, 完成火焰特效制作,如图 5.2.11 所示。

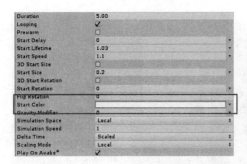
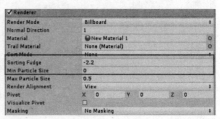

图 5.2.11　调整渲染层级关系、颜色等

火焰效果如图 5.2.12 所示。

图 5.2.12　火焰效果

1．火焰元素分析

①描述火焰的三个主要组成部分及其动态特征。

②在粒子系统中，如何通过参数控制火焰的运动形态？

2．参数调整

①简述如何设置粒子的生命周期、速度、尺寸和旋转，并说明每个参数对火焰表现的影响。

②调整尺寸与颜色曲线的作用是什么？请给出具体的例子。

3. 烟雾效果制作

①创建烟雾层时，为什么选择"Alpha Blended"模式？它与"Additive"
模式有何不同？

②说明在烟雾层中调整渲染层级关系的重要性。

4. 细节效果优化

①细节效果的添加对整体火焰特效有何影响？

②如何优化火焰的层级关系以提升最终效果的真实感？

5.2.4　战斗机尾焰案例分析

本小节的目标是通过分析战斗机尾焰案例，深入理解粒子效果的制作过
程。学习如何模拟战斗机飞行时尾部喷射的焰火，包括尾焰的形态、材质、
颜色以及喷气效果的实现。

要想模拟战斗机在飞行时尾部所喷射出来的焰火，首先要分析制作方法：
第一步是模拟战斗机尾焰的形态；第二步是为战斗机尾焰粒子的材质指定合
适的纹理；第三步是指定尾焰的颜色；第四步是用线状的烟雾为飞机制作喷
气的效果。

1. 尾焰形态模拟

针对战斗机尾焰的形态，创建特效模块，调整初始化模块的参数。通过调
整颜色、速度、大小等参数，构建出尾焰特效的基本节奏，如图 5.2.13 所示。

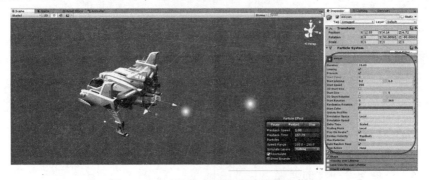

图 5.2.13　构建出尾焰特效的基本节奏

2. 调整战斗机尾焰的体积

调整 "Emission" 模块中的发射数量, 增加尾焰特效体积, 使其更加饱满, 如图5.2.14所示。

图5.2.14　调整战斗机尾焰的体积

3. 优化战斗机尾焰的轨迹

图5.2.14中的粒子效果比较混乱, 因此需要调整尾焰的轨迹, 通过改变发射器的形状来解决尾焰发散的问题。打开 "发射器形状" 模块, 取消发射器形状, 粒子轨迹就会以直线的形式喷射, 如图5.2.15所示。

图5.2.15　优化战斗机尾焰的轨迹

4. 颜色与透明度的调整

①取消发射器形状后, 粒子效果接近理想中的形状, 但此时粒子效果没

有尾焰色彩，因此需要调整粒子的颜色，指定粒子的生命颜色及透明度，如图 5.2.16 所示，用曲线调整粒子的生命尺寸大小。

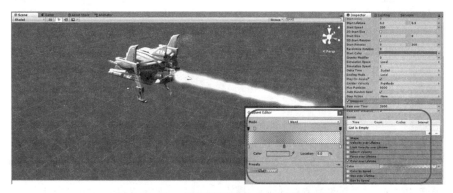

图 5.2.16　指定粒子的生命颜色及透明度

②可以看到调整色彩后粒子效果发生了很大的变化，接下来利用曲线调整粒子的生命尺寸大小，如图 5.2.17 所示。

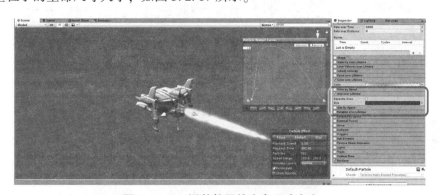

图 5.2.17　调整粒子的生命尺寸大小

至此，战斗机尾焰的形态就完成了，但这时的尾焰看起来比较突兀，这是因为还没有添加合适的材质，接下来进行材质的替换。

5. 材质的替换

创建材质球，将材质更改为"Additive"模式，如图 5.2.18 所示，选择合适的贴图进行指定，如图 5.2.19 所示。

图 5.2.18　材质更改为"Additive"模式

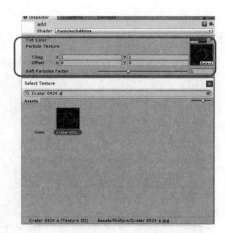

图 5.2.19　合适贴图的指定

将材质赋予粒子系统就完成了材质的替换，如图 5.2.20 所示。

图 5.2.20　材质赋予粒子系统

至此，战斗机尾焰粒子特效的效果就完成了，最后可以运行场景，预览粒子特效效果，如图 5.2.21 所示。

图 5.2.21　预览粒子特效效果

按以下要求制作火焰喷雾：

①准确模拟战斗机尾焰的形态。

②为战斗机尾焰粒子的材质指定合适的纹理。

③调节尾焰的颜色（外焰为红色、蓝色两种）。

④为战斗机制作喷气的效果（线状烟雾）。

5.2.5 云雾粒子特效制作

本小节通过一些行业常见案例，如云雾粒子特效、下雨粒子特效、落叶粒子特效、瀑布粒子特效，介绍粒子特效的制作流程，这些粒子特效通常运用在场景游览、游戏开发、影视制作等方面。

1. 素材准备

①准备一张用于制作云雾效果的图片。

②素材导入。将图片导入 Unity 引擎中，如图 5.2.22 所示。

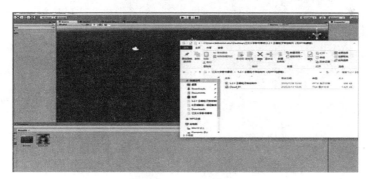

图 5.2.22 素材导入

2. 材质配置

①新建材质球，在项目视图中新建一个材质球，命名为"云雾"，如图 5.2.23 所示。

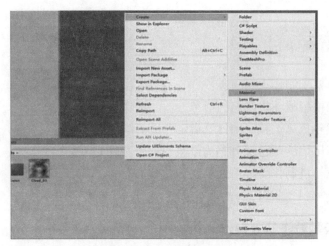

图 5.2.23　新建材质球

②选中材质球，在"Inspector"视图中将其"Shader"修改为"Additive"，如图 5.2.24 所示。

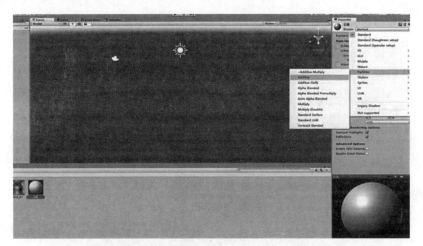

图 5.2.24　将"Shader"修改为"Additive"

③赋予贴图，如图 5.2.25 所示，将之前导入的贴图赋予"云雾"材质。

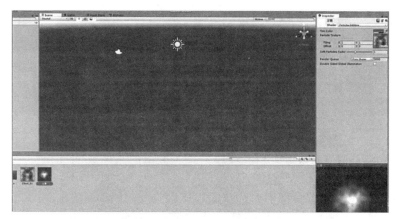

图 5.2.25 赋予"云雾"材质

3. 效果配置

①新建粒子特效。如图 5.2.26 所示，在场景中新建一个粒子特效，命名为"云雾特效"。

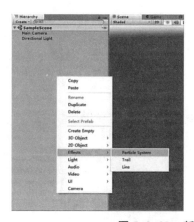 

图 5.2.26 新建一个粒子特效

②如图 5.2.27 所示，将之前做好的"云雾"材质赋予粒子特效。

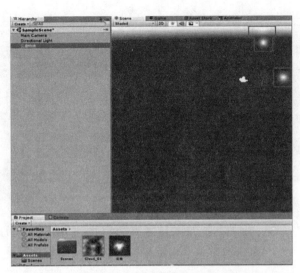

图 5.2.27　赋予粒子特效材质

4. 设置特效参数

①如图 5.2.28 和图 5.2.29 所示，设置特效的大小为在 10～15 倍之间随机。

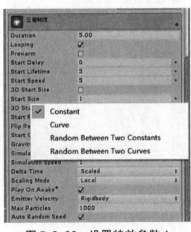

图 5.2.28　设置特效参数 1

图 5.2.29　设置特效参数 2

②如图 5.2.30 所示，设置特效的形状为"圆形（Circle）"。

③如图 5.2.31 所示，勾选"Color over Lifetime"复选框，单击"Color"后方的矩形框，调出颜色设置框。

图 5.2.30　设置特效的形状为"圆形（Circle）"

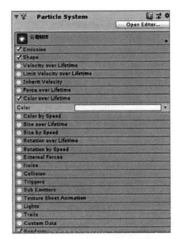

图 5.2.31　调出颜色设置框

④在颜色选择框中单击上方新增一个节点，将其不透明度更改为 80，随后将起始和结束的不透明度更改为 0，此时即可完成云雾效果，如图 5.2.32 所示。

图 5.2.32　调整不透明度

参考现实中山丘上的云雾效果，利用本小节所学知识，制作自己心目中云雾弥漫的高山云景，如图 5.2.33 所示。

图 5.2.33　高山云景

5.2.6　下雨粒子特效制作

在自然界中，下雨不仅是雨滴的落下，还包括雨滴与水面相遇后形成的涟漪和向外溅射的水雾，如图 5.2.34 所示。因此，下雨的特效制作可以归纳为三个主要组成部分。

①雨水：模拟降落的雨滴，构成下雨的主体。

②水面涟漪：雨滴落到水面上形成的涟漪，增加场景的真实感。

③水雾：雨滴与水面碰撞时溅起的水雾，为场景增添细节。

图 5.2.34　雨天天气细节

1. 创建雨滴粒子系统

①首先准备好雨的贴图资源，如图 5.2.35~图 5.2.37 所示，贴图必须为 PNG 格式。

　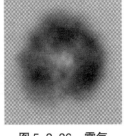　

图 5.2.35　雨滴　　　　图 5.2.36　雾气　　　　图 5.2.37　水花

注意：一般在创建好粒子系统后，可以先赋予粒子系统合适的贴图，以便于设置后面的参数。

②将搜集好的贴图导入 Unity，然后右击文件夹选中"Create"，创造一个新的材质球，单击材质球，将材质球的着色器改为"Particals/Additive"，再将导入的贴图拖进"Select"的矩形框中，如图 5.2.38 所示。

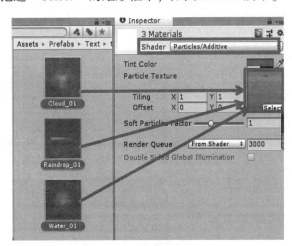

图 5.2.38　材质球的配置

③搜索导航栏目录中的"GameObject"，找到"Effects"中的"Particle System"并单击创建一个粒子系统，如图 5.2.39 所示。

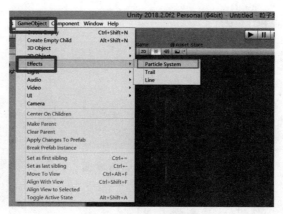

图 5.2.39　创建一个粒子系统

　　④创建好粒子系统后，设置合适的基本参数，因为雨是从天空落下的，其掉落范围是广泛的，所以形状设置为"Box"，大小设置合理即可。粒子发射量（Emission）、开始速度（Start Speed）以及生命周期（Start Lifetime）根据情况而定，如图 5.2.40 所示。

　　⑤根据雨落下来时的形态，可以将粒子的"渲染模式（Renderer Mode）"设置为垂直广告牌（Vertical Billboard），且"速度范围（Speed Scale）"也可适当调整，如图 5.2.41 所示。

图 5.2.40　设置合适的基本参数

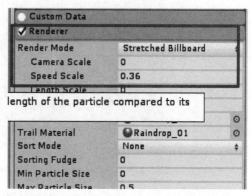

图 5.2.41　"Renderer"参数设置

　　⑥雨下落时一般会随着重力和风力发生倾斜下落的形态变化。可对"周期速度（Velocity over Lifetime）"和"周期力度（Force over Lifetime）"进行调整，如图 5.2.42 所示，调整后如图 5.2.43 所示。

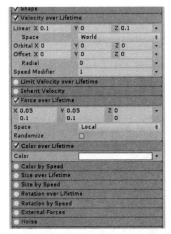

图 5.2.42　周期速度与力度参数调整

图 5.2.43　调整后的效果

2. 添加涟漪效果

①创建一个新的粒子系统（创建步骤参考创建雨滴粒子系统第③步），涟漪在水面上运动，即发射速度（Start Speed）为 0，且渲染模式为水平模式，颜色、粒子数量及形状可根据需要进行适当调整。涟漪在水面应做旋转运动，设置合适的"Start Rotation"数值，调整"Renderer"，如图 5.2.44 和图 5.2.45 所示。

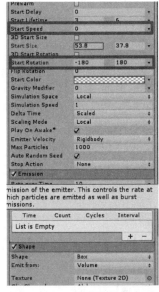

图 5.2.44　速度与转向调整

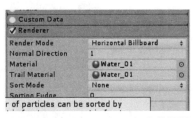

图 5.2.45　"Renderer"参数调整

②设置完必要参数后，根据细节调整一些其他命令的数值，如"Color over Lifetime""Rotation over Lifetime"等，如图5.2.46所示。

设置参数后的粒子形态如图5.2.47所示。

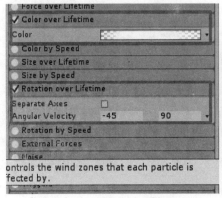

图5.2.46　其他命令的数值调整　　　　图5.2.47　设置参数后的粒子形态

3. 生成水雾粒子

①创建一个新的粒子系统，必要参数主要设置"Start Speed"为0，需要有"旋转速度（Start Rotation）"，渲染模式选择"标准广告牌（Billboard）"即可，颜色、大小、粒子数量等参数可根据后面的命令设置变化随时进行改变，如图5.2.48所示。

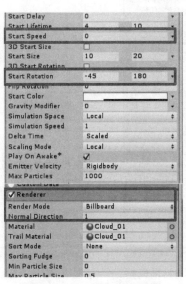

图5.2.48　基本参数调整

②正常的雨水落到水面上溅起的水花会向外扩散，雨水的飘洒方向即水花溅起后的扩散方向。根据雨水的"周期速度（Velocity over Lifetime）""周期力度（Force over Lifetime）"进行参数调整（见图 5.2.49）。参数设置完成的效果如图 5.2.50 所示。

图 5.2.49　有关生命周期的参数调整

图 5.2.50　参数设置完成效果

制作完成后，单击"Play"按钮会出现雨还没完全落下，涟漪和水花就已经开始运动的情况，如图 5.2.51 所示。

图 5.2.51　特效时间差异示意图

4. 整体调试

①播放时会出现"雨"和"水花"同时出现等不符合常理的情况，找到粒子"效果面板（Partical Effect）"，调节"Playback Time"，检查水花播放的延迟时间，如图 5.2.52 所示。

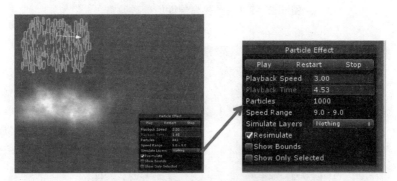

图 5.2.52　检查延迟时间

②调整"Playback Time"。检查水花的延迟时间后，将"Start Delay"设置为该延迟时间的数值，最后单击"Play"按钮，检查落下与迸溅时间是否正确，如图 5.2.53 所示。

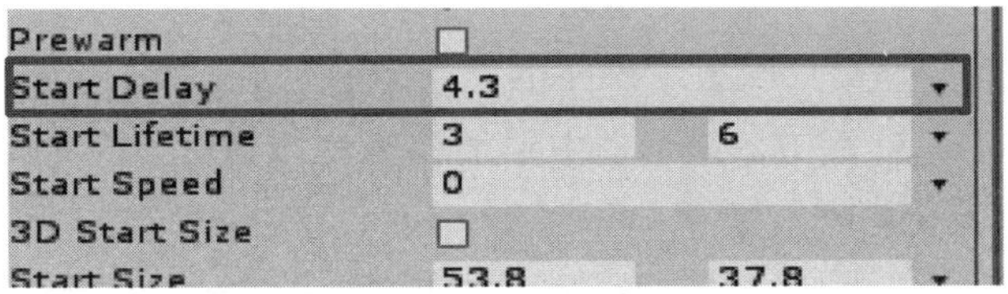

Prewarm	☐	
Start Delay	4.3	▼
Start Lifetime	3	6
Start Speed	0	▼
3D Start Size	☐	
Start Size	53.8	37.8

图 5.2.53　时间延迟参数设置

最终制作效果如图 5.2.54 所示。

图 5.2.54　最终制作效果

5．不穿模效果的实现

如何让粒子实现不穿模的效果？图 5.2.55 和图 5.2.56 所示分别为穿模示意图和不穿模示意图。

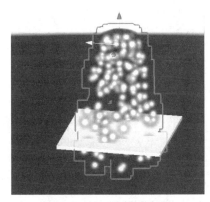

图 5.2.55　穿模示意图

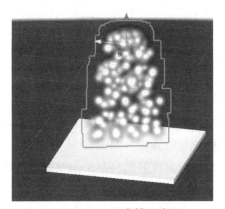

图 5.2.56　不穿模示意图

解决方案：勾选"触发（Triggers）"选项，在"Triggers"命令中"碰撞器（Colliders）"后方的矩形框中添加相应物体即可，同时将"内部（Inside）"设置为"Kill"（表示粒子消失），如图5.2.57（a）所示。添加完成后的效果如图5.2.57（b）所示，粒子不再穿模，碰到对应物体便会消失。

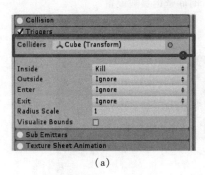 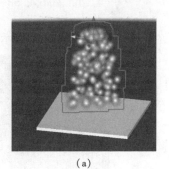

（a）   （a）

图 5.2.57　解决方案

课后习题

1. 根据本小节的内容，运用粒子系统制作一个"下雨"场景。

2. 参照本小节所学的知识点，使用课后练习素材制作一个"下雪"的场景。

5.3　本章实践项目

实践项目八：落叶粒子特效制作

秋天泛黄的落叶，由于叶片很薄且不是完全的平面，在下落过程中，空气从其侧面通过，必然对叶片有横向的作用力，叶片在这些力的作用下就会产生侧向的旋转，即回旋下落。

通过本实践项目，了解落叶粒子特效的基本组成；理解落叶的特征及其在粒子特效中的表现；掌握创建和配置粒子系统的基本操作，能够独立制作落叶特效；学会通过调整参数来模拟真实世界中落叶的运动轨迹和旋转效果。

1.　素材准备

准备好落叶的贴图资源，如图 5.3.1 所示，贴图必须为 PNG 格式。

图 5.3.1　落叶的贴图资源

2.　材质配置

将搜集到的贴图导入 Unity 中，右击文件夹选中"Create"创建一个新的材质球，单击材质球，将材质球的"着色器（Shader）"改为"Particals/Additive"，再将导入的贴图拖进"Select"的矩形框中，如图 5.3.2 所示。

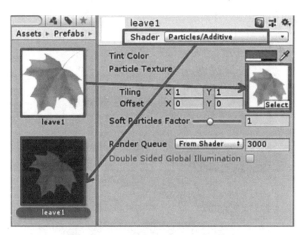

图 5.3.2　材质球的创建及调整

3.　创建粒子系统

①将资源包中的树导入场景，如图 5.3.3 所示，在菜单栏目录中的"GameObject"下面找到"Effects"中的"Particale System"并单击创立一个粒子系统。

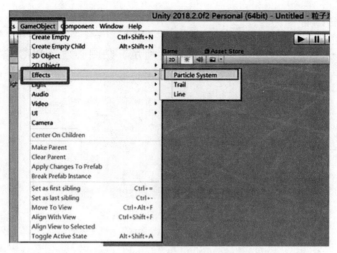

图 5.3.3　创建一个粒子系统

②创建好粒子系统后，设置合适的基本参数，数值参考图 5.3.4。因为落叶是从树上掉落下来的，其掉落范围应该是围绕着树的，因此形状可以设置为"Box"，然后调节"Scale"参数，设置合理的大小。注意：不要改变"Transform"的数值。

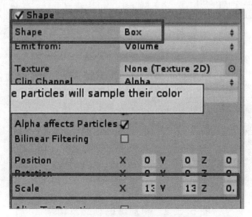

图 5.3.4　基本参数设置

4. 参数设置

①根据需要设置粒子大小（Start Size）、粒子发生量（Emission）、开始速度（Start Speed）和生命周期（Start Lifetime），数值合理即可，如图 5.3.5 所示。

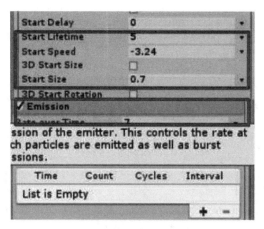

图 5.3.5 粒子参数

②根据树叶的形状，粒子的渲染模式（Renderer Mode）可设置为"标准广告牌（Billboard）"，如图 5.3.6 所示。

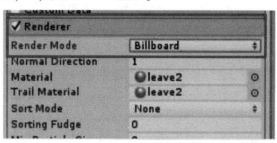

图 5.3.6 渲染模式

5. 添加旋转效果

①根据分析可知，树叶下落的方式为回旋下落，因此需要给落叶添加一个起始旋转数值（Start Rotation），如图 5.3.7 所示，数值根据具体制作情况而定。

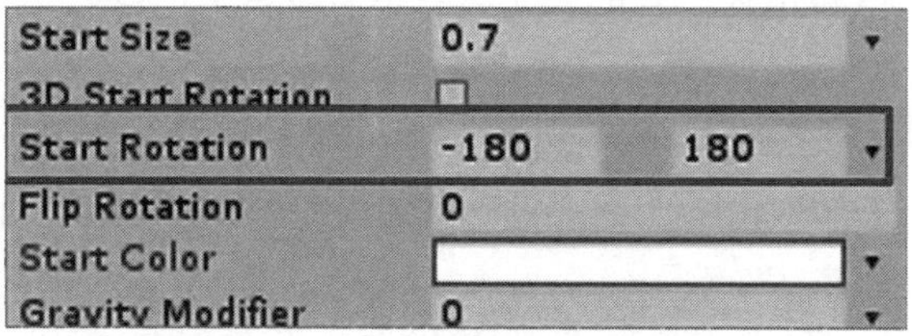

Start Size	0.7		
3D Start Rotation	□		
Start Rotation	-180	180	
Flip Rotation	0		
Start Color			
Gravity Modifier	0		

图 5.3.7 添加起始旋转数值

②树叶在掉落过程中不是一成不变地下落，在生命周期内也需要一个自

身旋转的角度值（Rotation over Lifetime），并且下落是有一定速度的，还需要添加一个下落的旋转速度（Rotation by Speed），所有数值根据具体制作情况而定，如图5.3.8所示。

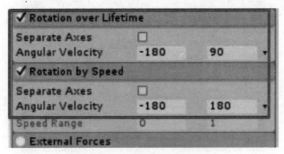

图5.3.8　旋转的相关参数

6. 调整空气阻力和力度

①叶片下落时的方向一般会在空气阻力和风力的影响下发生侧向倾斜，可对"生命周期速度（Velocity over Lifetime）"进行调整，如图5.3.9所示。

图5.3.9　调整"生命周期速度（Velocity over Lifetime）"

②叶片有了在某个方向上的速度后，即需要设置该方向上"生命周期作用力（Force over Lifetime）"的大小，数值合理即可，如图5.3.10所示。

图5.3.10　设置"生命周期作用力（Force over Lifetime）"

周期速度（Velocity over Lifetime）和起始速度（Start Speed）的区别：周

期速度是指粒子生命周期内在一定路径上的速度，有方向要求；起始速度是指粒子发射时的速度，它只是一个数量，没有方向上的要求。"Start Speed"和"Velocity over Lifetime"设置分别如图 5.3.11（a）和（b）所示。

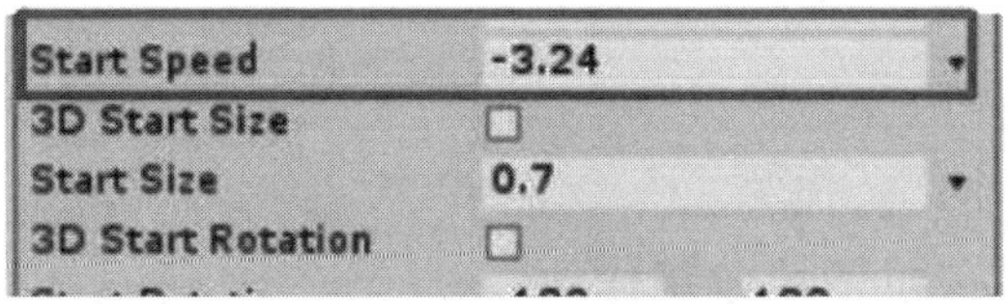

（a）"Start Speed"设置

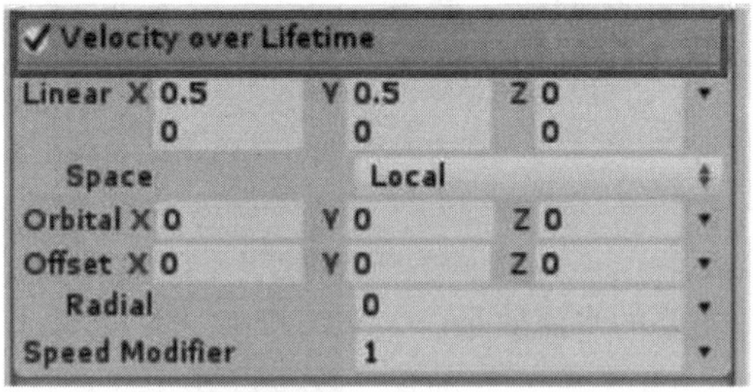

（b）"Velocity over Lifetime"设置

图 5.3.11 速度相关参数设置

最终制作效果如图 5.3.12 所示。

图 5.3.12 最终制作效果

课后习题

参考现实中秋高气爽之时的飘零落叶，利用本小节所学知识，尝试制作落叶飘散的景象。

实践项目九：瀑布粒子特效制作

通过本实践项目，我们将了解瀑布效果的组成成分，学习利用粒子系统制作瀑布的流程。

瀑布效果通常由以下四个部分组成。

①瀑布本身：主要的水流效果。

②两侧的水雾：由水流激起的雾气，增加真实感。

③水面的变化：瀑布落入水面后引起的波动。

④迸溅的水花：水流与水面碰撞时溅起的水花。

瀑布效果如图 5.3.13 所示。

图 5.3.13　瀑布效果

1. 素材准备与材质配置

①准备贴图。准备好瀑布水资源贴图，在压缩包"粒子系统"中可以找到需要的资源。注意：贴图应为 PNG 格式。

②创建材质球。将搜集到的贴图导入 Unity 中，在文件夹上右击选择"Create"创建一个新的材质球，单击材质球。在"Inspector"界面中找到"Shader"下拉框，将材质球的"着色器（Shader）"改为"Particals/Additive"，再将导入的贴图拖进"Select"的矩形框中，如图 5.3.14 所示。

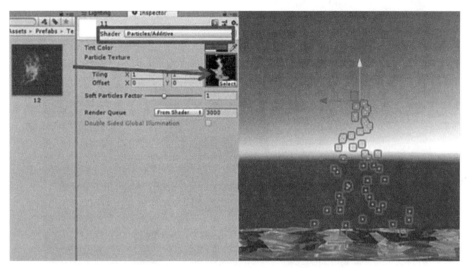

图 5.3.14　材质球创建及其参数调整

2. 粒子效果制作

①创建粒子系统。在菜单栏选项的"GameObject"中找到"Effects"中的"Particle System"并单击创建粒子系统，设置适合制作瀑布的参数，数值参考图 5.3.15。首先给粒子系统添加"重力（Gravity Modifier）"，使其呈现下落的趋势。如果每秒内粒子发射得过少，则调整"发射速率（Emission）"。然后调节"粒子形状（Shape→Edge）"，这样水流就会以一定倾斜度流下来。最后根据需要设置粒子的存活时间、发射速度、大小及颜色。

②根据瀑布流下来的形态（见图 5.3.16），可以判定瀑布是垂直下落的，可以在"Renderer"中设置粒子的渲染模式为"垂直广告牌（Vertical Billboard）"，也可以设置粒子在"生命周期中的大小（Size over Lifetime）"，如图 5.3.17 所示。参数设置好后如图 5.3.18 所示。

图 5.3.15　调整基本参数

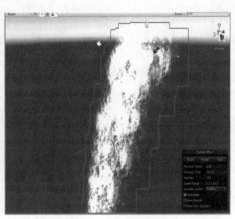

图 5.3.16　瀑布流向

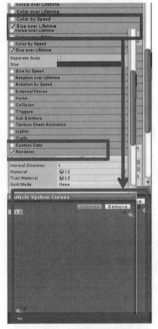

图 5.3.17　基本参数设置

图 5.3.18　效果展示

　　③结合实际情况可知，在瀑布下落过程中，其两旁也会激起一层雾气，雾气的形状和瀑布是一样的，复制一份瀑布，然后调整部分参数即可。雾气

属于半透明状态，可以调节"粒子生命周期内的颜色（Color over Lifetime）"，雾气比瀑布稍宽，形状可以拉长一些，使瀑布两旁有一层透明的水花似的雾气。其他参数也可根据制作效果来调整，如图 5.3.19 所示。

④制作瀑布落到水面上的变化。创建一个新的粒子系统，重力和发射速度均设置为 0，形状设为"Edge"，长度设置为瀑布的宽度或大于其宽度即可，如图 5.3.20 所示。

图 5.3.19　颜色生命周期调整

图 5.3.20　瀑布落到水面特效参数

⑤由于水面在水平线上，故渲染模式设置为"水平广告牌（Horizontal Billboard）"，生命周期中的颜色（Color over Lifetime）以及大小和旋转度数根据需要进行调节，如图 5.3.21 所示。

⑥制作溅起的水花。首先复制上一个粒子系统，然后将渲染模式切换为"垂直广告牌（Vertical Billboard）"，并根据水花喷射尺度来调节合适的速度和生命周期长度，也可以稍微转动粒子系统的喷射方向，这样可以使水花更加符合实际情况而向上迸溅，参考数值如图 5.3.22 所示。

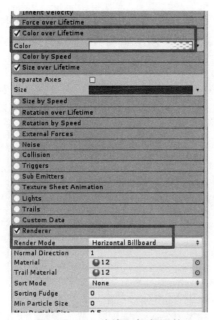

图 5.3.21　渲染和颜色调整

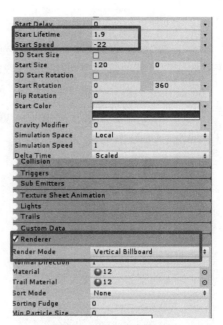

图 5.3.22　参考数值

水花迸溅的效果如图 5.3.23 所示。

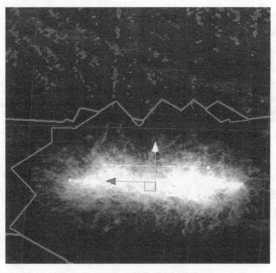

图 5.3.23　水花迸溅的效果

注意：制作完成后，单击"Play"按钮会出现瀑布还没完全落下，水花就已经开始迸溅的情况，如图 5.3.24 所示。

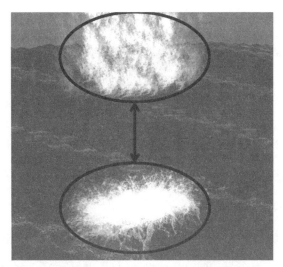

图 5.3.24　时差导致的问题

⑦出现播放不符合常理的情况时，找到"粒子效果（Partical Effect）"界面，调节"Playback Time"，检查水花播放需要延迟的时间，如图 5.3.25 所示。

图 5.3.25　调整延迟时间

⑧调节延迟时间后，将"Start Delay"设置为该延迟时间数值，最后单击"Play"按钮，检查落下与迸溅时间是否正确，如图 5.3.26 所示。

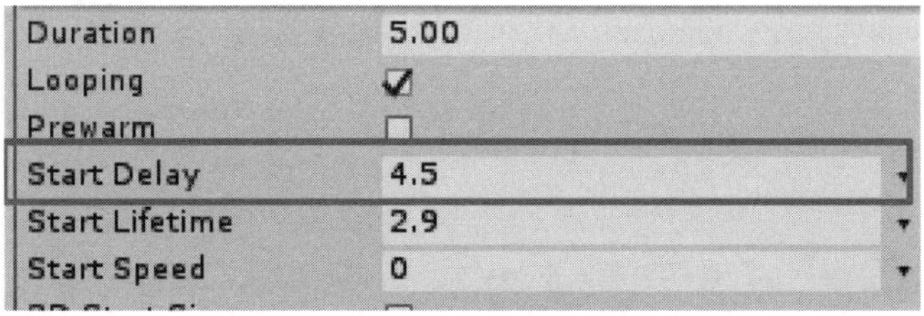

Duration	5.00
Looping	☑
Prewarm	☐
Start Delay	4.5
Start Lifetime	2.9
Start Speed	0

图 5.3.26　延迟时间参数

最终制作效果如图 5.3.27 所示。

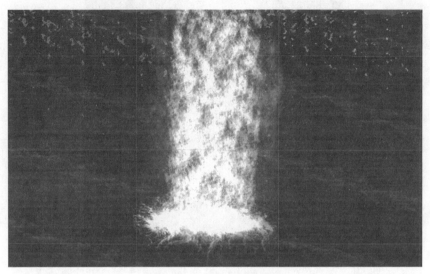

图 5.3.27　最终制作效果

参考现实中飞流激荡的瀑布，利用本小节所学知识，制作瀑布效果。

第 6 章　物理系统

Unity 内置的物理引擎系统（以下简称"物理系统"）提供了处理物理模拟的组件，只需进行参数设置，就可以创建逼真的被动对象（即对象将因碰撞和重力而移动）。通过使用脚本控制物理特性，即可为对象提供一辆车、一台机器甚至一块布产生的动力学效应。

6.1　物理系统概述

通过本节的学习，我们将掌握物理系统的基本概念，初步了解物理系统的五大核心组件。

物理系统是游戏设计和虚拟现实项目设计中的重要内容，它可以模拟物理规律、物理行为、关于物体运动的所有过程，如图 6.1.1 所示。

图 6.1.1　物理系统示意图

物理系统使用对象属性来模拟刚体行为，以得到更加真实的效果，对于开发人员来说，其使用比编写行为脚本更加容易。

例如，一栋楼房的爆破，如果运用编程的方法实现爆破过程，则会非常复杂。Unity 3D 提供了一套非常强大的物理系统，可以通过使用对象属性来模拟这种刚体行为，得到一个真实的爆破过程，如图 6.1.2 所示。

图 6.1.2　爆破模拟

那么，物理系统到底是一个怎样的系统呢？

英伟达公司（NVIDIA）是一家颇负盛名的人工智能计算公司，其发明了 GPU，极大地推动了 PC 游戏市场的发展，重新定义了现代计算机图形技术。同属于这家公司产品的 PhysX 引擎（见图 6.1.3）是目前使用最为广泛的物理运算引擎之一，被很多游戏所采用。Unity 就内置了 NVIDIA 的 PhysX 物理引擎。

图 6.1.3　PhysX 物理引擎

开发者可以通过物理引擎高效、逼真地模拟刚体碰撞、布料重力等物理效果，使游戏体验更加真实。图 6.1.4 和图 6.1.5 所示为运用 Unity 3D 的物理引擎系统模拟出来的物理效果。

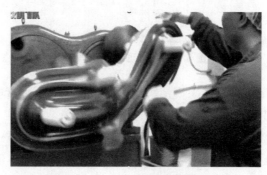

图 6.1.4　工厂里的拉糖工

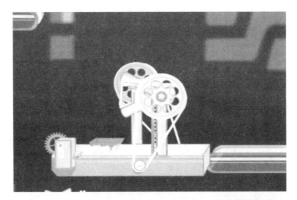

图 6.1.5　运用物理系统模拟的工业场景数字化

物理系统的核心组件主要包括五大类：刚体、物理材质、碰撞器、布料以及关节，如图 6.1.6 所示。本章的主要目标就是对这些核心组件加以学习、运用及创造。

图 6.1.6　物理系统的核心组件

6.2　刚体组件及其应用

通过本节的学习，我们将掌握刚体组件的基本概念，认识并能配置刚体组件的基本参数，能够综合运用刚体组件进行案例制作。

刚体（Rigidbody）组件可使游戏对象在物理系统的控制下运动，刚体可接受外力与扭力作用，使游戏对象如同在真实世界中那样进行运动。

游戏对象只有添加了刚体组件，才能模拟受到重力的影响；通过脚本为游戏对象添加的作用力，以及通过 NVIDIA 物理引擎与其他游戏对象发生互动的运算，都需要为游戏对象添加刚体组件。通过刚体组件可以给物体添加一些常见的物理属性，如质量、阻力、碰撞检测等。刚体组件是物理系统中最基本的组件，其基本参数如图 6.2.1 所示。

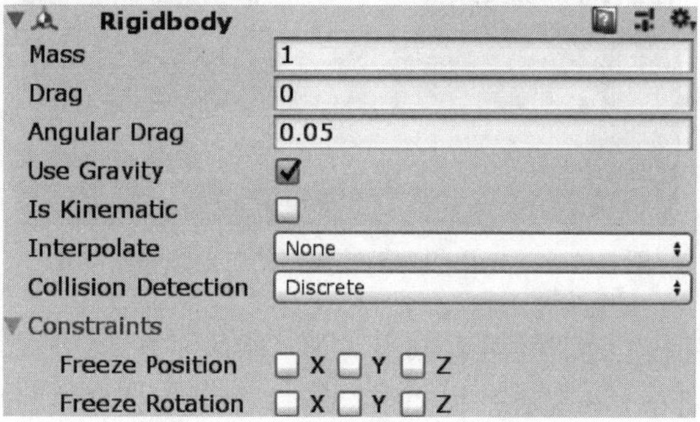

图 6.2.1　刚体组件的基本参数

1. 刚体组件的基本参数

（1）质量（Mass）

对象的质量（默认单位为千克）。一般情况下，在物理系统的设计中，建议一个物体的质量尽量不要与其他物体相差超过 100 倍。

（2）阻力（Drag）

力移动对象时，影响对象运动的空气阻力大小。0 表示没有空气阻力，阻力为∞时对象立即停止移动。

（3）角阻力（Angular Drag）

当受扭力旋转时，物体受到的空气阻力称为角阻力。设置该值后，物体在任何方向上的旋转运动都将受到影响。0 表示没有空气阻力；如果直接将对象的"Angular Drag"属性设置为∞，则无法使对象旋转。

（4）使用重力（Use Gravity）

用于确定物体是否受重力影响，勾选该选项，则物体就会受到重力影响。

（5）是否符合运动学（Is Kinematic）

用于确定游戏对象是否遵循运动学物理定律。如果该功能被激活，那么这个物体将不再受物理引擎驱动，而只能通过变换来操作。

（6）插值（Interpolate）

物体运动插值模式，用于解决 Unity 中物理模拟和画面渲染不同步的问题。如果不进行插值处理，则计算得到的物理数据是上一个物理模拟时间点的数据；而插值则是获取最近似当前渲染时间点数据的一种手段。如果发现刚体运动时抖动，可以尝试使用 "None" 选项，即不应用插值。

①内插值（Interpolate）：基于上一帧变换来平滑本帧变换。

②外插值（Extrapolate）：基于下一帧变换来平滑本帧变换。

（7）碰撞检测（Collision Detection）

碰撞检测模式，用于避免高速物体穿过其他物体却未触发碰撞。碰撞模式包括 "不连续（Discrete）" "连续（Continuous）" "动态连续（Continuous Dynamic）" 三种。

①不连续（Discrete）：用来检测与场景中其他碰撞器或其他物体的碰撞。

②连续（Continuous）：用来检测与动态碰撞器（刚体）的碰撞。该属性对物理性能有很大影响，如果没有快速对象的碰撞问题，应设置为不连续（Discrete）。

③动态连续（Continuous Dynamic）：用来检测与连续模式和连续动态模式的物体的碰撞，适用于高速物体。

（8）约束（Constraints）

对刚体运动的限制，约束物体在某个方向上的运动与旋转。默认为不约束。

①冻结位置（Freeze Position）：有选择地停止刚体沿世界 X、Y 和 Z 轴的移动。

②冻结旋转（Freeze Rotation）：有选择地停止刚体围绕局部 X、Y 和 Z 轴旋转。

在以上参数中，前五种参数较为常用。

2. 刚体的睡眠

物理引擎会一直计算刚体碰撞体的物理状态，这样会耗费大量资源，为了解决这个问题，Unity 引入了一个概念——刚体的睡眠。

当刚体移动速度低于规定的最小线性速度或转速时，物理引擎会认为刚体已经停止运动。出现这种情况时，游戏对象在受到碰撞或力之前不会再次移动，即设置为 "睡眠" 模式。一旦刚体进入睡眠状态，是无法和碰撞体发生碰撞的。这种优化意味着在刚体下一次被 "唤醒"（即再次进入运动状态）前，不会花费处理器时间来更新刚体。

3. 刚体组件的添加

用户可以采用两种方法为对象添加刚体组件。

（1）通过检索名称的方式为模型添加刚体组件

在"Hierarchy"界面选中对象，单击"Add Components"按钮，在搜索框中查询"Rigidbody"，单击添加按钮，添加成功后，"Inspector"界面中将出现刚体组件信息，如图6.2.2所示。

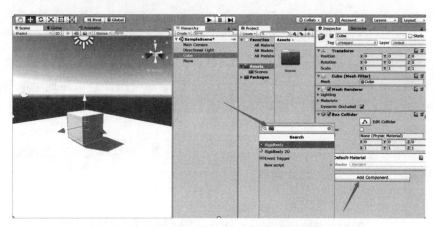

图6.2.2　通过检索名称的方式添加刚体组件

（2）通过菜单栏添加刚体组件

在"Hierarchy"界面选中对象，单击菜单栏中的"Component"→"Physics"→"Rigidbody"子选项，完成刚体组件的添加，如图6.2.3所示。

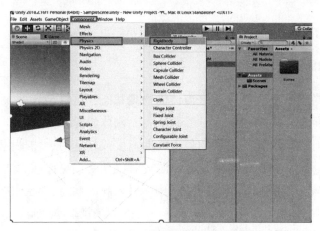

图6.2.3　通过菜单栏添加刚体组件

（3）应用案例

案例一：方块下落

①场景构建。构建如图 6.2.4 所示的场景，并为立方体块添加刚体组件。

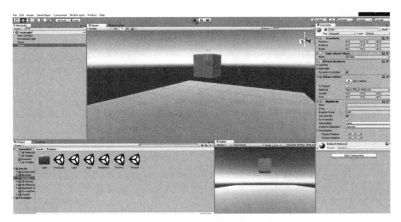

图 6.2.4 构建场景

②测试效果。运行场景，在重力的影响下，立方体块竖直坠下，实现了物理模拟效果。

案例二：滚筒滑坡

①场景构建。利用 Unity 的基本几何体，构建如图 6.2.5 所示的测试场景，并为场景中的圆柱体添加刚体组件。

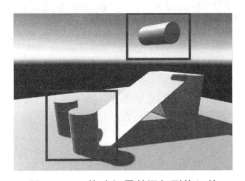

图 6.2.5 构建场景并添加刚体组件

②参数测试。

- 质量（Mass）：将位于斜坡下方的圆柱体的质量设置为 1，位于斜坡上方的圆柱体的质量设置为 0.01。运行后会发现，当物体质量相差 100 倍以上时，物体间将不会受到碰撞的影响，运行结果如图6.2.6和图6.2.7所示。

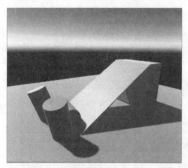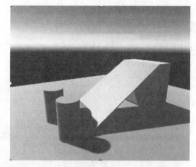

图6.2.6 运行效果图：Mass = 1　　　　图6.2.7 运行效果图：Mass = 0.01

质量与物体大小是否有关系呢？在上例中，圆柱体质量的值相差100倍，或者说值是不同的。那么，当质量值相同时，对物体进行缩放来测试质量是否与物体的大小有关。

对下方质量都为1的两个圆柱体进行放大，体积变为之前的2倍，运行效果如图6.2.8和图6.2.9所示。

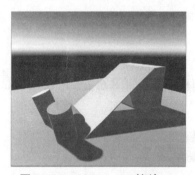

图6.2.8 Mass：1 缩放：1　　　　图6.2.9 Mass：1 缩放：2

再次进行测试，观察到碰撞结果不受物体大小的影响，这是一个初中物理常识，在这里通过物理系统加以验证，充分体现了虚拟现实在虚拟仿真和模拟这一领域的优势。

● 阻力值（Drag）：这里的阻力值指的是空气阻力。当空气阻力增大时，物体在空气中的移动速度会发生变化。分别将上方圆柱体阻力值设置为0与5，观察在阻力值增加时，物体在空气中移动速度的变化情况，运行结果如图6.2.10和图6.2.11所示。

图 6.2.10　Drag：0；Time：0.5　　　图 6.2.11　Drag：5；Time：0.5

● 角阻力（Angular Drag）：角阻力会影响物体的自旋效果。当角阻力的数值足够大时，物体会完全停止自转。将上方圆柱体的角阻力值分别设置为 5 与 0.05，观察圆柱体的滚动状况，运行结果如图 6.2.12 和图 6.2.13 所示。

图 6.2.12　Angular Drag：5　　　图 6.2.13　Angular Drag：0.05

可以观察到，在其他参数相同的情况下，角阻力值小时自转速度快。

● 重力（Gravity）：重力参数是使用最多也是最简单的一个参数。勾选该选项后，物体就会受到重力的影响，如图 6.2.14 所示；不勾选该选项，物体就不会受到重力的影响，如图 6.2.15 所示。

图 6.2.14　勾选"Gravity"选项　　　图 6.2.15　未勾选"Gravity"选项

可以观察到，对上方圆柱体未勾选"Gravity"选项时，即使有质量，物体也不会受到重力影响而悬浮于空中。

通过以上案例的实践，可以深入理解质量、阻力、角阻力、重力这几个刚体组件的核心参数。利用 Unity 3D 强大的物理系统，结合物理知识，用户可以在虚拟现实项目中实现非常好的物理效果。

6.3 物理材质组件及其应用

通过本节的学习，我们将掌握物理材质的基本概念，认识并能配置物理材质的基本参数，能够综合运用物理材质组件进行案例制作。

Unity 中的物理材质是指物体表面的材质，用于调整碰撞后的物理效果。在生活中，不同的物理材质具有不同的物理特性。

Unity 提供了一些物理材质资源，在导入"Standard Access"标准资源包后，就可以将材质添加到当前项目中了。其标准资源包提供了五种物理材质，分别是弹性材质（Bouncy）、冰材质（Ice）、金属材质（Metal）、橡胶材质（Rubber）、木头材质（Wood），如图 6.3.1 所示。

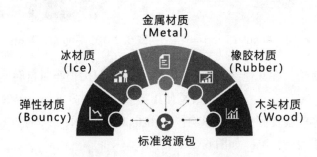

图 6.3.1　标准资源包中的材质

如果需要更多的物理材质，可以到 Unity 的资源商店中查找。

1. 创建物理材质

Unity 提供了两种创建物理材质的方法。

①在菜单栏中选择"Assets"→"Create"→"Physic Material"选项创建物理材质，如图 6.3.2 所示。

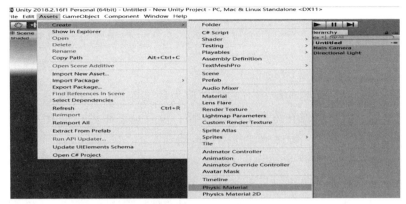

图 6.3.2 菜单栏法

②在项目视图中,单击鼠标右键,选择"Create"→"Physic Material"创建物理材质,如图 6.3.3 所示。

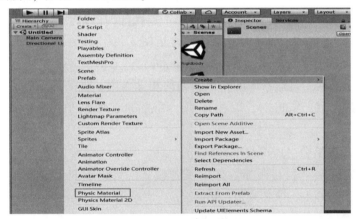

图 6.3.3 快捷菜单法

成功创建物理材质后,设置"Inspector"面板中的物理材质参数,如图 6.3.4 所示。

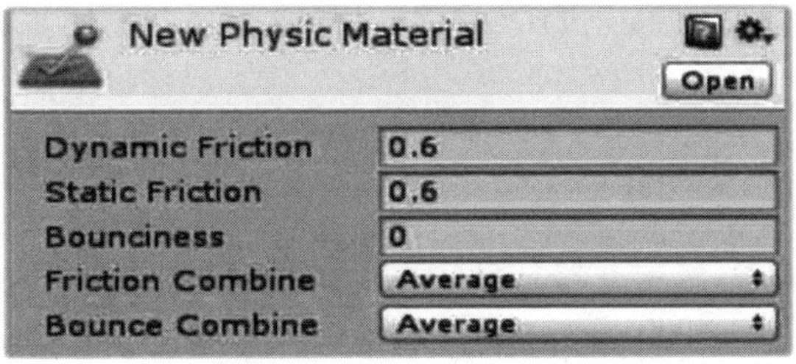

图 6.3.4 物理材质参数设置

2. 参数说明

（1）动态摩擦力（Dynamic Friction）

物体移动时会受到的摩擦力的作用称为动态摩擦力，取值通常为 0~1。当值为 0 时，效果就像在冰面上滑动一样，没有动态摩擦；当值为 1 时，表示动态摩擦力足够大，物体将快速停止运动。

（2）静态摩擦力（Static Friction）

当物体在表面上静止时，会受到一个摩擦力，叫作静态摩擦力。与动态摩擦力一样，其取值也是 0~1。当值为 0 时，效果就像冰块一样；而当值为 1 时，想要移动物体则非常困难，因为静态摩擦力足够大。

（3）弹力（Bounciness）

弹力表示物体表面的弹性如何。当其值为 0 的时，不发生反弹，即物体没有反弹的效果；当其值为 1 时，反弹不损耗任何能量，以球体为例，如果该球体的弹力值为 1，这个球就会不停地运动。

（4）摩擦力组合方式（Friction Combine）

用于定义两个碰撞物体的摩擦力如何相互作用。有以下几个选项：Maximum，取最大值；Multiply，取相乘值；Minimum，取最小值；Average，取平均值。

（5）反弹组合（Bounce Combine）

用于定义两个相互碰撞物体的反弹模式。有以下三个选项：Maximum，取最大值；Multiply，取相乘值；Minimum，取最小值；Average，取平均值。

（6）摩擦力方向 2（Friction Direction 2）

摩擦力方向分为 X 轴、Y 轴、Z 轴。

①动态摩擦力 2（Dynamic Friction 2）：动摩擦系数，摩擦方向根据"Friction Direction 2"确定。

②静态摩擦力 2（Static Friction 2）：静摩擦系数，摩擦方向根据"Friction Direction 2"确定。

3. 物理材质应用案例

摩擦力是防止表面相互滑落的力，它有两种形式：动态摩擦力和静态摩擦力。对象静止时，使用静态摩擦力，它会阻止对象开始移动。如果向对象施加足够大的力，对象将开始移动，随后动态摩擦力将发挥作用，其方向与物体运动方向相反。

当两个物体发生碰撞时，所产生的碰撞效果同时受到这两个物体的物理材质（Physic Material）的影响。两种物理材质的混合方式在"Friction Combine"和"Bounce Combine"属性中设置。如果两种物理材质的混合方式不一样，则按照以下优先级进行混合：Average < Minimum < Multiply < Maximum。例如，如果一种材质设置了"Average"，另一种材质设置了"Maximum"，那么应使用的组合函数是"Maximum"，因为它具有更高的优先级。

了解物理材质的一些主要参数后，下面通过一个具体案例——跳动的小球加以应用。

（1）场景搭建

首先创建一个平面（Plane），将其位置值设置为（0，0，0），同时创建一个小球（Sphere），位置值设置为（0，5，0），使小球位于平面的上方，如图 6.3.5 所示。

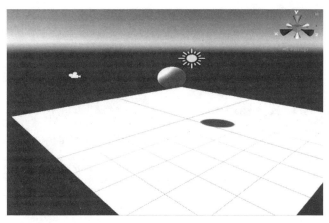

图 6.3.5　构建场景

构建好场景后，对这个小球添加相应的刚体组件和物理材质。注意：刚体组件是所有物理系统中最基本的组件，如果小球不具备刚体组件的属性，那么它也就不具备物理属性，无法模拟碰撞受力。

（2）添加刚体组件

为小球添加刚体组件，使其具有物理属性，参数值可以参考图 6.3.6。

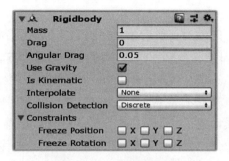

图 6.3.6　设置参数值

（3）创建物理材质

创建物理材质并将其指定给小球与平面（选中物体，将创建的物理材质拖动至对应的"Material"区域），如图 6.3.7 所示。

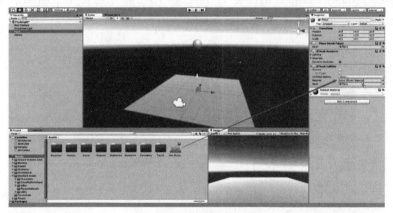

图 6.3.7　创建物理材质

（4）设置参数

在测试过程中不断调整物理材质的参数。将动态摩擦力、静态摩擦力调整为 0，再测试一下当减少弹性损耗时会发生什么情况，当调高弹力值、增加小球与地面的弹性时又会发生什么变化，如图 6.3.8 所示。

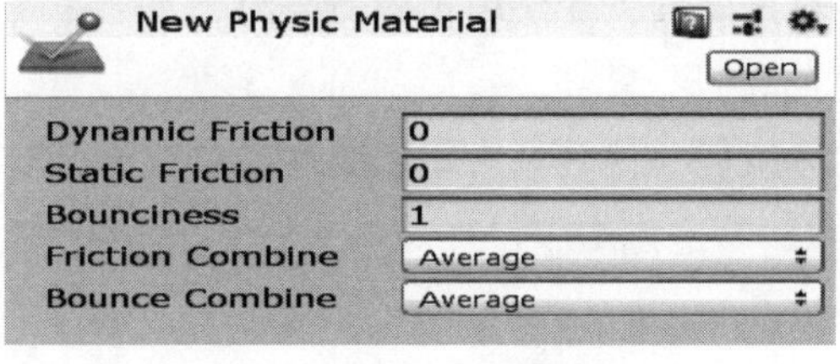

图 6.3.8　设置参数

通过测试可以观察到，改变材质参数，小球在地面上跳动的情况是不一样的，效果如图 6.3.9 所示。

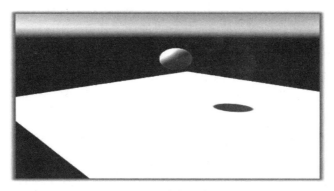

图 6.3.9　小球跳动效果

通过本节的学习，可以掌握物理材质的基本概念、物理材质的创建方法，以及物理材质的相关参数。注意：在实施小球跳动案例时，必须不停地调整参数值，观察在不同参数值的情况下，小球的运动会发生怎样的变化。

6.4　碰撞体组件及其应用

通过本节的学习，我们将掌握不同碰撞体组件的基本概念，认识并能配置不同碰撞体组件的基本参数，能够综合运用碰撞体组件进行案例制作。

前面学习了刚体组件和物理材质组件，在虚拟现实项目中，物体之间通常会发生碰撞。Unity 是如何实现碰撞效果的？这时需要使用物理系统中的碰撞体组件。

1. 碰撞体组件

在游戏制作过程中，游戏对象要根据游戏的需要进行物理属性的交互，因此，Unity 的物理组件为游戏开发者提供了碰撞体组件。碰撞体是物理组件的一种，它与刚体一起促使碰撞发生，碰撞体组件可定义用于物理碰撞的游戏对象的形状。碰撞体是不可见的，其形状不需要与游戏对象的网格完全相同，实际决定碰撞的并不是物体的外观形状，而是碰撞体组件。

在设置碰撞时，需要对碰撞体赋予一定的简单形状，如盒形、球形或胶囊形。

2. 碰撞体分类

根据碰撞体是否具有刚体组件以及刚体组件上是否设置动力学刚体等，将碰撞体分为三类：静态碰撞体、刚体碰撞体、动力学刚体碰撞体。

（1）静态碰撞体（Static Collider）

没有挂载刚体组件的碰撞体叫作静态碰撞体，常用于制作游戏中的固定部分，如地形、障碍物、树木等，因为这些部分一般没有移动的需求，当刚体撞击时，其位置也不会发生变化。

（2）刚体碰撞体（Rigidbody Collider）

挂载了刚体组件的碰撞体叫作刚体碰撞体，物理引擎会一直计算该碰撞体的物理状态。

（3）动力学刚体碰撞体（Kinematic Rigidbody Collider）

挂载了刚体组件且刚体组件设置为动力学刚体的碰撞体叫作动力学刚体碰撞体，常用于制作如门等沿固定轨迹移动的关卡道具等。

3. 碰撞体组件的添加

在 Unity 中有两种创建和添加碰撞体组件的方法：第一种方法是，通过检索名称的方式，为模型添加合适的碰撞体组件，如图 6.4.1 所示；第二种方法是，选择菜单中的"Component"→"Physics"，为模型指定合适的碰撞体组件，如图 6.4.2 所示。

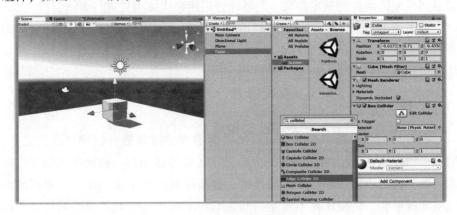

图 6.4.1　检索添加法

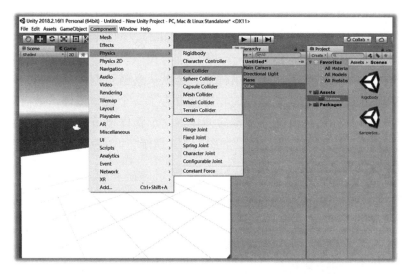

图 6.4.2　菜单栏添加法

4. 碰撞体参数说明

下面通过一个具体案例，来说明碰撞体参数的含义及设置方法。如图6.4.3 所示，为不同形状的模型指定符合其造型要求的碰撞体组件。

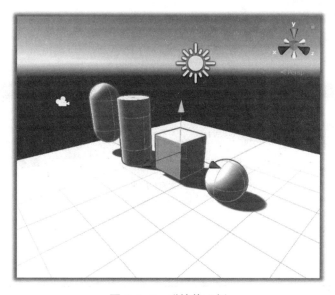

图 6.4.3　碰撞体示例

Unity 中有六种碰撞体，分别是盒碰撞体（Box Collider）、球体碰撞体（Sphere Collider）、胶囊碰撞体（Capsule Collider）、网格碰撞体（Mesh Collider）、车轮碰撞体（Wheel Collider）等。

当对一个物体添加了碰撞体组件后，会默认其阻止刚体的运动，如空气墙。当用户创建了一个立方体，该物体就自带了一个盒碰撞体。最简单且最节省资源的碰撞体就是一系列基本碰撞体。一个物体也可以带有多个碰撞体组件，这样就形成了组合碰撞体。如图 6.4.4 所示，"Cube" 模型同时添加了盒碰撞体与胶囊碰撞体。

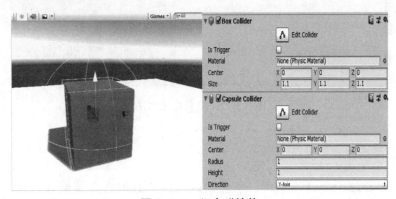

图 6.4.4　组合碰撞体

（1）盒碰撞体（Box Collider）

盒碰撞体是一个立方体外形的基本碰撞体，它是最基本的碰撞体，如图 6.4.5 所示。

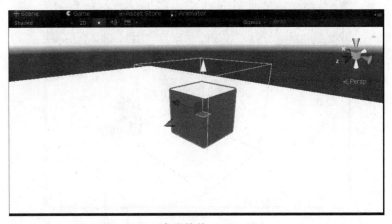

图 6.4.5　盒碰撞体（Box Collider）

一般的游戏对象往往都具备"Box Collider"属性，如墙壁、门、平台，以及布娃娃角色的躯干或者汽车等交通工具的外壳。凡是与盒子和箱子形状类似的游戏对象，一般都需要添加"Box Collider"组件，其参数如图 6.4.6 所示。

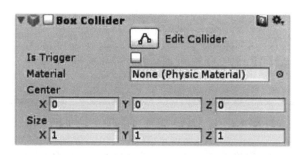

图 6.4.6　"Box Collider"组件参数

①触发器（Is Trigger）：如果启用此属性，则该碰撞体将用于指定空间区域的进入、停留、离开事件的触发，并被物理引擎忽略，即不会再阻挡刚体运动，如图 6.4.7 所示。

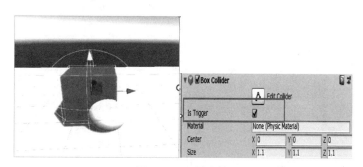

图 6.4.7　触发器

②材质（Material）：为碰撞体设置不同类型的基本材质，如冰面、木板等。

③中心（Center）：碰撞体在对象局部坐标中的位置。

④大小（Size）：碰撞体在 X、Y、Z 方向上的大小，"Size"的变化是以"Center"为中心点向四方展开的。

（2）球体碰撞体（Sphere Collider）

球体碰撞体是一个基于球体的基本碰撞体（见图 6.4.8），其三维大小可以按同一比例进行调节，但不能单独调节某个坐标方向的大小。

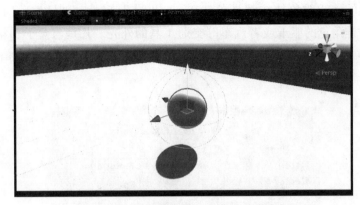

图 6.4.8　球体碰撞体（Sphere Collider）

当游戏对象的物理形状是球体时，就可以使用球体碰撞体。例如，山上落下来的石头、踢的足球、打的篮球和乒乓球等游戏对象，都满足球体碰撞体的特征，一般都可以添加"Sphere Collider"组件，其参数如图 6.4.9 所示。

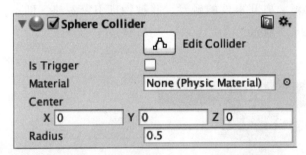

图 6.4.9　"Sphere Collider"组件参数

①触发器（Is Trigger）：如果启用此属性，则该碰撞体将用于触发事件，并被物理引擎忽略，即不会再阻挡刚体运动。

②材质（Material）：为球体碰撞体设置不同类型的基本材质，如冰面、木板等。

③中心（Center）：设置球体碰撞体在对象局部坐标中的位置。

④半径（Radius）：设置球体碰撞体的大小。

（3）胶囊碰撞体（Capsule Collider）

胶囊碰撞体由一个圆柱体和两个半球组合而成，其半径和高度都可以单独调节，可用于角色控制器或与其他不规则形状的碰撞体结合使用，通常添加至"Character"或者"NPC"等对象的碰撞属性，如图 6.4.10 所示。

"Capsule Collider" 组件参数如图 6.4.11 所示。

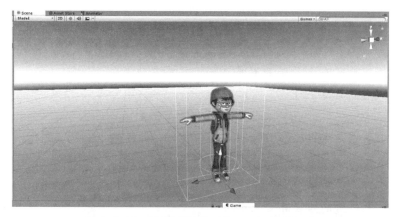

图 6.4.10　胶囊碰撞体（Capsule Collider）

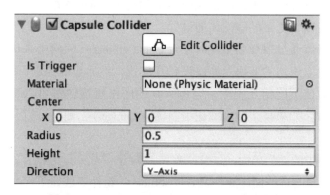

图 6.4.11　"Capsule Collider" 组件的参数

①触发器（Is Trigger）：如果启用此属性，则该碰撞体将用于触发事件，并被物理引擎忽略，即不会再阻挡刚体运动。

②材质（Material）：为胶囊碰撞体设置不同类型的基本材质。

③中心（Center）：设置胶囊碰撞体在对象局部坐标中的位置。

④半径（Radius）：设置胶囊碰撞体的大小、局部宽度的半径。

⑤高度（Height）：胶囊碰撞体中圆柱的高度。

⑥方向（Direction）：设置在对象的局部坐标中胶囊碰撞体纵向所对应的坐标轴，默认是 Y 轴。

可以独立调整胶囊碰撞体的半径和高度，标准胶囊碰撞体示例如图 6.4.12 所示。

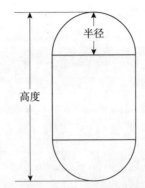

图 6.4.12　标准胶囊碰撞体示例

（4）网格碰撞体（Mesh Collider）

网格碰撞体是基于网格（Mesh）形状形成的碰撞体。相比于盒碰撞体、球体碰撞体和胶囊碰撞体，网格碰撞体更加精确，但会占用更多的系统资源，一般用于一些比较复杂的碰撞体的设置。

网格碰撞体通过附加到游戏对象（Game Object）的网格来构建其碰撞表示形式，并读取附加的变换属性以设置其位置，然后正确地进行缩放。

网格碰撞体不能相互碰撞，但是所有的网格碰撞体都可以与任何基本碰撞体相互碰撞，如果某个网格标记为凸体（Convex），则它可以与其他网格碰撞体碰撞。

碰撞网格中的面为单面，这意味着游戏对象可从一个方向穿过这些面，但从另一个方向会与这些面碰撞。"Mesh Collider"组件参数如图 6.4.13 所示。

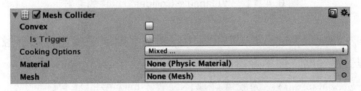

图 6.4.13　"Mesh Collider"组件参数

①凸起（Convex）：勾选该项，则网格碰撞体将与其他的网格碰撞体发生碰撞。

②触发器（Is Trigger）：勾选此复选框，Unity 将使用该碰撞体来触发事件，而物理引擎会忽略该碰撞体。

③材质（Material）：为网格碰撞体设置不同的材质。

④网格（Mesh）：获取游戏对象的网格并将其作为碰撞体。

⑤烹饪选择（Cooking Options）：启用或禁用影响物理引擎对网格处理方式的网格烹制选项，即物理引擎以何种方式处理这个网格。

⑥None：禁用下方列出的所有"Cooking Options"。

⑦Everything：启用下方列出的所有"Cooking Options"。

⑧烹饪以获得更快的仿真速度（Cook for Faster Simulation）：使物理引擎烹制网格，以加快模拟速度。启用此设置后，会运行一些额外步骤，以保证生成的网格在运行时性能是最佳的，这会影响物理查询和接触生成的性能；禁用此设置后，物理引擎会使用更快的烹制速度，并尽可能快速地生成结果。因此，烹制的网格碰撞体可能不是最佳的。

⑨启用网格清理（Enable Mesh Cleaning）：使物理引擎清理网格。启用此设置后，烹制过程会尝试消除网格的退化三角形以及其他几何瑕疵。此过程生成的网格更适合在碰撞检测中使用，往往可以生成更准确的击中点。

⑩焊接共置顶点（Weld Colocated Vertices）：使物理引擎在网格中删除相等的顶点。启用此设置后，物理引擎将合并具有相同位置的顶点，这对于运行时发生的碰撞反馈十分重要。

⑪使用快速中间阶段（Use Fast Midphase）：使物理引擎采用可用于输出平台的最快的中间阶段加速结构和算法。启用此选项后，物理引擎将使用更快的算法。

以上参数中，前四个参数较为常用，其他参数仅作简单了解即可。

关于网格碰撞体的限制：

第一，具有"Rigidbody"组件的游戏对象仅支持启用了"Convex"选项的网格碰撞体，即物理引擎只能模拟凸面网格碰撞体。

第二，要使网格碰撞体正常工作，网格必须在以下情况下设置为"read/write enabled"：

• 网格碰撞体的变换组件具有负缩放，如（−1，1，1），并且网格为凸面。

• 网格碰撞体的变换组件是倾斜的或截断的，如当旋转的变换组件具有缩放的变换组件时。

• 网格碰撞体的"Cooking Options"标志设置为默认值以外的任何值。

（5）车轮碰撞体（Wheel Collider）

车轮碰撞体是一种针对地面车辆的特殊碰撞体，其自带碰撞侦测、轮胎物理现象和轮胎模型。此碰撞体也可以用于除车轮外的其他对象，但专门设计用于有轮的交通工具。它可以模拟车辆的前进后退、刹车、转向、打滑等。在虚拟现实项目中，经常会有车辆这类的模型或者运动的设计，如果涉及轮胎，就可以通过车轮碰撞体进行设定，如图6.4.14所示。其参数如图6.4.15所示。

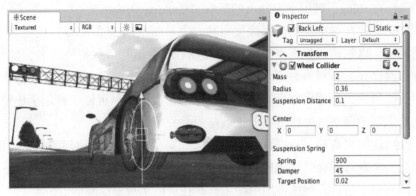

图6.4.14　车轮碰撞体的应用实例

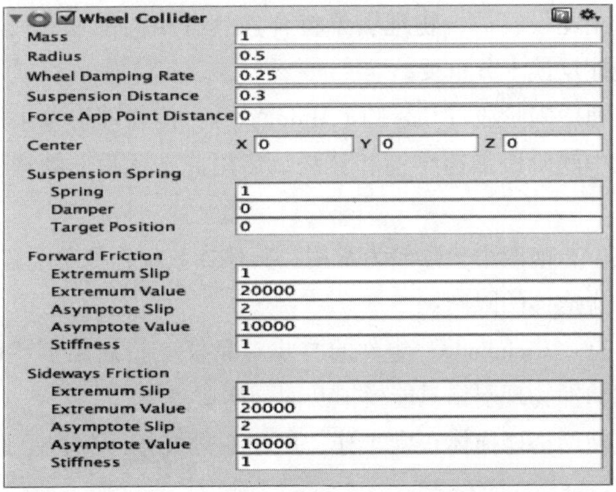

图6.4.15　"Wheel Collider" 组件参数

①质量（Mass）：用于设置车轮碰撞体的质量。

②半径（Radius）：用于设置车轮碰撞体的半径大小。

③车轮减振率（Wheel Damping Rate）：应用于车轮的阻尼值，阻尼是作用于运动物体的阻力，其值越大，车轮越不容易打滑。

④悬架距离（Suspension Distance）：用于设置车轮碰撞体悬架的最大伸长距离，按照局部坐标来计算，悬架总是通过其局部坐标的Y轴向下延伸。

⑤受力点距离（Force App Point Distance）：车轮上的受力点与车轮底部

静止位置之间的距离。

⑥中心（Center）：用于设置车轮碰撞体在对象局部坐标系的中心。

⑦悬架弹簧（Suspension Spring）：用于设置车轮碰撞体通过添加弹簧和阻尼外力使悬架达到目标位置，有三个可选项。

"Spring"选项：值越大，悬架抵达目标位置就越快，也就是悬架弹簧弹一个来回的时间。

"Damper"选项：抑制悬架速度。此参数和"Damper"参数是相辅相成的，想要达到需要的悬架数据，需要不断进行调整。

"Target Position"选项：静止状态下悬架的展开程度，正常汽车悬架默认值为 0.5。值为 1 时为完全展开，值为 0 时为完全压缩。

⑧向前摩擦力（Forward Friction）：轮胎纵向滚动（前进和后退）时的摩擦力属性。

⑨侧向摩擦力（Sideways Friction）：轮胎侧向滚动（转向）时的摩擦力属性。

本节介绍了碰撞体组件的概念以及五类碰撞器组件（盒碰撞体、球体碰撞体、胶囊碰撞体、网格碰撞体、车轮碰撞体）的应用和参数。用户可以在 Unity 中试用不同碰撞体，并比较不同情况下的碰撞效果。

6.5 布料组件及其应用

通过本节的学习，我们将掌握布料组件的基本概念，认识并能配置布料组件的基本参数，能够综合运用布料组件进行案例制作。

1. Unity 布料系统介绍

布料（Cloth）组件是 Unity 中的一种特殊组件，它可以像现实世界中的布料一般，变换出各种形状，常用于桌布、旗帜、窗帘、衣服等的模拟，如图 6.5.1 所示。

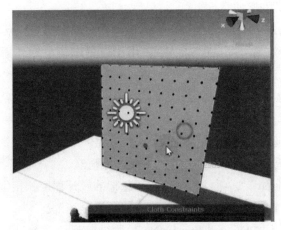

图 6.5.1 布料组件示意图

布料组件与带蒙皮的网格渲染器（Skinned Mesh Renderer）协同工作，从而提供基于物理特性的面料模拟解决方案。新建一个游戏对象，对其赋予布料组件后，Unity 会自动添加"Skinned Mesh Renderer"组件，其参数如图6.5.2所示。

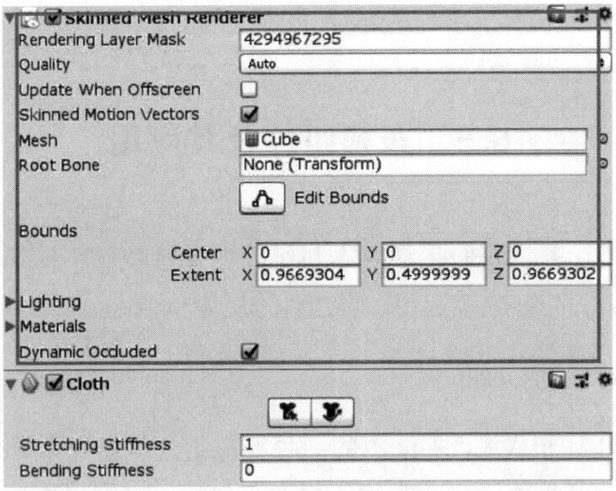

图 6.5.2 "Skinned Mesh Renderer"组件参数

添加布料组件后，该组件不会响应和影响其他实体。因此，在手动将碰撞体从世界添加到布料组件前，布料和世界无法识别或看到彼此。即使执行了此操作，模拟仍是单向的：布料可以响应实体，但不会对实体反向施力。

布料仅能和三种类型的碰撞体发生碰撞：球体碰撞体、胶囊碰撞体以及由两个球体碰撞体构成的圆锥胶囊碰撞体，如图 6.5.3 所示。之所以存在诸多限制，是为了提高处理性能。

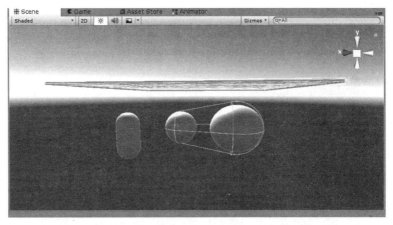

图 6.5.3　可与布料组件碰撞的三种碰撞体

2. 布料组件的添加

在 Unity 中，有两种为游戏对象添加布料组件的方法。

（1）通过检索名称的方式添加布料组件

若想将布料组件附加到游戏对象上，可在 "Hierarchy" 窗口中选择游戏对象，在 "Inspector" 窗口中单击 "Add Component" 按钮，然后选择 "Physics" → "Cloth" 选项，"Inspector" 窗口中将显示该组件，如图 6.5.4 所示。

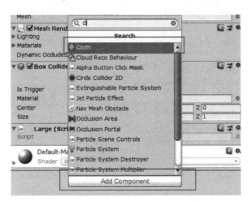

图 6.5.4　通过检索名称添加布料组件

（2）通过菜单栏添加布料组件

选中游戏对象，通过菜单栏中的"Component"→"Physics"→"Cloth"添加布料组件，如图6.5.5所示。

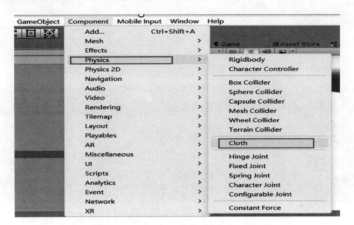

图6.5.5 通过菜单栏添加布料组件

3. 参数说明

布料组件的参数如图6.5.6所示。

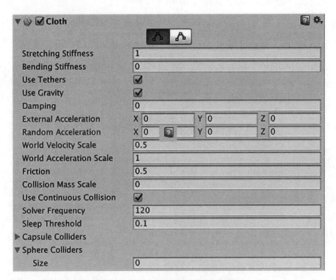

图6.5.6 布料组件的参数

①拉伸刚度（Stretching Stiffness）：布料的拉伸刚度。

②弯曲刚度（Bending Stiffness）：布料的弯曲刚度。

③使用约束（Use Tethers）：施加约束以防止移动的布料粒子与固定粒子的距离太远。此属性有助于减少过度拉伸。

④使用重力（Use Gravity）：用于确定是否应该对布料施加重力加速度。

⑤阻尼（Damping）：运动阻尼系数。阻尼会被应用于每个布料顶点，可以用来模拟看上去抖动更小的布料。

⑥外部加速度（External Acceleration）：施加在布料上的恒定外部加速度，属于常量外力。

⑦随机加速度（Random Acceleration）：施加在布料上的随机外部加速度，属于随机外力，配合外部加速度使用可制造布料被吹动等效果。

⑧世界速度标度（World Velocity Scale）：用于确定角色在世界空间中产生多大的移动会影响布料顶点。

⑨世界加速标度（World Acceleration Scale）：用于确定角色在世界空间中具有多大的加速度会影响布料顶点。

⑩摩擦（Friction）：布料与角色碰撞时的摩擦力。这只会影响布料的模拟，因为布料的物理模拟是单向的。

⑪碰撞质量标度（Collision Mass Scale）：碰撞粒子的质量增加量。

⑫使用连续碰撞（Use Continuous Collision）：启用连续碰撞来提高碰撞稳定性。使用该选项会增加消耗，降低直接穿透碰撞的概率。

⑬使用虚拟粒子（Use Virtual Particles）：每个三角形添加一个虚拟粒子，从而提高碰撞稳定性。

⑭解算器频率（Solver Frequency）：解算器每秒迭代的次数。

⑮睡眠阈值（Sleep Threshold）：布料的睡眠阈值，即静止阈值。

⑯胶囊碰撞体（Capsule Colliders）：与此布料实例碰撞的胶囊碰撞体的数组。

⑰球体碰撞体（Sphere Colliders）：与此布料实例碰撞的球体碰撞体的数组。设置数值后，可将对应的碰撞体拖至相应的位置实现设置。

4. 编辑约束工具

为对象添加布料组件后，可以选择布料组件中的"Edit"→"Constraints"选项，可编辑对布料网格中每个顶点施加的约束。所有顶点都具有基于当前可视化模式的颜色，目的是显示其各自值之间的差异。通过使用画笔在布料上绘制即可编辑布料约束，如图 6.5.7 所示。

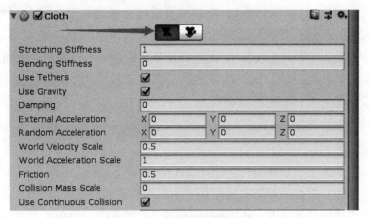

图 6.5.7　使用编辑约束工具

打开编辑约束模式，为布料网格中的不同顶点设置不同的参数值，如图 6.5.8 所示。

图 6.5.8　设置参数值

（1）可视化（Visualization）

在场景视图中的"Max Distance"属性值和"Surface Penetration"属性值之间切换工具的视觉外观，可用来切换查看设置了最大距离或表面渗透的布料粒子，此外还提供了用于操纵背面的开关。

（2）最大距离（Max Distance）

布料粒子可从顶点位置行进的最大距离，即设置每个顶点的最大移动距离，最常见的用法是将不能动的顶点的"Max Distance"设置为 0。

（3）表面渗透（Surface Penetration）

布料粒子可穿透网格的深度，即顶点可以嵌入网格中的最大程度，在布料网格顶点比较稀疏的情况下可以明显地对比出差别。

5. 更改顶点

（1）使用选择（Select）模式选择一组顶点

用鼠标光标绘制选框选择顶点，或一次单击一个顶点，然后即可启用"Max Distance"或"Surface Penetration"对顶点进行可移动的最大距离与表面渗透设置，如图 6.5.9 所示。

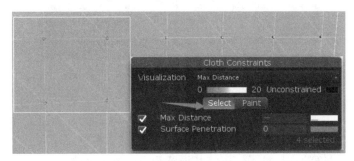

图 6.5.9　使用选择模式选择顶点

（2）使用绘画（Paint）模式直接调整每个顶点

单击选中要调整的顶点，然后启用"Max Distance"或"Surface Penetration"对顶点进行可移动的最大距离与表面渗透设置，可使用"Brush Radius"选项对笔刷大小进行设置，如图 6.5.10 所示。

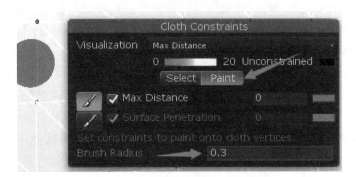

图 6.5.10　使用绘画模式调整顶点

数值的大小不同，顶点的颜色也不同，在这两种模式下为"Max Distance"和"Surface Penetration"赋值时，场景视图中的可视化表示都会自动更新，如图 6.5.11 所示。

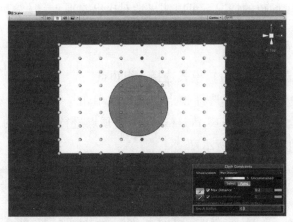

图 6.5.11 不同模式下场景视图中的可视化表示

6. 布料自碰撞与互碰撞

布料碰撞功能可使游戏中的角色服装和其他面料更加逼真。在 Unity 中，有几种处理碰撞的布料粒子，可将其设置为自碰撞或互碰撞。

（1）布料自碰撞

自碰撞指的是布料组件允许布料上的顶点相互碰撞的功能。布料自碰撞功能在 Unity 中主要用于提高布料模拟的真实感和细节度，确保布料在运动和变形过程中表现得更加自然、逼真。

布料自碰撞可以使布料在运动过程中更自然地表现出物理碰撞的效果。例如，当一块布料的一部分移动到另一部分的位置时，如果没有使用自碰撞，则布料可能会穿过自身，这样看起来不真实，开启自碰撞功能可以让布料的动作更加真实、自然。

对于需要模拟服装、旗帜或其他可弯曲、可变形的表面的情况，自碰撞功能可以增加细节度和真实感。通过顶点之间的碰撞，可以避免布料在模拟中产生不合理的穿透或过于平滑的表现。

在某些情况下，布料可能会产生弯曲、折叠、挤压或其他形式的变形。开启自碰撞功能可以更好地模拟这些复杂的行为，使其更接近真实世界中布料的行为。

如果布料与其他物体交互，并且这些物体可能与布料相交（如角落、障碍物等），自碰撞可以确保布料在与这些物体接触时能够正确地做出反应，并且不会出现异常的形变或穿透。

设置布料自碰撞的步骤如下：

①在"Cloth Inspector"中选择"Edit cloth self/inter-collision"按钮，如图 6.5.12 所示。

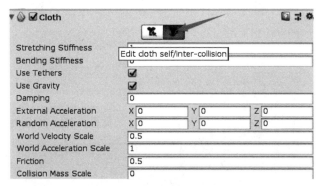

图 6.5.12　设置碰撞粒子

此时将在场景视图中显示"Cloth Self Collision And Intercollision"界面，如图 6.5.13 所示。

图 6.5.13　设置后的界面

包含布料组件的网格将自动显示布料粒子，最初布料为未使用碰撞状态，这些未使用碰撞的粒子显示为黑色，如图 6.5.14 所示。

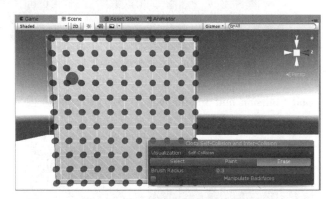

图 6.5.14　初始布料粒子的状态

②要应用自碰撞或互碰撞，必须选择一组粒子来应用碰撞，左键单击选

中并拖动要应用碰撞的粒子，如图 6.5.15 所示。

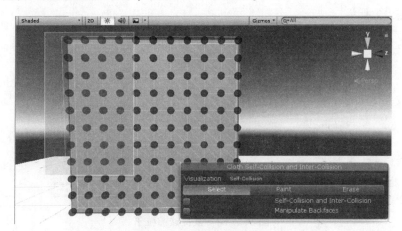

图 6.5.15 选中并拖动粒子

③选定粒子为蓝色，则如图 6.5.16 所示。

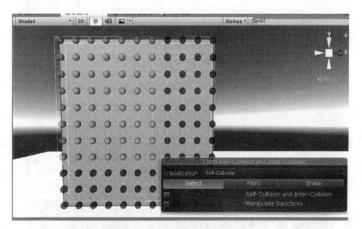

图 6.5.16 选定蓝色粒子

④勾选"Self Collision and Intercollision"复选框，将碰撞应用于选定粒子，如图 6.5.17 所示。

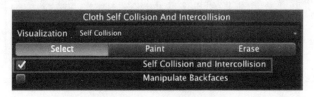

图 6.5.17 选定碰撞类型

⑤指定用于碰撞的粒子将显示为绿色，如图 6.5.18 所示。

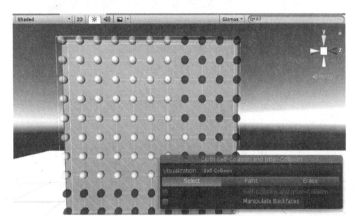

图 6.5.18　选定碰撞后的粒子颜色

⑥要为布料启用自碰撞行为，则选择"Cloth Inspector"窗口的"Self-Collision"部分，并将"Self-Collision Distance"和"Self-Collision Stiffness"设置为非零值，如图 6.5.19 所示。如果未显示"Self-Collision Distance"与"Self-Collision Stiffness"，可尝试切换至"Paint"选项。

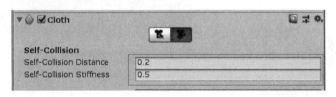

图 6.5.19　设定"Self-Collision Distance"和"Self-Collision Stiffness"值

自碰撞距离（Self-Collision Distance）：每个粒子包裹球体的直径。Unity确保这些球体在模拟过程中不会重叠。"Self-Collision Distance"属性的值应小于配置中两个粒子之间的最小距离，如果距离较大，则自碰撞可能违反某些距离约束并产生抖动。

自碰撞刚度（Self-Collision Stiffness）：粒子之间分离冲力的强度。此值由布料解算器进行计算，应足以保持粒子分离。

自碰撞和互碰撞可能需要大量的总模拟时间，须考虑缩小碰撞距离并使用自碰撞索引来减少彼此碰撞的粒子数。

"Paint"和"Erase"模式允许通过按住鼠标左键并拖动单个布料粒子来添加或删除用于碰撞的粒子，如图 6.5.20 所示。

图6.5.20　"Paint"和"Erase"模式的作用

在"Paint"或"Erase"模式下，指定用于碰撞的粒子为绿色，未指定的粒子为黑色，画笔下方的粒子为蓝色，可使用"Paint"进行指定粒子的添加（见图6.5.21），使用"Brush Radius"设置画笔的大小。

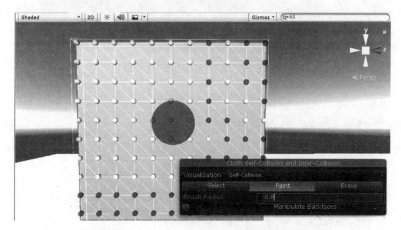

图6.5.21　使用"Paint"添加指定粒子

（2）布料互碰撞

可使用与指定自碰撞粒子相同的方式为指定互碰撞粒子。互碰撞功能允许布料对象在运动过程中与其他布料对象或场景中的碰撞器进行交互。这种功能主要用于增强布料模拟的真实性和逼真感，特别是当多个布料对象互相接触或与环境中的物体发生接触时。

Unity中的布料互碰撞具有以下功能。

①布料与布料的碰撞。当启用了布料的互碰撞功能时，不同的布料对象之间可以发生碰撞，以确保它们在相互接触时不会互相穿透或交叉。这使得多个布料对象可以在同一个场景中自然地交互，如一件服装上不同部分的布料之间的交互。

②布料与碰撞器的碰撞。布料对象可以与场景中的碰撞器（如盒碰撞器、球体碰撞器等）发生碰撞。这种互动使得布料可以在与环境中的物体或角色

交互时产生适当的物理效果，如折叠、褶皱或反弹。

③设置和优化。Unity 允许开发者通过布料组件的属性面板设置和优化互碰撞的参数，这些参数包括互碰撞半径、互碰撞质量、互碰撞自动半径等，可以根据实际需要进行调整，以获得最佳的物理仿真效果。

④性能考虑。虽然布料互碰撞功能能够增强场景的逼真性，但也需要考虑其性能。多个布料对象之间的复杂碰撞计算可能会增加 CPU 负载，因此在开发过程中需要进行合理的优化和测试，以确保游戏或应用的性能表现良好。

要启用互碰撞行为，可打开"Physics"设置（从 Unity 主菜单中选择"Edit"→"Project Settings_"，然后选择"Physics_"类别），并在"Cloth Inter-Collision"部分将"Distance"和"Stiffness"设置为 0 值，如图 6.5.22 所示。

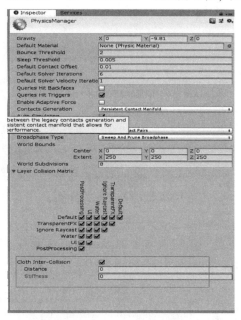

图 6.5.22　启用互碰撞

布料互碰撞的"Distance"和"Stiffness"属性与前文描述的自碰撞的"Self-Collision Distance"和"Self-Collision Stiffness"属性功能相同。

7. 实践案例：飘扬的红旗

（1）准备贴图资源

准备好用于布料的贴图资源，如用作旗帜或窗帘的图案，将其导入 Unity 中，可直接将图片素材拖动至"Asset"中，如图 6.5.23 所示。

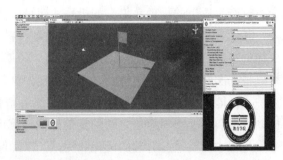

图 6.5.23　添加素材

（2）场景搭建

利用 Unity 中的标准几何体再制作一个如图 6.5.24 所示的小场景。

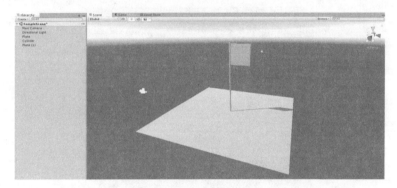

图 6.5.24　场景示意图

（3）制作旗帜

将图片拖拽至作为"旗帜"的平面上，随后将平面的旋转角度调整至合适的位置并进行缩放，如图 6.5.25 所示。

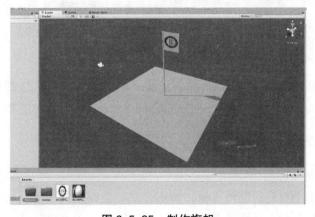

图 6.5.25　制作旗帜

（4）布料效果实现

①选中作为"旗帜"的对象，在"Inspector"视图中检索并添加布料组件，如图 6.5.26 所示。

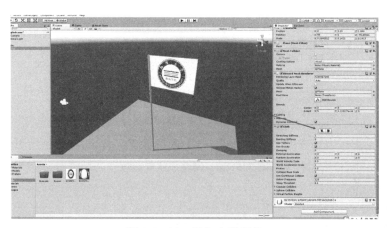

图 6.5.26　添加布料组件

②设置布料参数。

第一步，选择编辑布料约束（点）命令，呼出面板后，按图 6.5.27 所示单击"Paint"按钮，为"旗帜"绘制合适的约束点，通过设置"Max Distance"来控制网格点的移动距离。

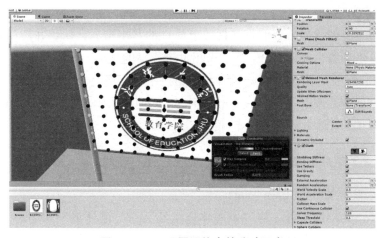

图 6.5.27　设置网格点的移动距离

第二步，调整加速度参数，让布料可以获得合适的"被风吹动"的效果，如图 6.5.28 所示。

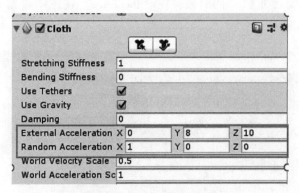

图 6.5.28　调整加速度参数

第三步，运行项目，测试效果。

第四步，运行项目，观察旗帜是否在飘扬。

本节对布料组件的概念及应用做了详细的讲解。我们可以利用所学知识，参考实物，制作自己心目中旗帜飘扬的效果图。

6.6　关节组件及其应用

通过本节的学习，我们将掌握关节组件的基本概念，认识并能配置关节组件的基本参数，能够综合运用关节组件进行案例制作。

在 Unity 中，关节组件属于物理系统的一部分，用于将刚体连接到另一个刚体或空间中的固定点。Unity 提供多种关节，可以对刚体组件施加不同的力和限制，从而使这些刚体具有不同的运动。

1. 关节组件的种类

（1）铰链关节（Hinge Joint）

在一个共享原点处，将一个刚体连接到另一个刚体或空间中的一个点，并允许刚体从该原点绕特定轴旋转，使两个刚体像被连接在一个铰链上那样运动，当力量大于铰链的固定力矩时，两个物体就会产生相互的拉力，用于模拟门和手指关节等。

（2）固定关节（Fixed Joint）

限制刚体的移动以跟随所连接到的刚体的移动，将两个物体永远以相对的位置固定在一起，即使发生物理改变，它们之间的相对位置也将不变。

（3）弹簧关节（Spring Joint）

使刚体彼此分开，即使刚体之间的距离略微变大。就像弹簧一样，试图将两个锚点一起拉到完全相同的位置，使连接起来的两个刚体像连接弹簧那样运动，挤压它们会得到向外的力，拉伸它们将得到向里的力。

（4）角色关节（Character Joint）

角色关节可以模拟角色的骨骼关节。

（5）可配置关节（Configurable Joint）

可配置关节用于模拟任何骨骼关节，如布娃娃上的关节。

注意：关节必须依赖于刚体组件。添加关节组件时，系统会默认添加刚体（Rigidbody）组件。对物体添加了关节组件后，刚体组件将无法移除。

2. 关节组件基础参数

关节组件有三个基础参数，即锚点（Anchors）、连接锚点（Connected Anchor）和连接体（Connected Body）。

锚点和连接锚点是所有关节的两个主要属性，在视图中体现为橙色箭头，如图 6.6.1 所示。默认情况下，锚点是对象空间，也就是"Local Space"中的位置，即相对本体的位置。当连接体（Connected Body）为空时，连接锚点是世界空间中的位置；当有连接体时，连接锚点是相对连接体的位置。因为对象移动时锚点也会移动，但连接锚点不会移动。

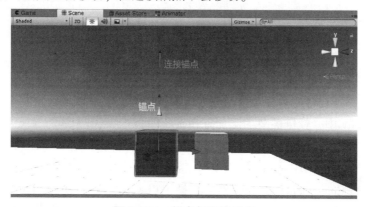

图 6.6.1　锚点与连接锚点

Unity 会尝试通过关节移动对象，直到这两个点在同一位置为止，体现在视图中即两个箭头重合，如图 6.6.2 所示。

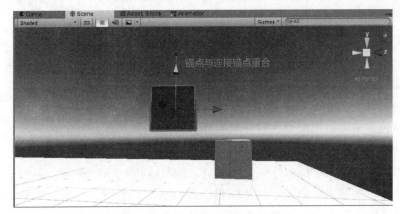

图 6.6.2　锚点与连接锚点重合

注意：不要勾选"自动配置连接锚点（Auto Configure Connected Anchor）"复选框，否则会自动将连接锚点与锚点位置重合。

当连接体为空时，对象会向连接锚点移动，但当设置了连接体后，连接锚点的坐标会关联到连接体的位置，因此在移动连接体时，物体就会向连接体移动，因为 Unity 要把锚点与连接锚点重合。

如果勾选了"自动配置连接锚点"复选框，Unity 会完全忽略在编辑器上设置的连接锚点的值，并在初始化时自动计算该值，使其和锚点处于相同的位置。

3. 铰链关节

铰链关节（Hinge Joint）将两个刚体组合在一起，从而将其约束为如同通过铰链连接一样进行移动。该关节适合模拟门，也可以模拟链条、钟摆等。

（1）添加组件

在 Unity 中，铰链关节的添加方式有两种。

①通过检索名称的方式添加铰链关节组件。要将铰链关节组件添加到游戏对象上，可在"Hierarchy"窗口中选择游戏对象，在"Inspector"窗口中单击"Add Component"按钮，然后选择"Physics"→"Hinge Joint"。此时，"Inspector"窗口中将显示该组件，或直接在搜索框中进行检索，如图 6.6.3 所示。

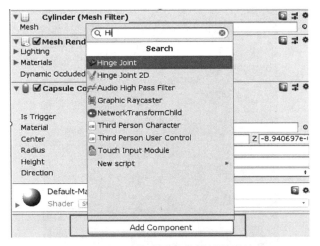

图 6.6.3　通过检索法添加铰链关节组件

②通过菜单栏添加铰链关节组件。选中游戏对象，通过菜单栏中的"Component"→"Physics"→"Hinge Joint"选中并添加铰链关节组件，如图 6.6.4 所示。

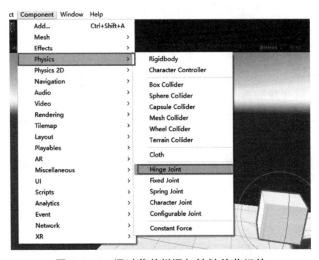

图 6.6.4　通过菜单栏添加铰链关节组件

（2）参数说明

铰链关节的参数如图 6.6.5 所示。

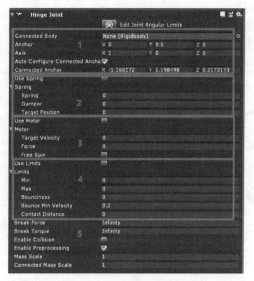

图 6.6.5　铰链关节的参数

①连接体（Connected Body）。关节连接到的另一个刚体对象。可将此参数设置为"None"来表示关节连接到空间中的固定位置，而不是另一个刚体。在铰链关节属性中的"Connected Body"中设置关节所连接的刚体，在选中其他刚体后，选中的刚体将控制关节及其下的刚体的运动，也就是此刚体会连接在设置的刚体上。但如果此项不选择对象，也就是空状态，则关节以及关节下的刚体都将连接到世界物体上，也就是世界坐标系的坐标轴上。

锚点（Anchor）：用于确定关节围绕着哪个点进行旋转，该点在局部空间中定义。

轴（Axis）：刚体摆动所围绕的轴，即摆动方向，该值是相对于局部坐标系而言的，一般设定为 1 或 90。

自动配置锚点（Auto Configure Connected Anchor）：自动配置锚点的位置。如果启用此功能，将自动计算连接的锚点位置，以匹配锚点属性的全局位置，这是默认行为；如果禁用此功能，则可以手动配置连接锚点位置。

连接锚点（Connected Anchor）：手动配置连接锚点位置。

②使用弹簧（Use Spring）。使用弹簧属性，弹簧会使刚体和与其连接的主体形成一个特定的角度。

弹簧力（Spring）：弹性数值，指在启用"Use Spring"的情况下使用的弹簧属性，设置推动对象使其移动到相应位置的作用力。

阻力（Damper）：设置对象的阻尼值。数值越大，则对象移动得越缓慢。

目标位置（Target Position）：设置弹簧的目标角度（以度为单位）。

③使用马达（Use Motor）。使用马达/发动机，发动机会使对象发生旋转。

目标速度（Target Velocity）：对象试图获得的速度。

作用力（Force）：为达到该速度而应用的力度。

自由旋转（Free Spin）：如果启用此属性，则绝不会使用电动机来制动旋转，只会进行加速。选中后不考虑减速，效果是一直旋转。

④使用限制（Use Limits）。如果启用此属性，则铰链的角度将被限制在从"Min"到"Max"的范围内。其中，Min 是指旋转角度限制的最小值，Max 是指旋转角度限制的最大值。

弹力（Bounciness）：弹力是当对象达到最小或最大停止限制时，反弹力的大小。

反弹最小速度（Bounce Min Velocity）：反弹的最小速度。

接触距离（Contact Distance）：用于控制关节的抖动。在距离极限位置的接触距离内，接触将持续存在以免发生抖动。

⑤折断力（Break Force）。为了使关节折断而需要施加的力。当关节受到的力超过此力时，关节会损坏。

折断力矩（Break Torque）：使关节折断而需要应用的力矩。当关节受到的力矩超过此值时，关节会损坏。

启用碰撞（Enable Collision）：选中此复选框后，允许关节连接的连接体之间发生碰撞。

启用预处理（Enable Preprocessing）：启用预处理，可实现关节的稳定。

质量比例（Mass Scale）：连接两个物体的关节部分的质量与其连接的两个物体的总质量的比值。如果想让关节连接的某一端（关节部分）在物理模拟中表现得更重或者更轻，可以通过调整"Mass Scale"参数来实现这一目的。通常情况下，"Mass Scale"参数可以被设置为 0（不计入关节部分的质量）、1（关节部分的质量与相连的物体质量相同）或者其他比值（关节部分的质量是与其相连物体总质量的一部分）。

连接质量比例（Connected Mass Scale）：连接刚体的质量比例。这个参数与"Mass Scale"的作用类似，但它影响的是连接到关节的第二个物体的质量比例。如果想让铰链关节连接的第二个物体的某个部分在物理模拟中表现得更重或者更轻，可以通过调整"Connected Mass Scale"参数来实现这一目的。

这样可以在模拟中影响到关节的稳定性、摩擦力和动态行为。

（3）应用案例：开关门

①新建场景。利用标准几何体，在场景中搭建如图 6.6.6 所示的场景。

图 6.6.6　场景示意图

②添加铰链关节。选中较大的立方体，为其添加铰链关节，如图 6.6.7 所示。

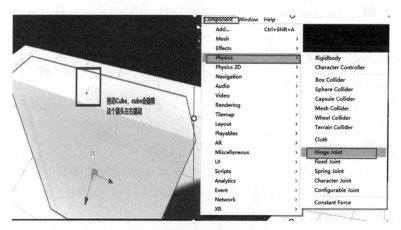

图 6.6.7　添加铰链关节

③参数设置。把连接锚点（Anchor）的 Z 设置为 -0.5，"Axis" 设置轴向 Y 为 1，如图 6.6.8 所示。

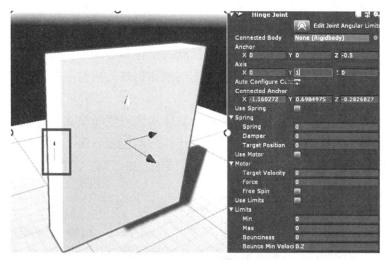

图 6.6.8　设置连接锚点值

④测试。运行程序，拖动物体，则门围绕门框旋转，如图 6.6.9 所示。

图 6.6.9　运行效果

4. 固定关节

固定关节（Fixed Joint）将对象的移动限制为依赖于另一个对象，类似于管控，即添加了固定关节的对象的运动将受其连接体运动的控制，但实现的方式是通过物理系统。它适用于使一个对象容易与另一个对象分开，或者连接两个没有父子关系的对象使其一起运动的情况。注意：固定关节需要使用刚体。

固定关节的原理是通过在两个物体之间创建一个虚拟的连接点来实现固定。其中，连接点的位置和方向可以在 Unity 编辑器中进行调整，也可以通过代码来动态设置。固定关节会根据连接点的位置和方向计算两个物体之间的相对位移与旋转，并将其应用于物体上的刚体组件，从而实现物体之间的固定连接。

在游戏中，有时可能需要设置两个对象永久或暂时粘在一起，这时就可以使用固定关节来实现该效果。例如，连接门与墙壁、固定物体以防止它们脱离特定位置，或者用于创建复杂的物理结构，如机械装置的连接部件。

（1）添加组件

固定关节（Fixed Joint）的添加方式有两种。

①通过检索名称的方式添加。要将"Fixed Joint"组件添加到游戏对象上，请在"Hierarchy"窗口中选择游戏对象，在"Inspector"窗口中单击"Add Component"按钮，然后选择"Physics"→"Fixed Joint"。"Inspector"中将显示该组件，或直接在搜索框中检索"Fixed Joint"，如图 6.6.10 所示。

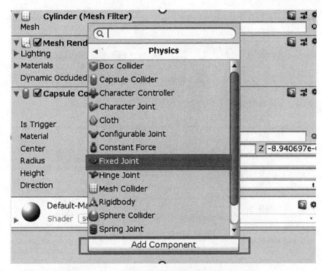

图 6.6.10　通过检索法添加固定关节

②菜单栏添加。选中游戏对象，通过菜单栏"Component"→"Physics"→"Fixed Joint"选中添加，如图 6.6.11 所示。

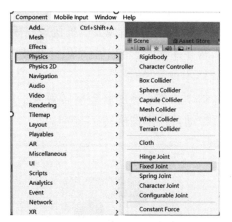

图 6.6.11　通过菜单栏添加固定关节

（2）参数说明

固定关节有很多可以设置的参数，例如 Connected Body 用于连接物体，Break Force 是断开力，Break Torque 是关节断开力矩等，其具体参数如图6.6.12 所示。

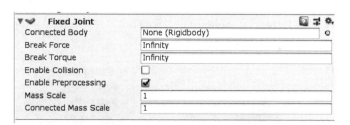

图 6.6.12　固定关节的参数

①连接刚体（Connected Body）：已连接的刚体，即与当前刚体绑定的另一个刚体。

②断开力（Break Force）：使连接断开的力，一个力的限值。当关节受到的力超过该值时，关节会损坏。

③断开力矩（Break Torque）：使连接断开的力矩，一个力矩的限值。当关节受到的力矩超过此值时，关节会损坏。

④启用碰撞（Enable Collision）：允许关节连接的连接体之间发生碰撞。

⑤启用预处理（Enable Preprocessing）：用于保证关节的稳定。

⑥质量比例（Mass Scale）：当前刚体的质量比例，其数值越大，刚体越难拉动。

⑦连接质量比例（Connected Mass Scale）：连接刚体的质量比例。其数值不能为0，否则会直接断开连接；其值越大，连接越稳固。

注意：当两个物体断开连接时，固定关节组件会被自动删除。

（3）应用案例：旋转小球

利用固定关节组件制作一个小球的联动旋转效果，如图6.6.13所示，推动任意一个小球，即可带动其他小球旋转。

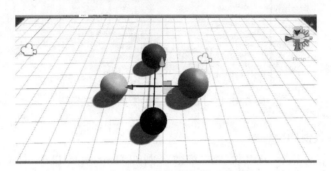

图6.6.13　固定关节应用效果

①环境搭建。利用标准几何体搭建一个如图6.6.14所示的场景，并分别命名为"Cube1" "Cube2" "Sphere1" "Sphere2" "Sphere3" "Sphere4"，如图6.6.14所示。

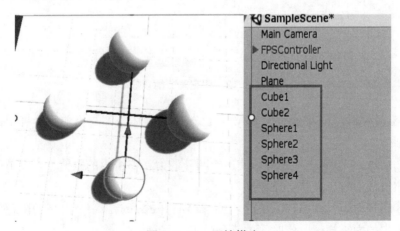

图6.6.14　环境搭建

②材质配置。新建材质球，分别命名为1、2、3、4，并将对应的材质球赋予相应编号的球体，如图6.6.15所示。

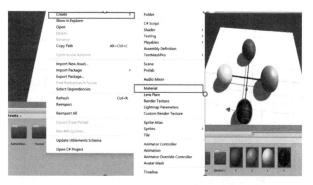

图 6.6.15　创建材质

③添加刚体。固定关节的使用需要刚体组件，因此需要为场景中的"Cube1""Cube2"与"Sphere1""Sphere2""Sphere3""Sphere4"添加刚体组件。选中对象，在"Inspector"界面选中"Add Component"搜索"Rigidbody"组件。

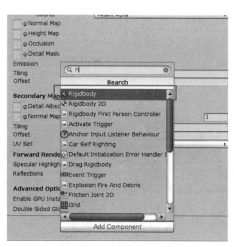

图 6.6.16　添加刚体组件

④添加并配置固定关节组件。首先需要明确实现的效果是推动其中任意一个小球，即可带动其他小球旋转，小球与小球之间是通过"Cube"进行连接的，那么就需要对小球与"Cube"建立联系，实现共同运动，即使用固定关节组件。添加固定关节组件的对象的运动依赖于其组件的连接体的运动，需要将"Cube"作为对应小球的连接体，为小球添加固定组件即可实现联动效果。

第一步，为每个小球添加固定关节组件。选中小球，在"Inspector"面板中的"Add Component"中搜索"Fixed Joint"并单击添加，如图6.6.17所示。

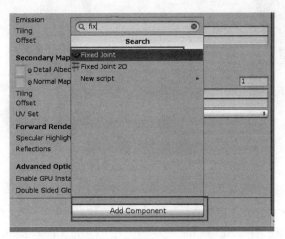

图6.6.17　添加固定关节组件

第二步，将与小球接触的相应"Cube"拖动到"Connected Body"参数的位置，为小球绑定连接体，如图6.6.18所示。注意：与小球直接接触的"Cube"为其对应连接体，且四个小球都要设置。

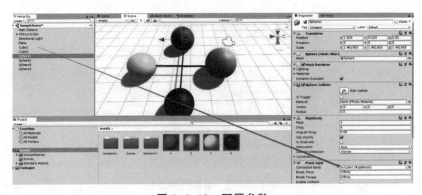

图6.6.18　配置参数

第三步，为其中一个"Cube"添加固定关节组件。小球与杆的联系建立完成后，需要建立杆与杆之间的联系，这样才能把它们连接为一个整体。因此，需要为其中一个"Cube"添加固定组件，并将另一个"Cube"作为其连接体，如图6.6.19所示。

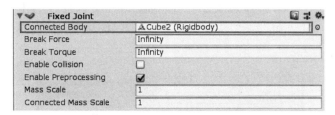

图 6.6.19　配置"Cube"连接体

⑤运行测试。运行后，即可实现推动其中一个小球带动其他小球移动的效果。

5. 弹簧关节

弹簧关节（Spring Joint）将两个刚体连接在一起，但允许两者之间的距离改变，就好像它们通过弹簧连接一样，用于模拟物体之间的弹簧效果。这意味着当一个物体移动时，受到弹簧关节连接的影响，可以施加恢复力和阻尼，使物体有回弹和减振的效果。

弹簧关节可以通过设置弹性系数（Spring）和阻尼系数（Damper）来调节弹簧的硬度和吸收能力。弹性系数影响弹簧力的大小，阻尼系数则影响弹簧的振动速度和衰减情况。

可以通过弹簧关节的最小和最大距离来限制连接体之间的最大和最小距离，这样可以确保在物理仿真中，连接的物体不会拉伸或过度压缩弹簧。弹簧关节还可以用于模拟柔软的连接，如绳索、链条等在游戏中常见的物理效果。

（1）添加组件

弹簧关节的添加有两种方式。

①通过检索名称的方式添加弹簧关节。要将弹簧关节组件添加到游戏对象上，可在"Hierarchy"窗口中选择游戏对象，在"Inspector"窗口中单击"Add Component"按钮，选择"Physics"→"Spring Joint"。"Inspector"窗口中将显示该组件，或直接在搜索框中检索"Spring Joint"，如图 6.6.20 所示。

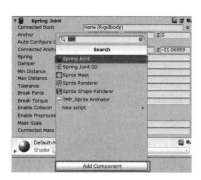

图 6.6.20　通过检索法添加弹簧关节

②通过菜单栏添加弹簧关节。选中游戏对象，通过单击菜单栏中的
"Component"→"Physics"→"Fixed Joint"选项添加弹簧关节，如图
6.6.21所示。

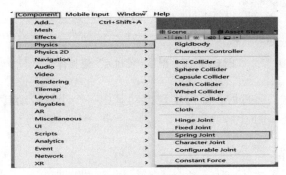

图6.6.21　通过菜单栏添加弹簧关节

（2）参数说明

弹簧关节的参数如图6.6.22所示。

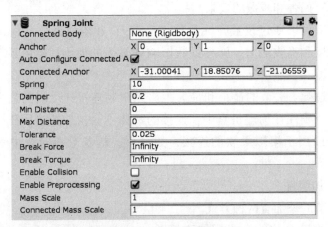

图6.6.22　弹簧关节的参数

①连接刚体（Connected Body）：已连接的刚体，即与当前刚体绑定的另
一个刚体。

②锚点（Anchor）：弹簧的悬挂点。

③自动配置连接锚点（Auto Configure Connected Anchor）：如果启用此功
能，则将自动计算连接的锚点位置，以匹配锚点属性的全局位置，这是默认
行为；如果禁用此功能，则可以手动配置连接的锚点位置。

④连接锚点（Connected Anchor）：关节在连接对象的局部空间中所附加

到的点。手动配置连接的锚点位置。

⑤弹力（Spring）：弹簧的强度。数值越高，弹簧的强度就越大。

⑥阻尼器（Damper）：弹簧的阻尼系数。阻尼系数越大，弹簧强度减小的幅度越大，也是弹簧为活性状态时的压缩程度。

⑦最小距离（Min Distance）：不对弹簧施加任何力的距离范围的下限，即弹簧启用的最小距离值。如果两个对象之间的当前距离与初始距离的差小于该值，则不会开启弹簧。

⑧最大距离（Max Distance）：不对弹簧施加任何力的距离范围的上限，即弹簧启用的最大距离值。如果两个对象之间的当前距离与初始距离的差大于该值，则不会开启弹簧。

⑨容错（Tolerance）：允许弹簧具有不同的静止长度。

⑩断开力（Break Force）：一个力的限值。当关节受到的力超过这个力时，关节将损坏。

⑪断开力矩（Break Torque）：一个力矩的限值。当关节受到的力矩超过此值时，关节将损坏。

⑫启用碰撞（Enable Collision）：允许关节连接的连接体之间发生碰撞。

⑬启用预处理（Enable Preprocessing）：用于保证关节的稳定。

⑭质量比例（Mass Scale）：当前刚体的质量比例。

⑮连接质量比例（Connected Mass Scale）：连接刚体的质量比例。

弹簧试图将两个锚点一起拉到完全相同的位置。拉力的大小与两个点之间的当前距离成比例，其中每单位距离的力由"Spring"属性设定。为了防止弹簧无休止地振荡，可以设置"Damper"值，从而根据与两个对象之间的相对速度按比例减小弹簧力。其值越大，振荡消失的速度越快。

可以手动设置锚点，但如果启用"Auto Configure Connected Anchor"，Unity 将自动设置连接锚点，以保持它们之间的初始距离。

"Min Distance"和"Max Distance"值用于设置弹簧不施加任何力的距离范围。例如，可以使用该距离范围允许对象进行少量的独立移动，但当对象之间的距离太大时，它们会被拉到一起。

（3）应用案例：悬浮方块

①场景搭建。利用 Unity 中的标准几何体搭建如图 6.6.23 所示的场景。

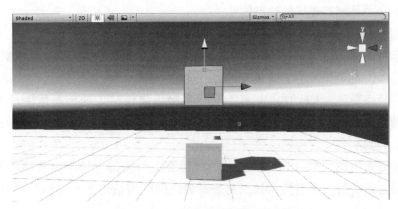

图 6.6.23　悬浮方块场景示意图

②添加刚体组件与弹簧组件。

第一步，分别为两个刚体添加刚体组件（Rigid body）与弹簧组件（Spring Joint）。在"Inspector"面板上单击"Add Component"，搜索"Rigid body"与"Spring Joint"组件单击添加。

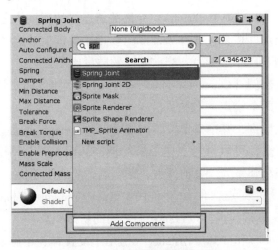

图 6.6.24　添加弹簧关节组件

第二步，将上方的"Cube"作为连接对象赋值给下方的"Cube"，并将下方的"Cube"中弹簧关节组件的"Anchor"设置为（0，-0.5，0），如图6.6.25 所示。

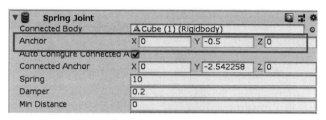

图 6.6.25 参数设置

③运行测试。运行后，会观察到上方"Cube"悬浮且上下不断跳动。

6. 角色关节

角色关节（Character Joint）组件是一种用于模拟人形角色骨骼连接的复杂物理关节，可以模拟人体关节的运动和约束，使角色可以在物理仿真中自然地动作和互动。它可以通过设置旋转轴向、限制角度和弹性等模拟真实生物关节的运动约束。

角色关节主要用于模拟人形角色的运动和行为，如行走、跑步、跳跃等。可以通过角色关节实现对玩家和 NPC 的角色控制，使其在物理世界中有真实的运动表现；也可以用于模拟人物之间的碰撞和互动，使角色之间的接触和冲突更加真实。

（1）添加组件

角色关节的添加有两种方式。

①通过检索名称的方式添加角色关节。在"Hierarchy"窗口中选择游戏对象，在"Inspector"窗口中单击"Add Component"按钮，然后选择"Physics"→"Character Joint"，"Inspector"窗口中将显示该组件，或直接在搜索框中检索"Character Joint"，如图 6.6.26 所示。

②菜单栏添加。选中游戏对象，通过菜单栏中的"Component"→"Physics"→"Character Joint"选中添加，如图 6.6.27 所示。

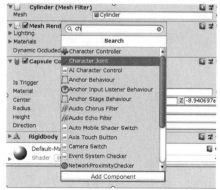

图 6.6.26 通过检索法添加角色关节

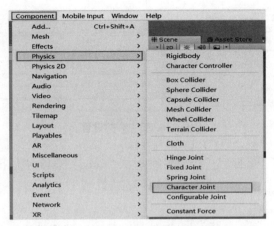

图 6.6.27　通过菜单栏添加角色关节

（2）参数说明

角色关节的参数如图 6.6.28 所示。

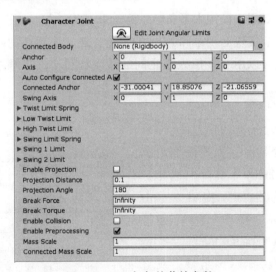

图 6.6.28　角色关节的参数

①连接体（Connected Body）：对关节所依赖的刚体的引用（可选）。如果未设置，则关节会连接到世界。

②锚点（Anchor）：关节在游戏对象的局部空间中旋转时所围绕的点。

③轴（Axis）：扭转轴。用辅助图标上的橙色锥体可视化。刚体摆动所围绕的轴，即摆动方向，该值相对于局部坐标系一般设定为 1 或 90。

扭转轴可在很大程度上控制上限和下限，允许按照度数指定上限和下限（限制角度是相对于开始位置进行测量的）。例如，"Low Twist Limit > Limit"中的值 −30 和 "High Twist Limit > Limit"中的值 60 可将围绕扭转轴（橙色辅助图标）的旋转范围限制在 −30°~60°，如图 6.6.29 所示。

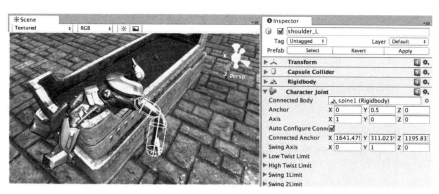

图 6.6.29　扭转轴的设定

④自动配置连接锚点（Auto Configure Connected Anchor）：如果启用此功能，将自动计算连接的锚点位置，以匹配锚点属性的全局位置，这是默认行为；如果禁用此功能，则可以手动配置连接的锚点位置。

⑤连接锚点（Connected Anchor）：关节在连接对象的局部空间中所附加到的点。手动配置连接的锚点位置。

⑥摆动轴（Swing Axis）：用绿色的辅助图标锥体可视化。

⑦低扭曲限制（Low Twist Limit）：关节的下限。

⑧高扭曲限制（High Twist Limit）：关节的上限。

⑨摆动限制 1（Swing 1 Limit）：限制围绕定义的摆动轴的一个元素的旋转（用辅助图标上的绿色轴可视化）。限制角度是对称的。因此，值 30 会将旋转限制在 −30°~30°。

⑩摆动限制 2（Swing 2 Limit）：限制围绕定义的摆动轴的一个元素的移动。Swing 2 Limit 未显示在辅助图标上，但该轴垂直于其他两个轴（即辅助图标上用橙色可视化的扭转轴和辅助图标上用绿色可视化的 Swing 1 Limit）。角度是对称的，因此值 40 可将围绕该轴的旋转范围限制在 −40°~40°。

⑪断开力（Break Force）：一个力的限值。当关节受到的力超过该值时，关节会损坏。

⑫断开力矩（Break Torque）：一个力矩的限值。当关节受到的力矩超过

此值时，关节会损坏。

⑬启用碰撞（Enable Collision）：允许关节连接的连接体之间发生碰撞。

⑭启用预处理（Enable Preprocessing）：用于保证关节的稳定。

⑮质量比例（Mass Scale）：当前刚体的质量比例。

⑯连接质量比例（Connected Mass Scale）：连接刚体的质量比例。

对于"Twist Limit Spring""Low Twist Limit""High Twist Limit""Swing 1 Limit""Swing 2 Limit"的限制，有以下几个参数可选，如图6.6.30所示。

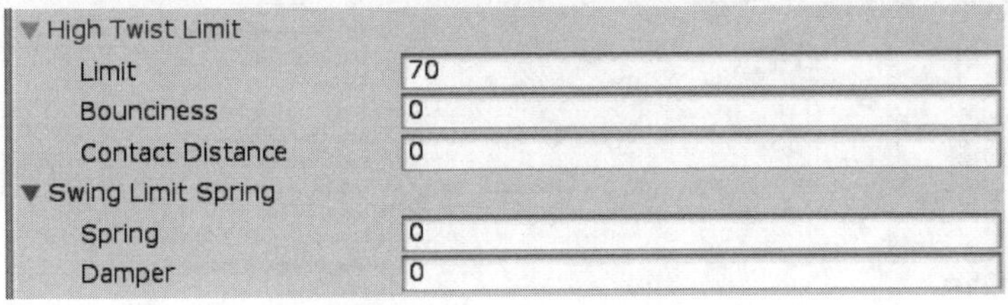

▼ High Twist Limit	
Limit	70
Bounciness	0
Contact Distance	0
▼ Swing Limit Spring	
Spring	0
Damper	0

图 6.6.30　参数示意图

弹性（Bounciness）：当值为0时，不会反弹；当值为1时，反弹时不会产生任何能量损失。

接触距离（Contact Distance）：接触连接距离，控制关节的抖动。在距离极限位置的接触距离内，接触将持续存在以免发生抖动。

弹力（Spring）：将两个对象保持在一起的弹簧力。

阻尼器（Damper）：抑制弹簧力的阻尼力。

用"Break Force"和"Break Torque"属性来设置关节强度的限制。如果这些值小于无穷大，并对该对象施加大于这些限制的力/力矩，则其固定关节将被破坏并将摆脱其约束的束缚。

7. 可配置关节

可配置关节（Configurable Joint）是一种高级的物理关节类型，它允许开发者更灵活地定义两个物体之间的连接，并控制它们的相对位置和旋转。可配置关节比固定关节更加灵活，因为它允许设置多种约束和参数，从而实现更复杂的物理互动效果，如位置约束（Position Constraint）、旋转约束（Rotation Constraint）、角度限制（Angular Limit）、运动轴（Motion Axis）等。这些约束可以通过编辑器中的属性面板或脚本来调整和配置。开发者可以根据需要控制关节的自由度，完成从完全固定到部分约束自由度的设置。这使得可配置关节在模拟各种复杂机械结构或仿真物理效果时非常有用，如机器人关节的运动约束。

可配置关节适用于需要更高级物理交互的场景，如模拟复杂的机械系统、构建可交互的物理道具、创建动态可调节的关节连接等。它能够帮助开发者实现更加逼真和精确的物理仿真效果。

（1）添加组件

可配置关节的添加有两种方式。

①通过检索名称的方式添加可配置关节。在编辑器中选择游戏对象，在"Inspector"窗口中单击"Add Component"按钮，然后选择"Physics"→"Configurable Joint"选项，"Inspector"窗口中将显示该组件，或直接在搜索框中检索"Configurable Joint"，如图 6.6.31 所示。

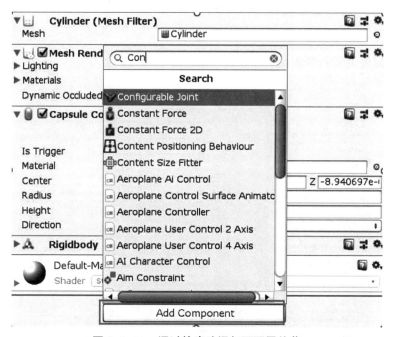

图 6.6.31　通过检索法添加可配置关节

②菜单栏添加。选中游戏对象，通过菜单栏中的"Component"→"Physics"→"Configurable Joint"选中添加，如图 6.6.32 所示。

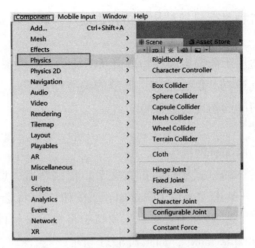

图 6.6.32　通过菜单栏添加可配置关节

（2）参数说明

可配置关节的参数如图 6.6.33 所示。

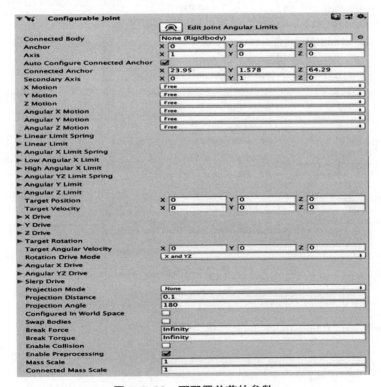

图 6.6.33　可配置关节的参数

①锚点（Anchor）、连接锚点（Connected Anchor）和连接体（Connected Body）（见图 6.6.34）。

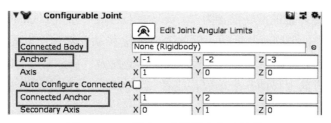

图 6.6.34　锚点、连接锚点和连接体

锚点（Anchor）：用于定义关节中心的点，是相对于本体的位置。所有基于物理的模拟都使用此点作为计算的中心。

连接锚点（Connected Anchor）：相对于连接体的位置。

连接体（Connected Body）：关节连接到的另一个刚体对象。可将此属性设置为"None"来表示关节连接到空间中的固定位置，而不是另一个刚体。连接体必须是刚体。

②线性运动（Linear Motion）。假设连接锚点的世界坐标为（1，2，3），锚点的世界坐标是（-1，-2，-3），如图 6.6.35 所示，Unity 关节会使锚点与连接锚点处于同一位置，要么连接锚点移动，要么锚点移动，或者二者都向它们的中间移动。锚点与连接锚点之间的差值在这里称作偏差。"X/Y/Z Motion""Angular X/Y/Z Motion"是用来对偏差进行约束的。

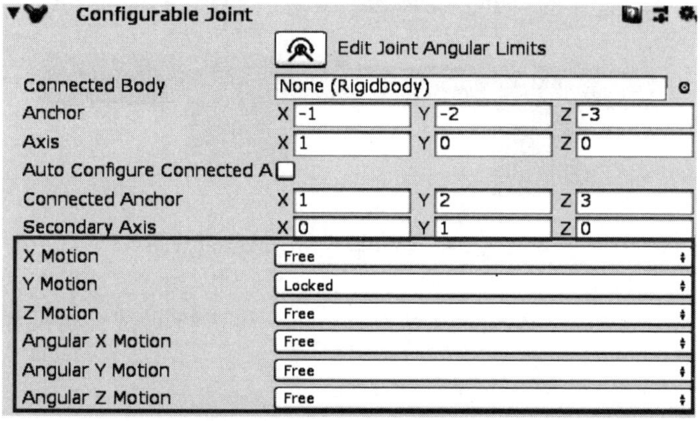

图 6.6.35　线性运动参数

"X/Y/Z Motion"代表对应轴的位置移动模式，分别有"Free""Locked""Limited"三种模式。

"Angular X/Y/Z Motion"代表对应轴的旋转模式，分别有三种模式，即将沿 X、Y 或 Z 轴的旋转设置为"Free"、"Locked"或"Limited"。

"Locked"：限制所有运动，因此关节无法移动。例如，世界 Y 轴中锁定的对象无法上下移动。例如，"Y Motion"设置为"Locked"，则会使其中一个物体在 Y 方向上移动 6 个单位，或者二者向对方分别移动 3 个单位，使二者在一起。

"Limited"：允许在预定义的限制范围内自由移动。例如，通过将炮塔的 Y 旋转限制到特定角度范围内，可以给炮塔设置受限制的火弧。如果想在超过一定阈值时再纠正这个偏差，则可以设置为"Limited"。

Free：允许任意移动，不会纠正偏差，此时锚点与连接锚点的相对位置保持不变。

锁定示例：若 Y 轴移动锁定，则只在 Y 轴上纠正偏差，此时立方体是垂直上升去纠正偏差的，如图 6.6.36 所示。

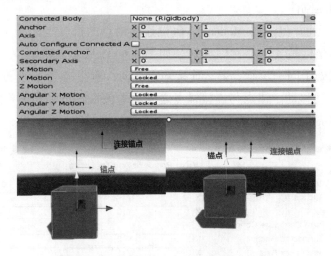

图 6.6.36 锁定后立方体的锚点运动

将 Angular X/Y/Z Motion 设置为"Free"再进行测试，结果如图 6.6.37 所示。

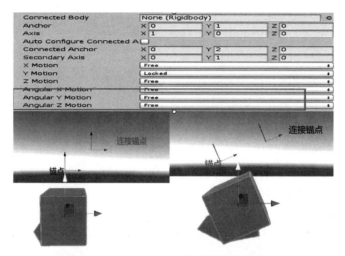

图 6.6.37 "Free"状态下的锚点运动

此时物体会通过旋转来纠正偏差，而不是通过上升。因为线性运动使用的是本地坐标系，而不是世界坐标系。偏差的纠正是通过旋转与位置共同作用来实现的，也就是说，只有在所有坐标轴上旋转都为 0 时，才会单独由 X/Y/Z 轴的距离来控制偏差，即"直来直去"，否则就是"Angular X/Y/Z Motion"与"X/Y/Z Motion"共同进行动态纠正的结果。为什么是通过绕 X 轴旋转进行纠正呢？因为这样更加节约能量，只需稍微旋转一下即可纠正，比移动更简单。

③第一轴向（Axis）和第二轴向（Secondary Axis）。第一轴向和第二轴向的参数如图 6.6.38 所示。

▼ ⌘ Configurable Joint					🗐 🌁 🗘,
		🔘 Edit Joint Angular Limits			
Connected Body	None (Rigidbody)				⊙
Anchor	X 0		Y 1		Z 0
Axis	X 1		Y 0		Z 0
Auto Configure Connected A ☐					
Connected Anchor	X 0		Y 2		Z 0
Secondary Axis	X 0		Y 1		Z 0
X Motion	Free				‡
Y Motion	Locked				‡
Z Motion	Free				‡

图 6.6.38 第一轴向和第二轴向的参数

它们定义了本地空间的 X 轴、Y 轴方向，Z 轴垂直于这两根轴，方向通过 X 轴、Y 轴方向向量叉乘得到。"X Motion"始终会控制移动沿着第一轴向进行，"Y Motion"始终会控制移动沿着第二轴向进行。

④线性限制（Linear Limit）。这里讨论将移动（Motion）属性设置为受限制（Limited）的情况，这个选项是为了允许关节在对应的轴上存在一定的偏差。默认情况下，关节在达到限制时会立即停止移动。然而，这种非弹性碰撞在现实世界中是罕见的，因此向受约束的关节添加一些弹跳感会很有用。为了使受约束的对象在达到限制后反弹，可使用线性和角度限制的"Bounciness"属性。大部分的碰撞在有了少量弹性后会显得更自然，如台球桌垫。图6.6.39 所示为线性限制的参数。

X Motion	Free	⇕
Y Motion	Locked	⇕
Z Motion	Free	⇕
Angular X Motion	Free	⇕
Angular Y Motion	Free	⇕
Angular Z Motion	Free	⇕
▼ Linear Limit Spring		
Spring	0	
Damper	0	
▼ Linear Limit		
Limit	0	
Bounciness	0	
Contact Distance	0	

图 6.6.39　线性限制的参数

限制（Limit）：允许的最大偏差值，是移动限制的边界，即从原点到限制位置的距离（采用世界单位），如图 6.6.40 所示。

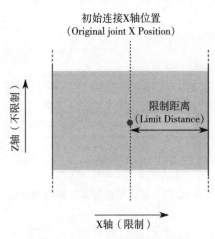

图 6.6.40　线性限制示意图

弹跳力（Bounciness）：决定当对象达到限制距离时要将对象拉回而施加的弹力，值的大小确定反弹的力度。默认情况下，达到线性限制阈值后，物体会立即停止移动。如果想让物体有弹跳效果，可以使用弹跳力属性。

接触距离（Contact Distance）：碰触距离，可以防止物体在逼近极限时突然停止。

例如，设置限制为 2，如果只有一个轴向是受限制的，其他轴向为锁定（Locked），那么对象将在受限制的轴向上来回不超过 2 个单位的距离内移动。2 个轴向受限制会形成一个以连接锚点为圆心的圆形区域供锚点移动，3 个轴向受限制会形成一个球形区域，如图 6.6.41 所示。

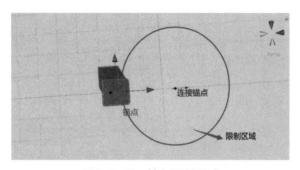

图 6.6.41　轴向限制区域

⑤线性弹跳力（Linear Limit Spring）。用户也可以通过设置线性弹跳力给本体添加一个虚拟弹力。通常可以通过弹力（Spring）属性设置弹力的刚度，通过阻尼器（Damper）属性设置阻尼比，如图 6.6.42 所示。

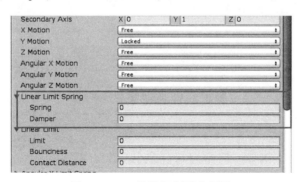

图 6.6.42　线性限制弹力属性

注意：一旦设置了线性限制弹力，线性限制下的反弹属性将完全失效，因为它们无法一同运作。

弹力（Spring）：弹簧力。如果此值设置为 0，则无法逾越限制，0 以外的值将使限制变得有弹性。

阻尼器（Damper）：根据关节运动的速度按比例减小弹簧力。设置为大于 0 的值，可"抑制"关节振荡；否则将无限期地进行振荡。

⑥角度偏移（Angular movement）。可配置关节还提供很多其他参数来控制物体的旋转。

在初始化期间，Unity 关节会尝试保留本体与连接体之间的旋转差异。这意味着，当旋转其中一个物体时，另一个物体也会跟着旋转，它们将会保持相同的旋转差异。

角度的偏移通过 X 轴角度偏移（Angular X Motion）、Y 轴角度偏移（Angular Y Motion）以及 Z 轴角度偏移（Angular Z Motion）属性控制。同样有"Free""Locked""Limited"三个选项供选择。"Free"表示可以完全忽略偏差；设置成"Locked"可以完全纠正偏差；设置成"Limited"将对偏差做一定限制。

角度偏移的参数如图 6.6.43 所示。

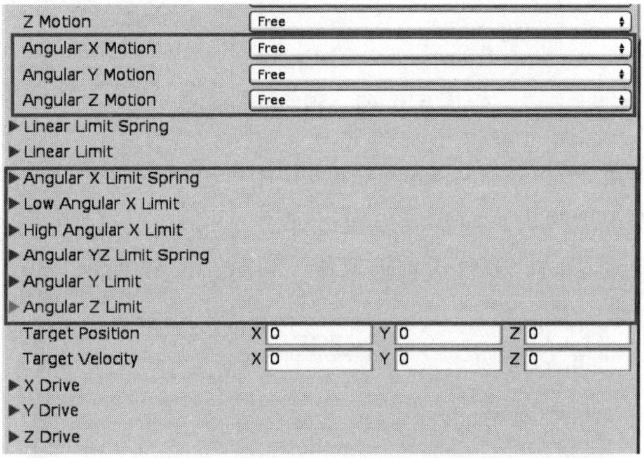

图 6.6.43　角度偏移的参数

Low /High Angular X Limit：关节绕 X 轴旋转的下限/上限，指定为距关节原始旋转的角度。例如，初始为 0°，最低 -30°，最高 90°，则本体可绕轴旋转的范围为 [-30°，90°]。

Angular Y/Z Limit：关节绕 Y/Z 轴旋转的上、下限角度。

Angular X Limit Spring：当对象超过了关节的限制角度时，施加弹簧扭矩以反向旋转对象。

Angular YZ Limit Spring：类似于"Angular X Limit Spring"参数，但适用于围绕 Y 轴和 Z 轴的旋转。

每个轴都可以使用角度限制弹力（Angular Limit Spring）下的弹力属性。但是，一旦使用了弹力属性，"Angular Y/Z Limit"下的"Bounciness"属性将会被忽略。

⑦线性驱动器（Linear Drives）。关节不仅可以对附加到其上的对象做出反应，还可以主动施加驱动力使对象运动。一些关节需要保持对象以恒定速度移动，如使风扇叶片转动的旋转电动机。使用"Target Velocity"和"Target Angular Velocity"属性可为此类关节设置所需的速度。

可以通过驱动属性——目标位置（Target Position）、X 轴驱动（X Drive）、Y 轴驱动（Y Drive）、Z 轴驱动（Z Drive）添加三个方向的弹力，弹力将被施加到目标位置（Target Position），如图 6.6.44 所示。

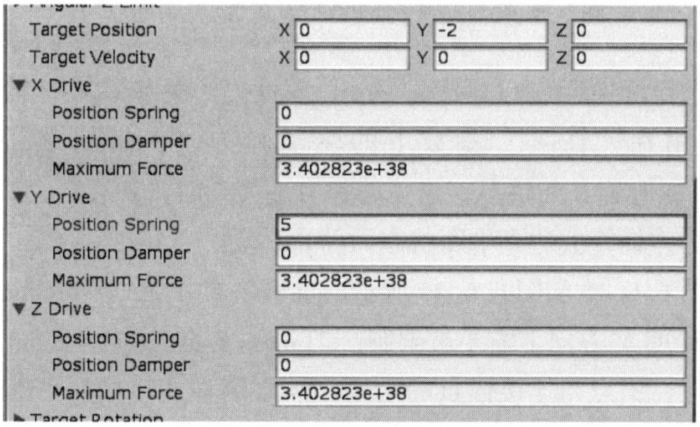

图 6.6.44　线性驱动器的参数

Target Position：关节在驱动力下移动到的目标位置。

Target Velocity：关节在驱动力下移动到目标位置时所需的速度。

X/Y/Z Drive：根据"Position Spring"和"Position Damper"驱动扭矩，设置 Unity 用于使关节绕其局部 X/Y/Z 轴旋转的力。

Position Spring：将关节从当前位置向目标位置旋转的弹力。

Position Damper：根据关节当前速度与目标速度之间的差值按比例减小弹簧扭矩。此做法可减小关节移动速度。将其设置为大于 0 的值，可让关节"抑制"振荡；否则将无限期地进行振荡。

Maximum Force：限制可以施加的驱动力大小。用于最终微调，无论关节距其目标有多远，均可防止弹簧施加的力超过限制值。这样可以防止远离目标的关节以不受控制的方式快速将对象拉回。

驱动（Drives）属性会配合运动（Motion）属性工作，但不会覆盖运动属性，即运动属性的优先级高于驱动属性。如果要使用驱动属性，对应目标的"Y Motion"应设置为"Limited"，如图6.6.45所示。

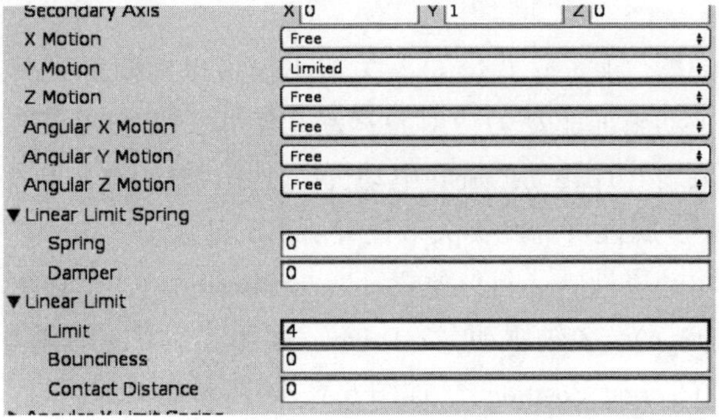

图6.6.45　"Y Motion"设置为"Limited"

可以通过目标速度（Target Velocity）属性，给关节添加一个想要的速度。目标速度应用在"Drive"参数下的驱动弹力（Position Spring）和阻尼（Damper）不同时为0的情况。当驱动弹力不为0时，弹力会尝试把物体拉回目标位置，物体最终会达到平衡状态而停止移动。

例如，图6.6.45和图6.6.46所示属性解释如下："Y Motion"的模式为"Limited"，说明Y方向上需要被限制；"Linear Limit"中"Limit"参数为4，表示在位移上，锚点与连接锚点的距离必须限制在4以内；"Target Position"中参数为（0，-2，0），表示连接锚点需要在锚点的（0，-2，0）上；"Y Drive"的"Position Spring"参数为5，代表Y方向上的弹力为5。

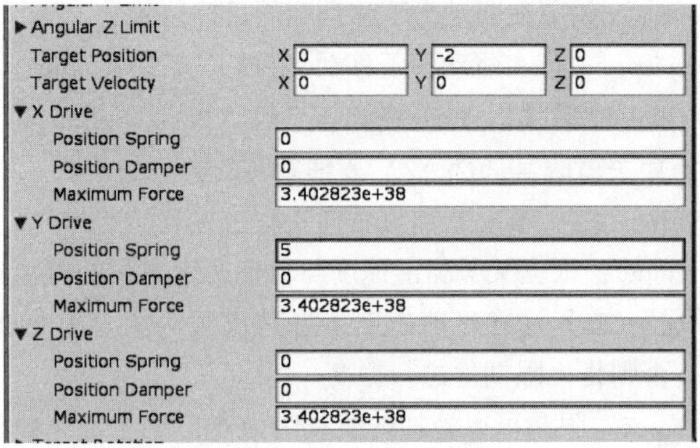

图6.6.46　属性解释示例

⑧角度驱动器（Angular Drives）。角度驱动器的参数如图 6.6.47 所示。

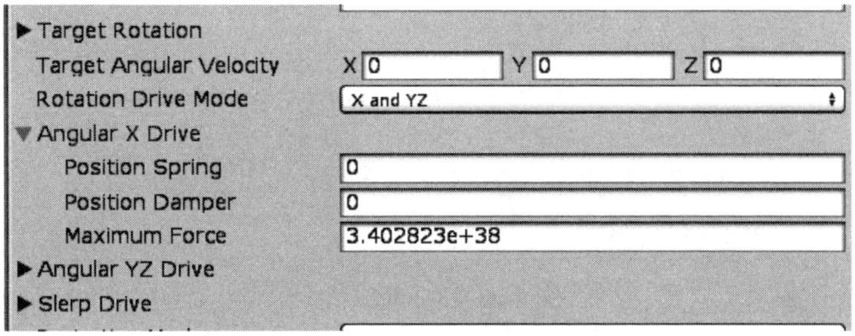

图 6.6.47　角度驱动器的参数

目标旋转（Target Rotation）：关节旋转驱动朝向的方向，指定为四元数。

目标角速度（Target Angular Velocity）：关节的旋转驱动达到的角速度，用于给角度驱动添加动力。此属性指定为矢量，矢量的长度指定旋转速度，而其方向定义旋转轴。

旋转驱动模式（Rotation Drive Mode）：设置 Unity 如何将驱动力应用于对象以将其旋转到目标方向。如果将该模式设置为"X and YZ_"，则会围绕这些轴施加扭矩（由如下所述的"Angular X/YZ Drive_"属性指定）。如果使用"Slerp"模式，则"Slerp Drive"属性用于确定驱动扭矩。

角度 X 驱动器（Angular X Drive）：此属性指定了驱动扭矩如何使关节围绕局部 X 轴旋转。仅当上述旋转驱动属性设置为"X and YZ"时，才可使用此属性。

有两种方式实现旋转：第一种是应用一个弹力直接把本体（Body）旋转到目标旋转属性位置；第二种是应用两个弹力，其中一个沿着 X 轴，另一个用于调整剩下的旋转差异。分别对应旋转驱动（Rotation Drive Mode）的"Slerp"模式与"Angular X/YZ Drive"模式。

目标旋转角速度实际上就是对象的旋转角速度，这和目标速度属性的情况相反。

⑨其他属性（见图 6.6.48）。

Projection Mode	None	⬍
Projection Distance	0.1	
Projection Angle	180	
Configured In World Space	☐	
Swap Bodies	☐	
Break Force	Infinity	
Break Torque	Infinity	
Enable Collision	☐	
Enable Preprocessing	☑	
Mass Scale	1	
Connected Mass Scale	1	

图 6.6.48　其他属性

Projection Mode：此属性定义了当关节意外地超过自身的约束（由于物理引擎无法协调模拟中当前的作用力组合）时，如何快速恢复约束。

Projection Distance：关节超过约束的距离，必须超过此距离，才能让物理引擎尝试将关节拉回可接受位置。

Projection Angle：关节超过约束的旋转角度，必须超过此角度，才能让物理引擎尝试将关节拉回可接受位置。

Configured in World Space：启用此属性，可以在世界空间而不是对象的本地空间中计算由各种目标和驱动属性设置的值。

Swap Bodies：启用此属性，可交换物理引擎处理关节中涉及的刚体的顺序。这会导致不同的关节运动，但对刚体和锚点没有影响。

Break Torque：如果通过大于该值的扭矩旋转关节超过约束，则关节将被永久"破坏"并删除。无论关节的轴为"Free""Limited"还是"Locked"状态，"Break Torque"都会破坏关节。

Break Force：如果通过大于该值的力推动关节超过约束，则关节将被永久"破坏"并删除。仅当关节的轴为"Limited"或"Locked"状态时，"Break Force"才会破坏关节。

Enable Collision：启用此属性，可以使具有关节的对象与相连的对象发生碰撞。如果禁用此选项，则关节和对象将相互穿过。

Mass Scale：要应用于刚体反向质量和惯性张量的缩放比例，范围是从0.00001 到无穷大。当关节连接质量变化很大的两个刚体时，该参数很有用。当连接的刚体具有相似的质量时，物理解算器会得到更好的结果。当所连接刚体的质量不同时，将此属性与"Connect Mass Scale"属性一起使用可施加假质量，使它们的质量大致相等。这样可以产生高质量且稳定的模拟，但会影响刚体的物理行为。

Connected Mass Scale：应用于连接的刚体的反向质量和惯性张量的缩放比例，范围是从 0.00001 到无穷大。

（3）应用案例：钟摆

①场景搭建。利用 Unity 中的标准几何体搭建一个场景，利用 "Cube" 几何体搭建一个钟摆的支架与摆锤，分别命名为 "支架（bracket）" 与 "摆锤（Pendulum）"，如图 6.6.49 所示。

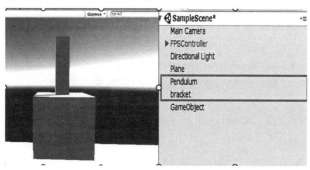

图 6.6.49　钟摆示意图

②设置支架。选择支架对象，在 "Inspector" 面板中添加一个 "Rigidbody" 组件，这个组件可以使支架受物理引擎的影响，同时勾选 "Is Kinematic" 复选框，以便保持支架固定不动。

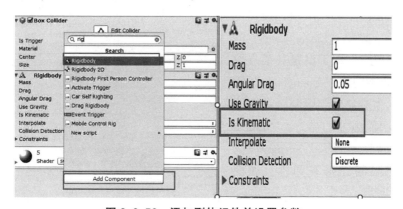

图 6.6.50　添加刚体组件并设置参数

③添加可配置关节。选中摆锤对象，添加刚体组件与 "Configurable Joint" 组件，在 "Configurable Joint" 组件中，设置 "Connected Body" 为支架对象，这表示钟摆的摆锤将连接到支架上，如图 6.6.51 所示。

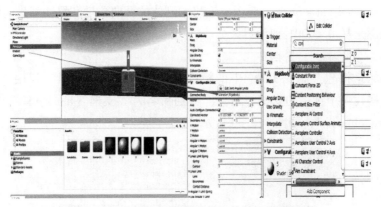

图 6.6.51　添加可配置关节组件并设置连接体

④配置参数。在"Configurable Joint"组件的"X Motion""Y Motion"选项中选择"Limited","Z Motion"选择"Locked",因为需要在 XY 平面上围绕支架摆动,所以设置"Z Motion"为锁定状态。

同时将"Angular X Motion"和"Angular Y Motion"设置为"Locked","Angular Z Motion"设置为"Limited",因为钟摆围绕 Z 轴运动,这样可以控制钟摆的摆动范围。

调整对应"Angular Z Limit"的"Limit"为 45,限制其旋转范围为 45°;调整"Linear Limit"的"Limit"为 2,用于设置其锚点位移偏差距离为 2;"Bounciness"为 1,表示当对象达到限制距离时将对象拉回而施加的弹力;"Linear Limit Spring"的"Spring"为 100,使限制变得有弹性,如图 6.6.52 所示。

⑤运行测试。运行后,推动摆锤给其一个力,观察到摆锤开始绕支架左右摆动。

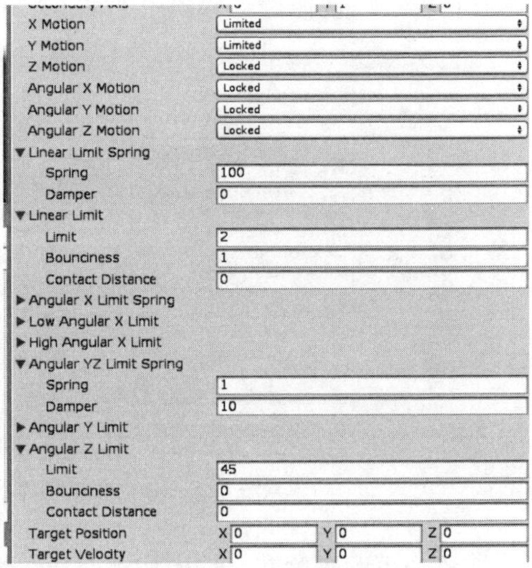

图 6.6.52　设置参数

6.7 本章实践项目

实践项目十：物理系统综合案例

前文学习了物理系统的原理以及物理系统的基础操作，本节将在此基础上进一步学习相关内容，来完成一个物理系统的综合应用案例——模拟冰块，将实现利用物理材质模拟出摩擦力为 0 的冰块滑行效果，可以运用于物理模拟、影视动画、游戏开发等多个方面。

1. 项目准备

（1）环境准备

打开 Unity 软件，新建一个场景，如图 6.7.1 所示。

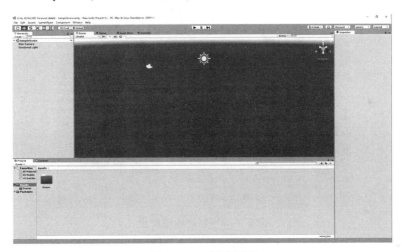

图 6.7.1　新建场景

（2）场景准备

利用标准几何体搭建一个如图 6.7.2 所示的场景。

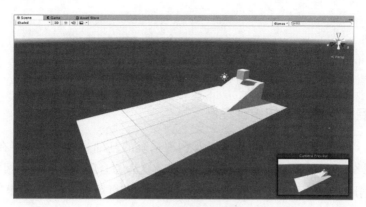

图 6.7.2　场景示意图

2. 物理材质配置

（1）新建物理材质

新建一个物理材质，命名为"Ice"，如图 6.7.3 所示。

图 6.7.3　新建物理材质

（2）配置物理材质

①将物理材质的动摩擦力和静摩擦力均更改为 0，如图 6.7.4 所示。

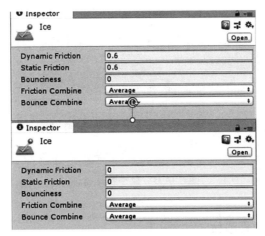

图 6.7.4　设置摩擦力

②将物理材质的摩擦力组合计算方式更改为取最小值（Minimum），如图 6.7.5 所示。

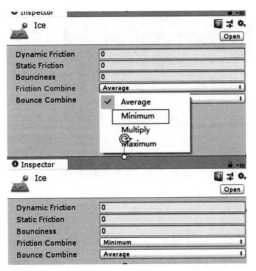

图 6.7.5　设置摩擦力计算方式

③将物理材质赋予立方体，如图 6.7.6 所示。

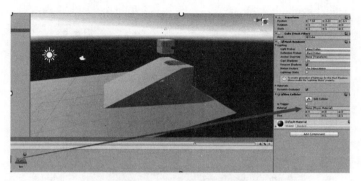

图 6.7.6 赋予物理材质

3. 刚体重力效果添加

①选中浮在上方的立方体，为其添加刚体组件。

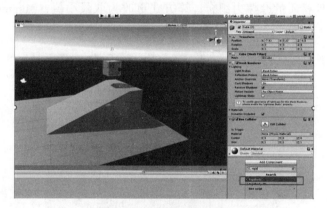

图 6.7.7 添加刚体组件

②勾选刚体组件下的"Use Gravity"复选框，如图 6.7.8 所示。

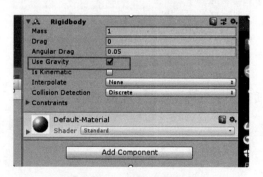

图 6.7.8 勾选应用状态

4. 运行测试

运行，立方体沿斜面滑行，如图 6.7.9 所示。

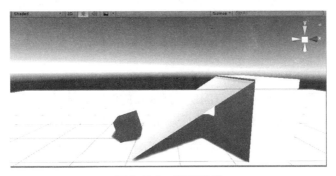

图 6.7.9　运行效果

第 7 章 基于 VR 头盔和手柄的交互开发技术

虚拟现实（VR）技术自 20 世纪 60 年代诞生以来，经历了多次技术革新，从最初的头戴式显示器（HMD）到现在的沉浸式体验，不断突破传统的视觉和交互界限。随着计算能力的提升和传感器技术的进步，现代 VR 头盔能够提供更加真实和流畅的体验，被广泛应用于游戏、教育、医疗、设计等多个领域。

在探索虚拟现实技术的广阔领域时，掌握头盔与手柄的基本交互功能是实现沉浸式体验的基础。这些基础功能不仅为用户提供了直观的操作界面，也为后续利用不同型号头盔进行 VR 项目开发奠定了坚实的理论与实践基础。本章选取 HTC Vive 系列头盔和 Pico 系列头盔作为代表，全面介绍头盔的开发环境配置及其相关 VR 开发核心技术。

7.1 基础开发环境配置与运行

在探讨基于 VR 头盔和手柄的交互开发技术时，开发者不仅要对相关的硬件设备有深入的了解，包括 VR 头盔的显示技术、传感器、追踪系统等，更要掌握与之配套的软件工具和开发环境。本节将介绍 VR 开发过程中的关键步骤——环境配置，包括对开发工具的选择、安装和设置，以及对 VR 开发环境的整体理解。本节将详细介绍如何在 Unity 等游戏引擎中配置 VR 开发支持，以及如何利用"SteamVR Plugin"等工具简化开发流程。

7.1.1 HTC 开发环境配置与运行

为了全面而系统地理解并熟练运用 HTC 系列头盔的开发环境配置及其相关的 VR 开发核心技术，首先要掌握基础环境的配置。

1. 开发环境配置

（1）硬件知识介绍

HTC Vive 系列头盔是目前市场上广受欢迎的 VR 设备之一。其硬件特性包括高分辨率的 AMOLED 显示屏、宽广的视场角、精确的房间尺度追踪技术等。这些特性共同为用户提供了高质量的视觉体验和准确的空间定位。

HTC Vive 手柄具有多个传感器和按钮，支持复杂的手势识别和交互操作。手柄的设计考虑了人体工程学，确保用户在长时间使用时的舒适度。通过手柄，用户可以执行抓取、投掷、射击等多种动作，增强了 VR 体验的互动性和沉浸感。

（2）"SteamVR Plugin"插件介绍与获取

"SteamVR Plugin"插件是一款专为游戏和应用程序开发者设计的插件，它集成了 Steam VR 平台的虚拟现实功能。通过该插件，开发者可以轻松地将 VR 支持集成到他们的项目中，实现与 VR 硬件的无缝对接。"SteamVR Plugin"插件提供了丰富的 API 和工具，帮助开发者创建沉浸式的 VR 体验，包括头部追踪、手部控制器输入、空间音频等功能，它是开发高质量 VR 内容的必备工具之一。

获取"SteamVR Plugin"插件步骤：启动游戏引擎，在游戏引擎的主界面或工作区内寻找并进入资源商店，在搜索栏中直接输入"SteamVR Plugin（HTC 开发环境）"进行搜索，找到与当前游戏引擎版本兼容的版本后单击安装按钮，如图 7.1.1 所示。

图 7.1.1　"SteamVR Plugin"插件的获取方式

（3）"SteamVR Plugin" 插件的导入

获取 "SteamVR Plugin" 插件后，将其导入当前项目中。导入后会弹出一个界面，其中是 VR 相关的必备设置，直接单击 "Accept All" 按钮即可，接着会弹出 "You Made The Right Choice" 对话框，单击 "OK" 按钮就完成了插件的导入，如图 7.1.2 所示。

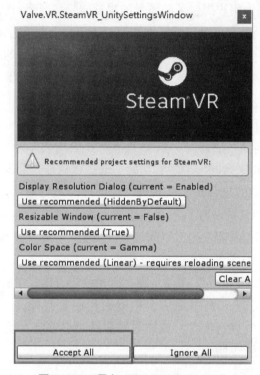

图 7.1.2　导入 "SteamVR Plugin"

（4）"SteamVR Input" 设置

完成导入后，对 Steam VR 进行一些最基础性的配置。在 Unity 的菜单栏中，选择 "Window" → "SteamVR Input"，在弹出的页面中选择 "Save and Generate"，为动作集和动作生成相应的脚本，在 Steam VR 开发环境中，通过 "Window" 菜单访问 "SteamVR Input" 设置，开发者可以为 VR 项目定义动作集与具体动作。完成动作配置后，单击 "Save and Generate" 按钮，"SteamVR Input" 会自动生成相应的脚本代码。这些脚本包含了动作集与动作的绑定逻辑，使开发者能够在游戏或应用中轻松调用 VR 交互功能，如手势识别、按钮单击等，从而丰富 VR 体验，提升沉浸感，如图 7.1.3 所示。

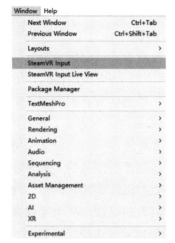

图 7.1.3　"SteamVR Input" 参数设置

2. VR 场景预览

（1）VR Camera

在传统游戏与软件开发领域，视觉呈现的核心在于"相机（Camera）"组件，它不仅是捕捉并渲染游戏世界至玩家屏幕的桥梁，更是构建游戏窗口画面的关键元素。通过精心配置"Camera"的位置、角度、视野范围等参数，开发者能够创造出丰富多样的视觉体验，引导玩家沉浸于精心设计的游戏世界中。同样，在 VR 世界里，画面也需要通过"Camera"组件接入头盔中进行显示，如图 7.1.4 所示。

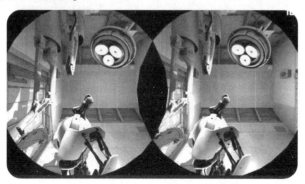

图 7.1.4　VR 画面

（2）"VR Camera"组件类型

SteamVR Plugin 有两种可视化方案，在 VR 开发领域，VR 插件（Steam-

VR Plugin）为开发者提供了多种强大的 VR 相机（VR Camera）预制体，以支持不同场景下的可视化需求。其中，"Camera Rig"预制体和"Player"预制体是两种尤为关键的可视化方案，它们各自扮演着不同的角色，共同为用户创造沉浸式的 VR 体验，后续将重点学习使用"Player"预制体的方法。

① "Camera Rig"预制体。"Camera Rig"预制体可在现有的基础框架下进行二次开发和拓展，是 VR 开发中的核心框架之一，它集成了多个相机和追踪器，以模拟用户头部的运动。这个预制体通常包含一个主相机（用于渲染用户视野中的场景）和一个或多个辅助相机（用于特定目的，如眼部追踪或阴影投射）。"Camera Rig"组件通过复杂的数学运算和物理模拟，确保用户在虚拟世界中的移动、旋转和倾斜都能得到精确的反馈，从而实现高度真实的沉浸感。此外，"Camera Rig"组件还负责处理立体渲染，确保左、右眼视图的差异性，以产生深度感知，如图 7.1.5 所示。

图 7.1.5　"Camera Rig"预制体

② "Player"预制体。这是基于 Steam VR 集成的一套交互流程，可直接应用到项目中，无须二次开发（一般作为首选解决方案），"Player"预制体更多地关注用户（即玩家）在 VR 游戏或应用中的交互体验。它不仅是连接用户输入（如手柄、头部追踪器等）与游戏逻辑的桥梁，还负责处理玩家在虚拟世界中的行为，如行走、奔跑、跳跃等。"Player"预制体通常与"Cam-

era Rig"预制体紧密结合,确保玩家的动作与视觉反馈保持同步。此外,
"Player"预制体还可能包含额外的功能,如体力管理、物品交互、环境互动
等,以丰富游戏玩法和提升用户体验,如图 7.1.6 所示。

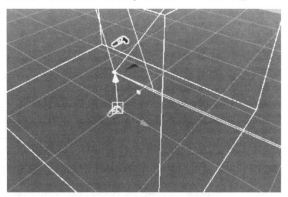

图 7.1.6　"Player"预制体

在 Unity 主页面的检索框中搜索"Player",将预制体拖拽到场景中,运行
场景,进行 VR 体验,如图 7.1.7 所示。

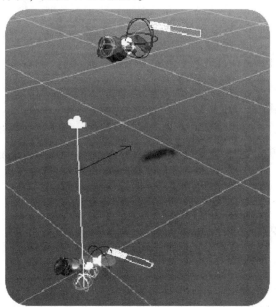

图 7.1.7　导入"Player"预制体

注意:将资源导入场景后,需要将场景中的"主摄像机(Main Camera)"
直接删除,或者在"Inspector"面板中禁用该摄像机,如图 7.1.8 所示,以保

证场景"Camera"的唯一性。这是因为在 PC 环境下，运用鼠标和键盘游览场景时，主要是通过"Main Camera"来确定所看到的视角。但是，现在有了头盔，也就不需要使用主摄像机了。

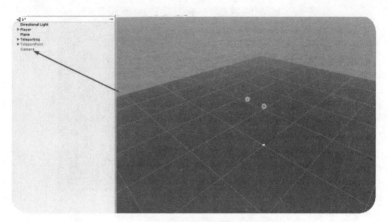

图 7.1.8　删除或禁用主摄像机

3. 测试

将一切都设置好后，可以运行场景，戴上头盔、拿着手柄预览一下虚拟世界，测试画面以及手柄是否正常。单击运行按钮，戴着头盔左右转头查看能否看到正常的画面，检查在视线中是否可以看到手柄，以及手柄的位置是否正确、地面高度是否正常。

建议读者通过实践来巩固本章学到的知识，逐渐迈入 VR 开发的更高境界。记住：VR 开发是一个不断学习和创新的过程，每一次尝试都可能带来新的发现和突破。

7.1.2　Pico 开发环境配置与运行

Pico 设备的重要性在于，其推动了 VR 技术的普及和应用，其不仅提供了高质量的视觉和听觉体验，还通过先进的定位和追踪技术，实现了用户在虚拟空间中自然而直观的交互。这些设备的应用范围广泛，从游戏娱乐到教育培训，从医疗模拟到设计制造，Pico 设备正在不断提升其在各行各业的影响力。

通过本小节的学习，读者能够了解 Pico 设备的基本特性，掌握开发环境的配置方法，并学会如何运行和测试 VR 应用。

1. Pico 设备简介

Pico 设备的出现是一段充满创新与技术突破的历程，其发展不仅标志着虚拟现实技术的成熟，也反映了整个行业对于沉浸式体验的不懈追求。

（1）起源与初创

Pico 设备的出现始于 18 世纪虚拟现实技术的早期探索。随着计算机图形学的进步和用户对交互体验需求的提升，Pico 通过不断进行科技创新和深耕多个领域，逐渐积累了大批忠实消费者。

（2）技术演进

Pico 设备的技术演进可以追溯到几个关键的技术创新。从最初的原型机到如今的 Pico Neo 系列，每一代产品都在分辨率、视场角、追踪精度和用户交互等方面取得了显著的进步。Pico 设备的研发团队不断突破技术限制，引入了如 OLED 显示技术、空间音频以及基于传感器的动作追踪等前沿技术。

（3）市场定位

Pico 设备在市场上的定位聚焦于高端用户群体和专业应用领域。Pico Interactive 公司通过深入的市场调研和用户反馈，不断优化产品特性，以满足不同用户的需求。无论是游戏玩家、教育工作者还是企业培训师，Pico 设备都以其卓越的性能和可靠性赢得了市场的认可。

（4）行业影响

Pico 设备的发展对整个 VR 行业产生了深远的影响。它不仅推动了 VR 硬件技术的发展，也促进了相关软件和内容生态的繁荣。Pico 设备的成功激励了更多的企业和创业者进入 VR 领域，共同推动了整个行业的创新和发展。

2. Pico Neo

（1）Pico Neo 介绍

Pico Neo 是字节跳动推出的新一代头显，它融合了多种先进技术，实现了丰富多彩的虚拟现实体验。这款头显使用新一代 OLED 显示屏，能够提供精细的视觉效果，此外，它还配备了内置定位系统，帮助用户实现真正的沉浸式体验。同时，它支持 3D 立体音频技术，从而让用户更加完整地接触虚拟现实世界。当然，相较于 HTC 系列设备而言，Pico 系列头显大多数数据实现了内置集成，所以不需要太多连接线，非常轻便，价格也相对便宜。图 7.1.9

所示为 Pico Neo3 产品图片。

图 7.1.9　Pico Neo3

（2）Pico Neo 设备的技术参数和性能指标

①显示屏：高分辨率 OLED，提供出色的视觉清晰度和色彩表现。

②视场角（FOV）：约 100°，为用户提供宽广的沉浸式视野。

③刷新率：90Hz，确保流畅的动态视觉体验，减少运动模糊。

④处理器：高性能移动处理器，如高通骁龙 XR 系列，提供强大的计算能力。

⑤内存与存储：6GB RAM + 128GB ROM，支持扩展存储，满足大型应用和游戏需求。

⑥追踪技术：内外结合的 6DoF 追踪，能够精确捕捉用户头部和手部动作。

⑦音频：3D 空间音频技术，提供沉浸式听觉体验。

⑧连接性：USB-C 接口，支持高速数据传输和充电；Wi-Fi 连接，支持无线串流。

⑨控制器：6DoF 无线控制器，支持手势识别和精细动作追踪。

⑩电池寿命：可连续使用 2~3 小时，具体时间视使用情况而定。

⑪兼容性：兼容多种平台和设备，包括 PC VR 串流和特定游戏主机。

3. 硬件安装

（1）安装电池

为 Pico 设备准备两块五号电池，按图 7.1.10 所示的方式进行安装。

图 7.1.10　安装电池

（2）头盔充电

确保所使用的 Pico 设备电量充足。

① USB-C 2.0 数据线的一端连接电源适配器，另一端连接头盔，如图 7.1.11 所示。

图 7.1.11　连接电源适配器

②将电源适配器插入插座，如图 7.1.12 所示。

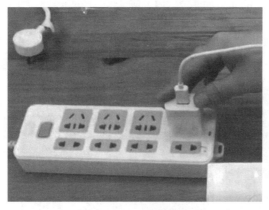

图 7.1.12　连接电源

4. 手柄及头盔穿戴

（1）套上手柄挂绳

将手柄放置在合适的位置，为了防止手柄滑落，需要时可以安装挂绳，如图 7.1.13 所示。

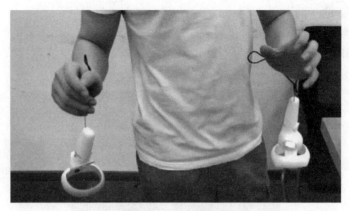

图 7.1.13　安装挂绳

（2）戴上头盔

戴上头盔，并按下开机键。Pico 的开关通常位于设备的醒目位置，以便用户快速操作。Pico Neo3 的开关位于设备底部，是一个椭圆形的按钮，长按电源键约 2 秒即可开机，如图 7.1.14 所示。

图 7.1.14　戴上头盔

5. 绘制游玩区域

（1）扣动扳机

带上头盔后，按图 7.1.15 所示扣动扳机。

图 7.1.15　扣动扳机

（2）模式选择

Pico 设备提供了不同的游玩区域模式，以适应不同用户的环境和偏好。以下是对 Pico 游玩区域模式的介绍。

①原地模式（Seated/Stationary Mode）。

描述：这是一种最基本的模式，用户在固定的位置上体验 VR 内容，没有物理移动空间。

适用场景：适用于空间受限或用户不希望在体验中移动的情况，如短暂的 VR 体验或简单的视觉内容。

②站立模式（Standing Mode）。

描述：用户在一个较小的区域内站立体验，可以进行有限的身体移动。

适用场景：适合需要一定身体互动的 VR 内容，如某些游戏或模拟活动，但空间有限。

③房间尺度模式（Room-Scale Mode）。

描述：提供较大的活动空间，用户可以在一个定义好的区域内自由移动。

适用场景：适合需要较大活动范围的 VR 体验，如房间尺度的游戏和应用，允许用户在房间内自由行走。

④边界系统（Guardian System）。

描述：用户可以定义一个安全边界，当用户接近边界时，系统会发出提示，防止用户走出安全区域。

适用场景：适用于房间尺度模式，确保用户在体验过程中不会意外撞到家具或其他障碍物。

⑤原地快速模式（Instant Play Mode）。

描述：允许用户在不设置边界的情况下快速开始 VR 体验，通常适用于较小的空间或临时体验，如图 7.1.16 所示。

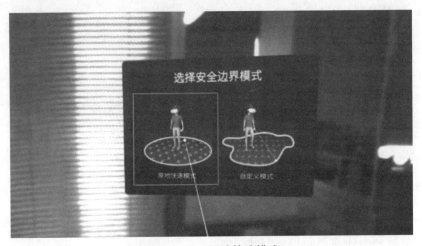

图 7.1.16　原地快速模式

适用场景：适合快速体验或演示，以及在没有足够的空间设置完整游玩区域时使用。

⑥坐姿模式（Seated Mode）。

描述：类似于原地模式，但用户是坐着体验 VR 内容的，适合长时间使用以减少疲劳。

适用场景：适用于需要长时间使用 VR 的场景，如观看电影、参加会议或进行长时间游戏。

（3）参数设置（以原地快速模式为例）

根据实际情况选择站姿或者坐姿，边界大小选择"大"，之后单击"进入VR 世界"按钮，如图 7.1.17 所示。

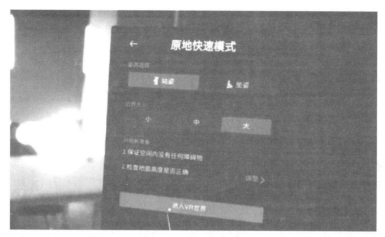

图 7.1.17　调节参数

6. 安装显卡串流运行软件

Pico 端的串流方式在连接方式上分为有线串流和无线串流，这里着重介绍有线串流；在串流工具上分为官方串流和非官方串流，这里以 Pico 官方版的串流助手为例。

（1）无线串流与有线串流

①无线串流：利用 Wi-Fi 等无线技术将 Pico 设备与计算机连接，实现数据的无线传输。无线串流提供了更大的自由度和灵活性，但可能会受到网络环境、信号干扰等因素的影响，导致传输质量下降或延迟增加。

②有线串流：通过 USB 等有线方式将 Pico 设备与计算机连接，实现数据的稳定传输。有线串流通常具有较低的延迟和较高的传输质量，但可能会受到线缆长度和布线方式的限制。有线串流需要准备 3.0 接口的串流线，如图 7.1.18 所示。

图 7.1.18　串流线

③优缺点总结。

有线串流：通过物理连接（如 USB 或 HDMI）实现数据传输。其优点是可提供稳定的数据传输，减少干扰和丢包；相比于无线串流，通常具有更低的延迟，对实时性要求高的 VR 体验至关重要；提供高带宽，支持高质量内容的传输。其缺点是用户在体验 VR 时的移动性受到连接线的限制；需要管理连接线，以免绊倒用户或损坏设备。

无线串流：使用 Wi-Fi 等无线技术实现数据传输，提供了更大的自由度和灵活性。便利性：用户可以在更大的空间内自由移动，不受连接线的限制；无须布线，设置和使用更加方便。潜在问题：无线串流可能受到其他无线设备的干扰，影响传输质量；可能具有较大的延迟，影响 VR 体验的流畅性；无线设备需要定期充电，可能在体验中中断。

（2）串流原理

串流技术允许数据（如音频、视频和传感器信息）在设备之间实时传输。在 VR 环境中，这通常意味着将 PC 或游戏机生成的 VR 内容传输到头戴式显示器（HMD）中。串流技术的基础原理涉及以下几个关键步骤。

①数据编码：PC 端的 VR 内容被编码成适合网络传输的格式。

②数据传输：编码后的数据通过有线或无线网络发送到 VR 头显。

③数据解码：头显接收到数据后进行解码，将其转换回图像和声音。

④实时渲染：头显使用解码后的数据进行实时渲染，为用户提供沉浸式体验。

（3）串流工具

① 官方串流助手：Pico 官方提供了串流助手等软件，支持用户将 Pico 设备与计算机连接，实现 PC VR 游戏的串流体验。这种方案通常要求用户拥有 Pico 官方认证的设备和软件，并遵循官方提供的操作指南进行设置和连接。通过官方串流方案，用户可以享受到较为稳定和高质量的串流体验。Pico 串流助手能快捷、方便地实现串流，但对设备要求较高，兼容度和稳定性在设备上具有局限性。图 7.1.19 所示为 Pico 串流助手界面。

图 7.1.19　Pico 串流助手界面

注意：Pico 端串流助手与 PC 端串流助手软件的版本号要保持一致，这样在串流时才能准确地检测出设备。

②常见的第三端串流软件。

● ALVR：一种第三方的 Steam VR 串流工具，它支持包括 Pico 4/Neo 3 在内的多种头显产品。ALVR 允许用户将 PC 上的 Steam VR 游戏串流到 Pico 设备上，从而实现在 VR 头显中玩 PC VR 游戏的目的。该工具在音频支持方面进行了优化，并增加了对 Linux 系统的支持。

值得注意的是，ALVR 即将登陆 Pico Lab，这意味着 Pico 用户能够更加方便地下载和使用这个工具（信息来源于 2024 年 7 月的报道，实际情况可能有所变化）。

● Virtual Desktop：另一款流行的 VR 串流软件，它也支持 Pico 设备。该软件提供了高质量的串流体验，允许用户将 PC 上的游戏、视频等内容无线传输到 Pico 头显中。Virtual Desktop 还提供多种自定义选项，如分辨率、比特率等，以满足不同用户的需求。

（4）Pico 官方串流助手使用教程（以有线串流为例）

①Steam VR 下载。在 Steam 官方网站下载 Steam 正版软件；打开 Steam 软件，在资源商店搜索并获取 Steam VR，如图 7.1.20 所示。

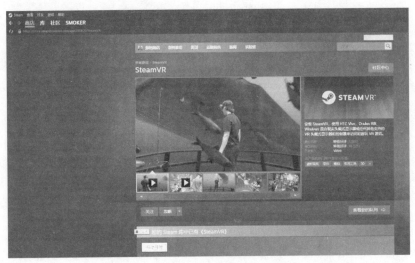

图 7.1.20 获取 Steam VR

②Pico 官方串流助手下载。登录 Pico 官网，找到软件产品→游戏串流助手。根据计算机型号选择正确的版本进行下载，如图 7.1.21 所示。

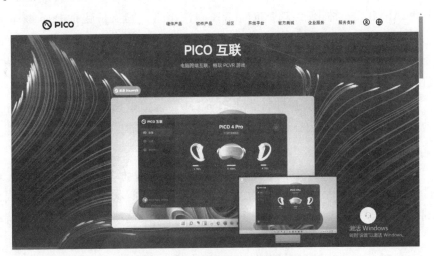

图 7.1.21 获取 Pico 串流助手

③连接头盔与计算机。用准备好的串流线连接计算机与 Pico。

④在计算机端和 Pico 端都打开 Pico 串流助手，选择有线连接，此时在 Pico 端界面会显示设备型号，单击"连接"按钮，如图 7.1.22 所示。

图 7.1.22　有线串流

当运行 VR 环境时，在 Pico 端单击左上角的启动 Steam VR 即可。

通过本节内容的学习，对 Pico 基本环境的配置进行了初步的了解，了解了串流方式的不同，并学习了 Pico 官方串流助手的使用方法，希望读者能够多加练习，直到熟练掌握 Pico 的串流方式。

7.2　场景瞬移

本节将介绍如何通过手柄实现在 VR 场景中的移动。

1. 配置基本环境

具体步骤可参考第 7.1.1 节的 HTC 基础开发环境配置。
①导入 SteamVR Plugin 插件。
②完成参数设置，保证预览正常。

2. 场景瞬移

Teleporting：交互机制的核心组件，当该组件存放在场景中，触摸板被按下时，传送指针就会出现，当指针指向一个有效的点时，松开触摸板，玩家即可传送指定位置，如图 7.2.1 所示。

图 7.2.1 "Teleporting" 组件

①区域瞬移——预制体添加。

• 利用基本几何体 Plane 构建一个基本环境。

• 在 Unity 的菜单栏中选择"Game Object"→"3D Object"→"Plane"，创建一个新的"Plane"对象。

• 在 Unity 界面的检索中搜索"Teleporting"找到该预制体，并将其添加到场景中，如图 7.2.2 所示。

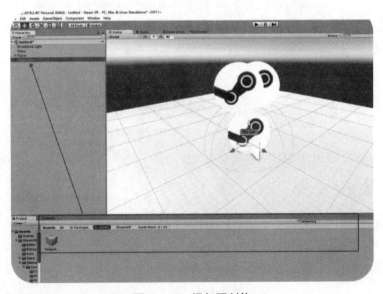

图 7.2.2 添加预制体

②区域瞬移——瞬移区域组件添加。将步骤①创建的"Plane"复制一层作为瞬移区域（可将两个"Plane"之间的距离分开一点），在 Unity 界面的检

索框中搜索"Teleport Area"组件，为复制的"Plane"添加"Teleport Area"组件，如图 7.2.3 所示。

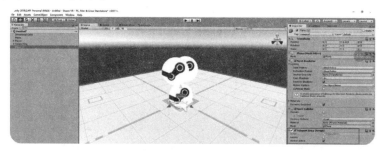

图 7.2.3　添加瞬移区域

③区域瞬移——场景瞬移实现。戴上头盔，运行场景，测试瞬移操作是否流畅，单击手柄上的圆盘键，发出射线，在瞬移区域内指定任意位置，松开圆盘键完成瞬移，如图 7.2.4 所示。

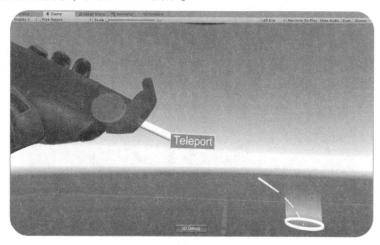

图 7.2.4　测试

3. 设置点瞬移

①点瞬移——预制体添加：利用基本几何体 Plane 构建一个基本环境。

在 Unity 的菜单栏中选择"Game Object"→"3D Object"→"Plane"，创建一个新的"Plane"对象。

在 Unity 界面的检索框中搜索"Teleporting"找到该预制体，并将其添加到场景中。

②点瞬移——瞬移区域组件添加：将步骤①创建的"Plane"复制一层作为瞬移区域（可将两个"Plane"之间的距离分开一点），在 Unity 界面的检索框中搜索"Teleport Area"找到该组件，为复制的"Plane"添加"Teleport Area"组件。

③在 Unity 界面的检索框中搜索"Teleport Point"组件，并将其添加到场景所需的位置，如图 7.2.5 所示。

图 7.2.5　设置点瞬移

④点瞬移实现。戴上头盔，运行场景，测试点瞬移操作是否流畅，单击手柄上的圆盘键，发出射线，指向放置了"Teleport Point"的任意位置，松开圆盘键完成瞬移，如图 7.2.6 所示。

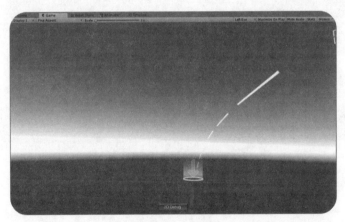

图 7.2.6　测试

本节内容实现了 VR 环境中的瞬移，学习了头盔和手柄的基本功能，读者可根据以上步骤完成各项基本功能，并巩固相关知识点。

7.3　物体拾取

本节将学习如何通过手柄实现 VR 场景中物体的拾取。Steam VR 预制了一套可以与物体实现交互的机制，为需要交互的物体添加"Throwable"组件，来响应手柄与物体之间的交互。

7.3.1　物体拾取的步骤

1. 配置基本环境

具体步骤参考第 7.1.1 节的 HTC 基础开发环境配置。

①导入 Steam VR 插件。

②完成设置参数。

2. 预制体添加：利用基本几何体 Plane 构建一个基本环境

在 Unity 的菜单栏中选择"Game Object"→"3D Object"→"Plane"，创建一个新的"Plane"对象；选择"Game Object"→"3D Object"→"Cube"，创建一个新的"Cube"对象；选中所创建的"Cube"对象，使用"Inspector"面板中的"Transform"组件调整其位置（Position）、旋转（Rotation）和缩放（Scale）参数，将该"Cube"放置到合适的位置。

在 Unity 界面的检索框中搜索"Teleporting"找到该预制体，并将其添加到场景中。

3. 瞬移区域组件添加

将步骤 2 创建的"Plane"复制一层作为瞬移区域（可将两个"Plane"之间的距离分开一点），在 Unity 界面的检索框中搜索"Teleport Area"找到该组件，为复制的"Plane"添加"Teleport Area"组件。

4. "Throwable"组件添加

在 Unity 界面的检索框中搜索"Throwable"组件，并将其添加到所创建的"Cube"上，如图 7.3.1 所示。

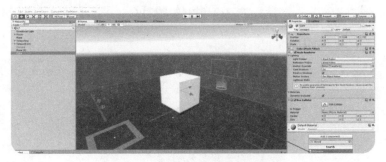

图 7.3.1 添加"Throwable"组件

5. 测试

戴上头盔，运行场景，测试拾取过程是否流畅顺利，使用手柄靠近需要拾取的物体并扣动扳机键，拾取物体，目标被拾取，则成功地实现了拾取物体这一交互功能，如图 7.3.2 所示。

图 7.3.2 拾取物体

7.3.2 "Teleporting"预制体的作用和工作原理

"Teleporting"预制体在虚拟现实开发中扮演着至关重要的角色，特别是在实现用户在虚拟环境中的移动方面。以下是对"Teleporting"预制体的作用和工作原理的详细介绍。

1. "Teleporting" 预制体的作用

（1）提供移动机制，增强用户体验

"Teleporting" 预制体允许用户通过手柄或其他输入设备，在 VR 环境中从一个位置快速移动到另一个位置，而无须实际行走。通过减少用户在物理空间中的移动，提高了 VR 体验的舒适度，特别是对于那些可能由于空间限制或身体条件而无法自由移动的用户。

（2）防止晕动症

由于 "Teleporting" 预制体避免了头部和身体移动之间的不匹配，因此有助于减少 VR 体验中常见的晕动症问题。

（3）支持无障碍访问

"Teleporting" 预制体为行动不便或有特殊需求的用户提供了一种更易于访问的移动方式。

2. "Teleporting" 预制体的工作原理

（1）用户输入

用户通过手柄或其他输入设备与 "Teleporting" 预制体进行交互，通常涉及按下触摸板或按钮来激活瞬移功能。

（2）射线投射

当用户激活 "Teleporting" 功能时，系统会从用户的视角发出一条射线，这条射线用于检测用户所指向的虚拟环境中的表面。

（3）目标检测

射线在虚拟环境中寻找可瞬移的目标点，通常是一个平面或特定对象，它们被标记为可接收瞬移的区域。

（4）位置确定

一旦射线击中了一个有效的目标点，系统就会确定用户的新位置。这个位置通常位于目标平面的中心或用户所指向的确切位置。

（5）瞬移执行

用户松开激活 "Teleporting" 功能的按钮后，系统会立即将用户的视角和位置更新到新的位置，这种位置的快速变化会给用户一种瞬移的感觉。

（6）视觉和音频反馈

为了增强瞬移的感知，"Teleporting" 预制体可能还包括视觉特效（如闪烁或过渡动画）和音频效果（如"嗖"声），以提供即时反馈。

（7）安全性和限制

"Teleporting"预制体通常会包含一些安全措施，如避免用户瞬移到障碍物内部或不安全的位置。此外，它还可以设置限制，如只能在特定的瞬移区域内进行瞬移。

7.4　线性拖拽

在 Unity 中，线性拖拽不仅简化了用户的交互体验，更赋予了游戏与应用直观、流畅的操控感。本节将深入介绍在 Unity 中如何实现线性拖拽功能。

1. 配置基本环境

具体步骤可参考第 7.1.1 节中 HTC 基础开发环境配置。
①导入"SteamVR Plugin"插件。
②完成参数设置，确保预览正常。

2. 导入资源

在保存资源的文件中找到人物预制体并导入场景中。本节内容的模型资源导入途径如图 7.4.1 所示，在路径"Model"→"wusen"中找到人物预制体并将其拖入场景中。

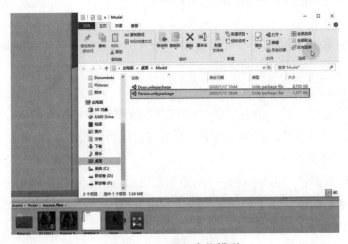

图 7.4.1　导入人物模型

3. 添加动画控制器

在路径"Model"→"wusen"中找到动画"Take 001"，并将其拖拽到"In-spector"面板"Animator"中"Controller"后方的矩形框中，如图 7.4.2 所示。

图 7.4.2　添加动画控制器

4. 创建控制器

在场景中创建一个物体作为被拾取的对象。在 Unity 的菜单栏中选择"Game Object"→"3D Object"→"Sphere"创建一个新的"Sphere"对象（这里将创建的"Sphere"对象作为被拾取的控制器），根据需要在"Inspector"面板中对该对象的大小、位置等进行修改。选中"Sphere"，单击"In-spector"面板下方的"Add Component"，在搜索框中输入"Linear Drive"，为"Sphere"添加"Linear Drive"，如图 7.4.3 所示。

图 7.4.3　创建控制器

5. 添加控制组件

选中"Sphere",单击"Inspector"面板下方的"Add Component",在搜索框中输入"Linear Mapping",为"Sphere"添加"Linear Mapping"。长按鼠标将添加的"Linear Mapping"拖拽到"Linear Drive"中"Linear Mapping"后方的矩形框中,如图7.4.4所示。

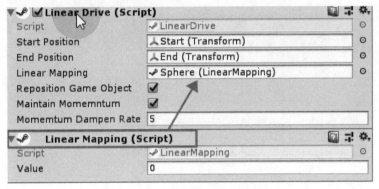

图7.4.4 连接控制器与控制组件

6. 创建滑动起始点

鼠标右键单击"Sphere",在出现的列表中选择"Create Empty"创建一个空对象,按照同样的方法再为"Sphere"创建一个空对象,将创建的两个空对象分别重命名为"Start"和"End"作为动作的起点和终点,可将它们分别放置在左边和右边。选中"Sphere",长按鼠标将"Start"拖拽到"Linear Drive"中"Start Position"后方的矩形框中,长按鼠标将"End"拖拽到"Linear Drive"中"End Position"后方的矩形框中,如图7.4.5所示。

图7.4.5 创建起点和终点

7. 添加动画控制脚本

选中 "Sphere"，单击 "Inspector" 面板下方的 "Add Component"，在搜索框中输入 "Linear Animator"，为 "Sphere" 添加 "Linear Animator"。长按鼠标将 "Linear Mapping" 拖拽到 "Linear Animator" 中 "Linear Mapping" 后方的矩形框中，将人物模型 "wusen" 拖拽到 "Linear Animator" 中 "Animator" 后方的矩形框中，如图 7.4.6 所示。

图 7.4.6　添加动画控制脚本

8. 运行测试

运行场景，使用鼠标在场景预览窗口中拖动球体，观察球体是否按照预期轨迹移动，并检查动画是否根据拖动操作正确触发和播放。

通过以上步骤，可以成功地实现一个通过拖动球体来控制动画效果的测试案例。此案例不仅加深了对 Unity 动画系统和输入处理机制的理解，也为后续更复杂的交互和动画设计打下了基础。

7.5　VR 射线交互

在 Unity VR 项目中，射线交互作为一种直观且高效的交互方式，极大地提升了用户的沉浸感和体验感。本节内容旨在深入剖析射线交互的核心原理与实战技巧，帮助读者掌握这一关键技术，从而在 VR 内容开发中实现更加自然、流畅的用户界面与物体交互。

1. VR 射线简介

VR 射线特指在 VR 环境中使用的射线，它允许用户通过头部运动、手柄或其他输入设备来控制射线的方向和位置，从而与虚拟物体进行交互。VR 射线是目前业内各类 VR 应用和游戏的主要交互方式之一，用于弥补 VR 世界中单纯手柄操作难以实现的交互内容。它通过模拟现实世界中的视线或指向行为，使用户能够在虚拟环境中自然地与物体进行互动。

在 Unity VR 项目中，射线交互不仅限于简单的单击或选择操作，更可以扩展至复杂的状态改变、物体控制乃至游戏逻辑的实现。当用户通过 VR 头显或手柄等设备发出指令时，系统会生成一条从用户视角（或手柄位置）出发的射线。这条射线会沿着用户指定的方向在虚拟环境中延伸，直到与某个物体发生碰撞或达到设定的最大距离。一旦射线与物体发生碰撞，系统会根据碰撞信息执行相应的交互操作，如选择物体、触发事件等。

2. VR 射线交互实现方法

（1）确认环境并创建对象

①在 Unity 中安装并导入配置好 "SteamVR plugin" 插件环境。

②利用基本几何体 Plane 构建一个基本环境，在 Unity 的菜单栏中选择 "Game Object"→"3D Object"→"Plane"，创建一个新的 "Plane" 对象；选择 "Game Object"→"3D Object"→"Cube"，创建一个新的 "Cube" 对象，再次新建或者复制四个同样的 "Cube" 对象，如图 7.5.1 所示。

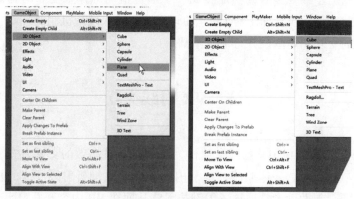

图 7.5.1　创建对象

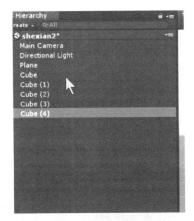

图 7.5.1 创建对象（续）

（2）参数设置

①使用"Inspector"面板中的"Transform"组件，分别对步骤（1）创建的四个"Cube"对象的位置（Position）、旋转（Rotation）、缩放（Scale）参数进行修改，调整到合适的值，搭建一个如图 7.5.2 所示的基础场景。

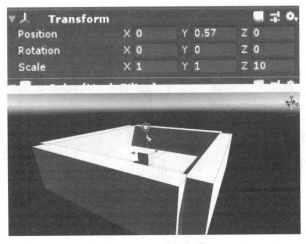

图 7.5.2 基础场景

②使用"Inspector"面板中的"Light"组件对场景光照的颜色（Color）、强度（Intensity）等参数进行修改，调节到合适的值，使场景更加真实，如图 7.5.3 所示。

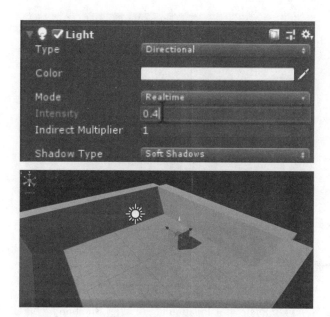

图 7.5.3　调节灯光

（3）添加 Player

在 Unity 主界面的检索中搜索"Player"，将预制体拖拽到场景中，删除场景中的主摄像机，如图 7.5.4 所示。

图 7.5.4　添加 Player

（4）射线制作

①找到想要控制射线的手柄（左手"LeftHand"，右手"RightHand"），并在手柄下方创建一个"Cube"对象，使用"Inspector"面板中的"Transform"组件对其位置（Position）、旋转（Rotation）、缩放（Scale）参数进行修改，使其接近射线的外形，如图 7.5.5 所示。

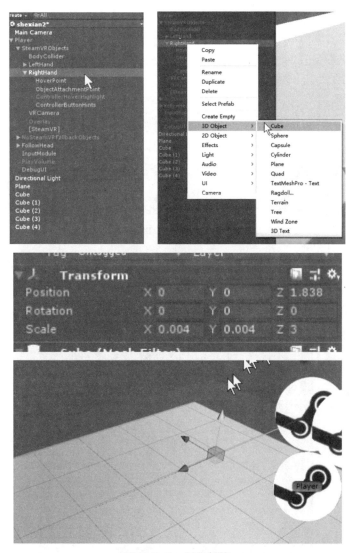

图 7.5.5　制作射线

②在 Unity 的项目视图中单击鼠标右键，在弹出的列表中选择"Create"→"Material"创建一个材质球，并将该材质球拖到射线上面，然后修改材质球的颜色，如果颜色依旧偏暗，就勾选"自发光（Emission）"复选框，然后选择一种较亮的颜色，如图 7.5.6 所示。

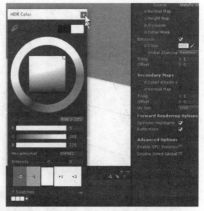

图 7.5.6　添加材质球

③在"Inspector"面板中勾选"Is Trigger"复选框,然后单击"Add Component"在搜索框中输入"Rigidbody",为射线添加"Rigidbody"组件,并取消勾选"Use Gravity"后方的复选框,如图 7.5.7 所示。

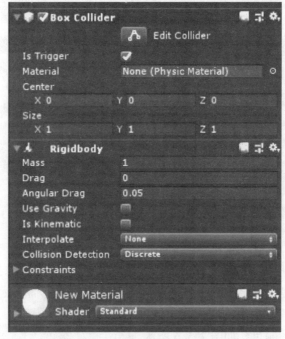

图 7.5.7　添加"Rigidbody"组件

（5）交互制作

①选中未修改大小参数的"Cube"对象，在"Player Maker"视图中单击鼠标右键，选择"Add FSM"新建 FSM，再次单击鼠标右键，选择"Add State"新建一个"State"状态，将"State1"重命名为"默认"，另一个状态重命名为"自动旋转"。单击鼠标右键选择"Add Transition"→"System Evevts"→"TRIGGER STAY"，为"默认"状态添加"TRIGGER STAY"，并长按鼠标连接到"自动旋转"状态上，如图 7.5.8 所示。

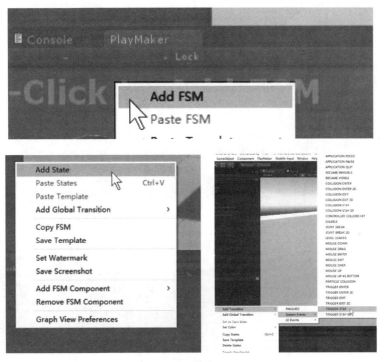

图 7.5.8　添加 FSM

②单击鼠标右键选择"Add Transition"→"System Evevts"→"TRIGGER EXIT"，为"自动旋转"状态添加"TRIGGER EXIT"，并长按鼠标连接到"默认"状态上，如图 7.5.9 所示。

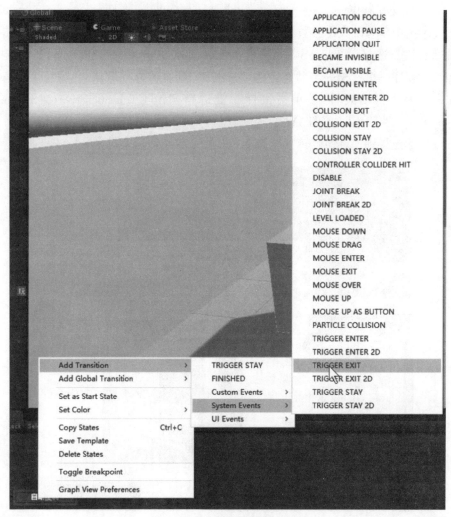

图 7.5.9　添加 Transition

　　③在"State"界面单击"Action Browser"找到"Rotate"；单击"Y Angle"选择"New Variable"，新建一个变量并重命名为"旋转速度"；修改旋转速度的"Value"属性，数值越大，转速越快，如图 7.5.10 所示。

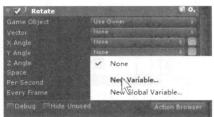
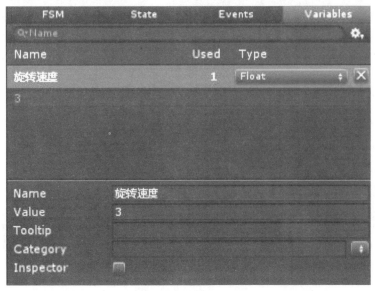

图 7.5.10　添加 Action

（6）运行测试

运行场景，将手柄对准指定的"Cube"对象，并按下手柄上的按钮触发射线发射，将带有射线的手柄指向"Cube"对象，观察"Cube"对象是否在将手柄上的射线指向它时产生了预期的响应，如图 7.5.11 所示。

图 7. 5. 11　测试

通过本节的学习，不仅掌握了 Unity VR 环境下射线交互的基本原理，还学会了如何在 Unity 中配置和使用射线来实现与 3D 物体的交互。从基础的射线发射、碰撞检测到高级的交互逻辑编写，每一步都充满了挑战与收获。

7. 6　本章实践项目

实践项目十一：地形场景 VR 交互案例

在深入学习了本章的多个关键知识点后，即将通过具体案例的实践来全面巩固并深化所学的理论知识。这一过程不仅是从理论向实践的跨越，更是知识内化与创新能力提升的重要契机。

1. 场景搭建

（1）素材导入

在 Unity 菜单栏中，单击 "Assets" 选择 "Import Package" → "Environment"，导入环境标准素材包，搭建一个项目需要的基本环境，如图 7.6.1 所示。

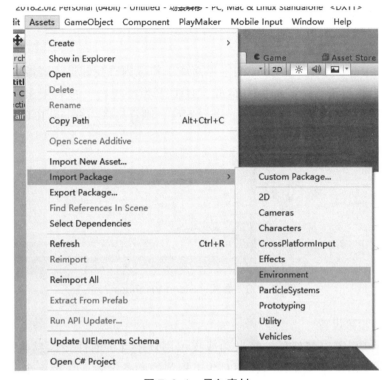

图 7.6.1　导入素材

（2）导入地形

在导入的素材中找到所需的地形素材，将其拖拽到场景中，如图 7.6.2 所示。

图 7.6.2　导入地形

2．VR 环境配置

（1）素材准备

启动 Unity 引擎，在 Unity 的主界面或工作区内寻找并进入资源商店，在搜索框中直接输入"SteamVR Plugin（HTC 开发环境）"进行搜索，找到并安装与当前游戏引擎兼容的版本；若已安装，则直接将"SteamVR Plugin"导入 Unity，如图 7.6.3 所示。

图 7.6.3　导入"SteamVR Plugin"

（2）参数设置

①游戏引擎安装好后，将自动或提示用户手动将插件导入当前项目中。导入后会弹出一个小窗口，其中是 VR 相关的必备设置，直接单击"Accept All"按钮即可。接着会弹出一个"You Made The Right Choice"的对话框，单击"OK"按钮就完成了插件的导入，如图 7.6.4 所示。

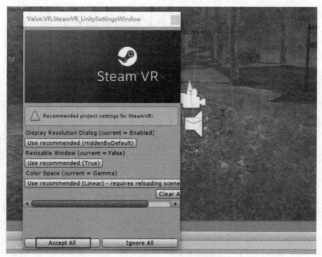

图 7.6.4　参数设置

②在 Unity 菜单栏中选择"Window"→"SteamVR Input", 弹出提示框, 单击"Yes"按钮, 在"SteamVR Input"面板中单击"Save and generate"按钮, 配置完成后关闭即可, 如图 7.6.5 所示。

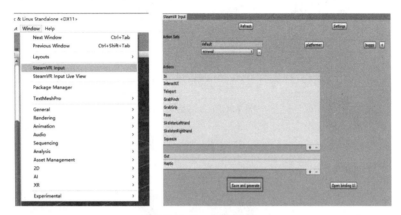

图 7.6.5　参数设置

③在 Unity 主界面的检索中搜索"Player", 将预制体拖拽到场景中, 如图 7.6.6 所示。

图 7.6.6　添加"Player"预制体

(3) 瞬移功能

①利用基本几何体 Plane 构建一个基本环境, 在 Unity 的菜单栏中选择 "Game Object"→"3D Object"→"Plane", 创建一个新的"Plane"对象, 在 Unity 界面右侧的检索中搜索"Teleport Area"找到该组件, 为创建的 "Plane"添加"Teleport Area"组件, 如图 7.6.7 所示。

图 7.6.7　基础场景

②在 Unity 界面的项目面板中搜索"Teleporting"找到该预制体，并将其添加到"Hierarchy"面板中，如图 7.6.8 所示。

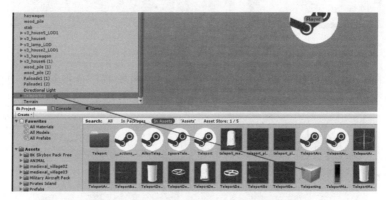

图 7.6.8　添加"Teleporting"预制体

（4）效果展示

戴上头盔，运行场景，测试瞬移操作是否流畅，单击手柄的圆盘键，发出射线，在瞬移区域内指定任意位置，松开圆盘键完成瞬移，如图 7.6.9 所示。

图 7.6.9　测试场景

实践项目十二：园林漫游 VR 项目案例

本小节将探讨如何利用 Unity 引擎，结合虚拟现实、3D 建模、纹理贴图、光影效果等技术，构建出逼真的园林环境。同时还会学习如何实现用户在虚拟园林中的漫游功能，以及如何与虚拟环境中的物体进行交互。

1. 场景基础功能实现

（1）场景配置

①资源准备。准备好本节需要的素材包，即本节配套资源——园林漫游学习素材.rar，包括园林场景资源包 Garden.unitypackage（见图 7.6.10），以及 Playmaker v1.9.0.unitypackage、SteamVR Playmaker 2.0.unitypackage、SteamVR.Unity.Plugin.2.0.1.unitypackage 三个插件资源包。

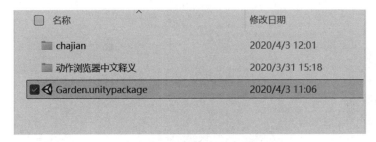

图 7.6.10　园林漫游学习素材包

将场景中的主相机（Main Camera）和平行光（Directional Light）删除，如图 7.6.11 所示。

图 7.6.11　删除主相机和平行光

②导入场景资源包。解压学习素材包，将园林漫游素材中的场景资源包

Garden. unitypackage 导入，如图 7.6.12 所示。将资源包拖拽到场景中等待导入完成，如果有报错，则单击 "Clear" 按钮。

图 7.6.12　导入场景素材

导入场景完成效果如图 7.6.13 所示。

图 7.6.13　导入场景完成效果

③导入插件并配置。导入三个插件，其顺序分别是 SteamVR. Unity. Plugin. 2. 0. 1. unitypackage、Playmaker v1. 9. 0. unitypackage、SteamVR Playmaker 2. 0. unitypackage。三者的导入顺序不能随意更改，否则会出现兼容错误，一旦导入顺序错误，应清除资源包或重新开始。

第一步，导入 SteamVR. Unity. Plugin. 2. 0. 1. unitypackage 插件，如图 7.6.14 所示。

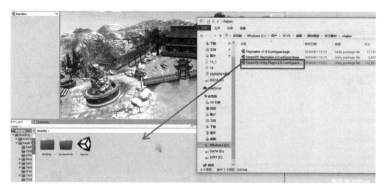

图 7.6.14　导入 SteamVR. Unity. Plugin. 2. 0. 1. unitypackage

生成行为设置：在 Steam VR 插件中首先需要生成行为设置，导入完成后单击 "Window" → "SteamVR Input"，如图 7.6.15 所示。

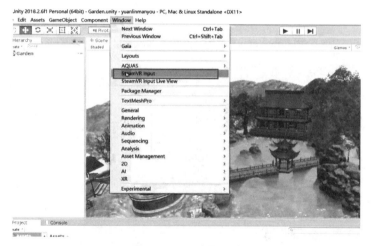

图 7.6.15　配置环境

在出现的界面中单击 "Save and Generate"，等待环境配置成功，如图 7.6.16 所示，完成后在 "Assets" 中会生成名为 "SteamVR Input" 的文件夹。

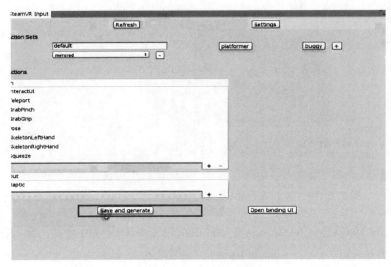

图 7.6.16　配置环境

第二步，导入 Playmaker v1.9.0.unitypackage 插件，如图 7.6.17 所示。

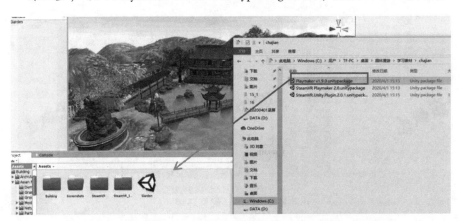

图 7.6.17　导入 Playmaker v1.9.0.unitypackage 插件

在弹出的界面中单击"Import"按钮，如图 7.6.18 所示。

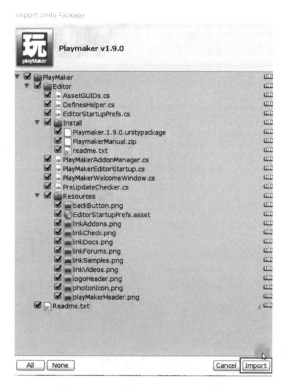

图 7.6.18　单击"Import"按钮

导入完成后，在菜单栏中选择"PlayMaker"选项进行安装，单击"Play-Maker"下拉列表中的"Install PlayMaker"按钮，在弹出的对话框中选择"Install PlayMaker"进行安装，如图 7.6.19 所示。

图 7.6.19　单击"Install PlayMaker"按钮

单击"I Made a Backup, Go Ahead!"，在对话框中选择"I Made a Back-up, Go Ahead!"选项，这是提示部分代码已经过时，需要更新文本。当选择"I Made a Backup, Go Ahead!"按钮后，其代码将自动更新替换，等待安装完成即可，如图7.6.20所示。

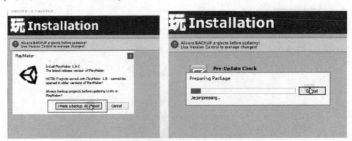

图7.6.20　安装完成

第三步，导入 SteamVR Playmaker 2.0. unitypackage 插件，如图 7.6.21 所示。

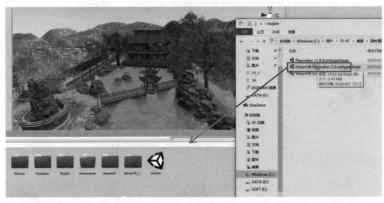

图7.6.21　导入 SteamVR Playmaker 2.0. unitypackage 插件

在 PlayMaker 的动作浏览器中添加关于手柄按键的动作选项（在未导入该插件之前，并不能获取手柄上的按钮），在弹出的窗口中单击"Import"按钮，如图7.6.22所示。

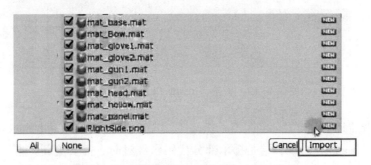

图7.6.22　配置 SteamVR Playmaker 2.0

第四步，动作浏览器对照。在学习资源包中有名为"Playmaker_chm"的中文对照文件，双击打开该文件，其中包含几乎全部动作浏览器的具体释义，这样更加便于学习，如图 7.6.23 所示。

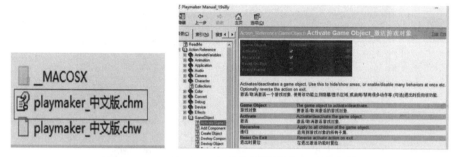

图 7.6.23　PlayMaker 动作浏览器中文对照文件

（2）场景漫游实现

①导入"Player"预制体。在 Assets 中搜索"Player"，将对应的方块预制体放置在场景中，如图 7.6.24 所示。

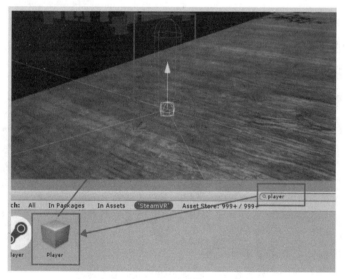

图 7.6.24　导入"Player"预制体

②拖入"Teleporting"预制体。"Teleporting"预制体是在场景内利用手柄交互的基础，直接在"Assets"界面的搜索栏中找到对应预制体并拖入场景的任意位置，如图 7.6.25 所示。

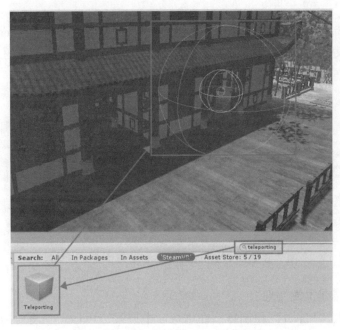

图 7.6.25 拖入"Teleporting"预制体

③创建平面来实现移动。首先创建空物体，在物体下创建基于不同高度的平面，用空物体来管理瞬移的平面，使用平面来实现瞬移的功能，场景中的桥面等小面积还需进行细化，如图 7.6.26 所示。

图 7.6.26 在空物体下创建多个平面

④添加"Teleport Area"脚本。添加瞬移脚本全选平面，添加"Teleport Area"脚本，关闭平面渲染器（在瞬移过程中不需要显示），如图 7.6.27 所示。

图 7.6.27　添加 "Teleport Area" 脚本

⑤测试。戴上头盔，查看是否可以实现移动，成功后进行下一步操作。

（3）射线的显示与隐藏功能的实现

①创建触发器。在 Player 的右手下创建一个 "Cube" 对象，缩放拉伸成射线状，为其添加一种材质，勾选"自发光"选项，模拟射线的发光效果；选中 Player 中 "SteamVR Objects" 下的 "Right Hand" 选项，在其下创建一个 "Cube" 对象，如图 7.6.28 所示。

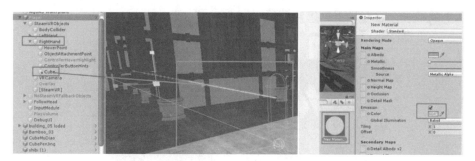

图 7.6.28　在 Player 下创建 "Cube" 对象

②设置 "Cube" 对象为触发器。选中 "Cube" 对象，在其检视面板中勾选碰撞体的 "ls Trigger" 选项，这样它就是一个检测碰撞实现交互的触发器，然后为 "Cube" 对象添加刚体组件，取消勾选 "Use Gravity" 复选框，如图 7.6.29 所示。

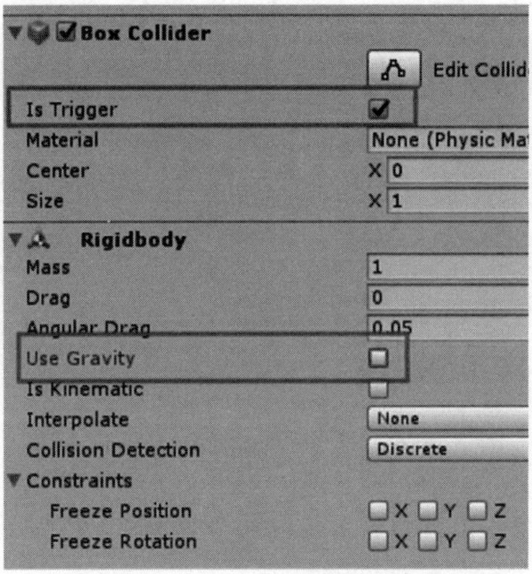

图 7.6.29　设置 Cube 为触发器

③触发器的显示与隐藏。选中任意除"Cube"外的物体，调用 Playmaker 界面，创建两个状态："射线不显示"和"射线显示"，如图 7.6.30 所示。

注意：为什么不在射线上添加状态？因为如果在射线上添加状态，当射线不显示时，它的状态机也就被禁用，那么就无法激活下一个状态。

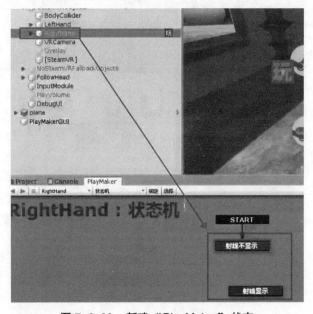

图 7.6.30　新建"PlayMaker"状态

为两个状态同样添加过渡为"Finished",为它们添加动作并设置参数,如图 7.6.31 所示。注意:这里的两个状态都设置为左手按下,显示右手的射线。

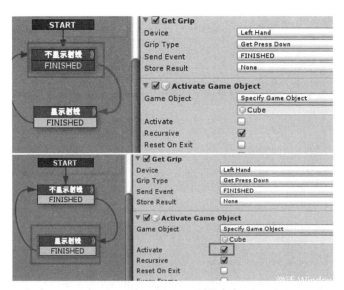

图 7.6.31　设置过渡

④测试。当按下手柄时出现射线,松开手柄时射线消失,即表示设置成功。

1. 完成场景内的插件导入。
2. 完成基础的漫游功能。
3. 实现射线的显示与隐藏。

2. 面板的显示与隐藏

(1) 交互界面显示

①资源准备。在场景基础功能实现的基础上,准备本部分所用的素材资源包——园林学习素材包,在配套资源中找到并导入该资源包,如图 7.6.32 所示。

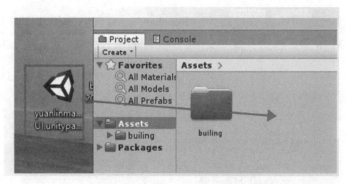

图 7.6.32　导入资源包

②调用交互面板。将"jiaohuUI"文件夹中的"UIprefab"预制体放置在场景中围墙上的合适位置，调整位置和大小，尽量贴合墙壁，如图 7.6.33 所示。

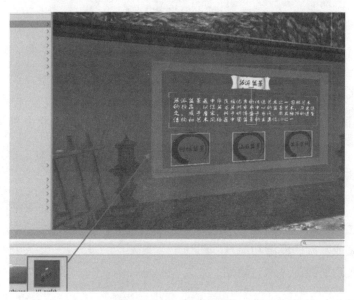

图 7.6.33　导入预制体

③添加碰撞体。为面板中交互位置添加碰撞体，将场景中需要交互的按钮位置添加"Cube"对象并调整大小（本书中的 PlayMaker 交互触发是通过触发器与碰撞体之间的检测实现的），如图 7.6.34 所示。

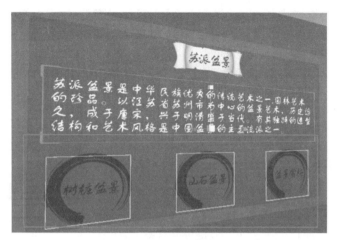

图 7.6.34　添加碰撞体

④交互面板碰撞体添加。场景中的部分按钮通过添加带有碰撞体的"Cube"对象实现，将渲染器关闭即可，如图 7.6.35 所示。

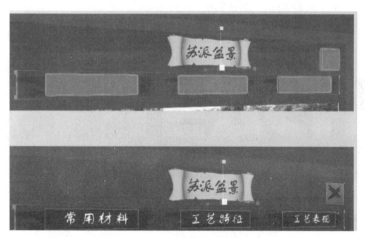

图 7.6.35　交互面板碰撞体添加

⑤交互面板之间的显示切换。主界面中有三个按钮，用于显示树桩盆景、山石盆景以及视频的不同界面，这里先实现前两个面板的显示切换，如图 7.6.36 所示。

图 7.6.36　交互面板之间的显示切换

⑥交互面板设置。首先要实现单击主界面中的"树桩盆景"按钮切换显示对应的树桩背景界面，选中树桩盆景交互对应的碰撞体，在 PlayMaker 中为其添加三个状态，在三个状态中添加不同的动作（空状态无动作添加，仅判断触发器是否进入检测），如图 7.6.37 所示。

图 7.6.37　交互面板设置

⑦常用材料按钮交互实现。在树桩盆景中有四个按钮，其中一个用于关闭当前界面，接下来实现它们的交互功能。首先实现常用材料界面的显示，选中对应的碰撞体为其添加状态机，并设置三个状态和过渡，如图 7.6.38 所示。

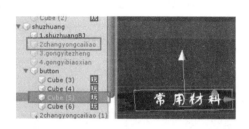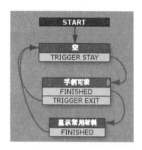

图 7.6.38　面板按钮交互设置

⑧状态的动作添加。空状态均为无动作，手柄可按状态均为"Get Grip"，之后的状态中均是如此，显示常用材料状态的动作如图 7.6.39 所示。

图 7.6.39　面板按钮状态动作添加

⑨按钮功能的实现。这两个按钮与常用材料的状态、循环等是相同的，区别是显示的界面不同，在动作中选择需要显示和隐藏的相关界面即可，这里不再赘述，如图 7.6.40 所示。

图 7.6.40　面板按钮

⑩关闭按钮。实现关闭面板的逻辑其实就是显示初始面板，不显示其他的面板。

选中关闭面板对应的碰撞体，为其添加状态，如图7.6.41所示。

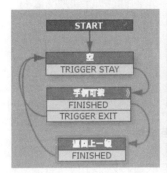

图7.6.41　关闭按钮

⑪返回上一级的按钮动作添加。添加返回上一级的按钮动作前，两个状态的动作与之前的一致。在返回上一级的状态中添加激活游戏对象的动作、需要显示的界面及碰撞体，同时隐藏不需要显示的界面及碰撞体，具体动作设置如图7.6.42所示。

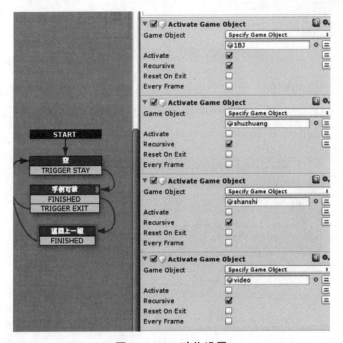

图7.6.42　动作设置

（2）山石盆景界面的交互实现

①显示山石盆景。这里的按钮功能与树桩盆景的交互功能一致，只是显示的界面不同，读者可自行练习实现，如图 7.6.43 所示。

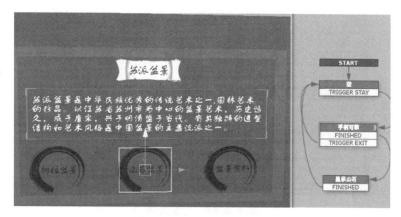

图 7.6.43　显示山石盆景

②返回按钮。在山石盆景的界面中，返回按钮的动作直接复制树桩盆景中的动作即可，如图 7.6.44 所示。

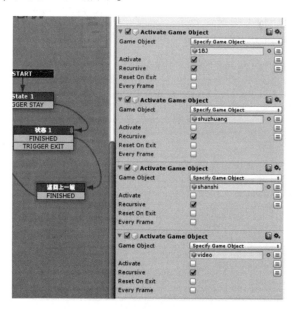

图 7.6.44　返回按钮

（3）测试

戴上头盔，测试添加的功能，观察是否能实现面板的切换，如图 7.6.45 所示。

图 7.6.45　测试效果

课后任务

1. 完成场景的 UI 调整。

2. 根据课程知识，实现树桩盆景的显示与隐藏。

3. 自主完成山石盆景的显示与隐藏功能。

第8章　三维全景技术

通过本章的学习，我们可以掌握如下知识点：

①了解三维全景技术的基本原理、发展历程、硬件设备的组成和应用。

②图像处理与拼接技术：掌握图像采集方法，了解不同拍摄设备和技术对图像质量的影响；学习图像预处理技术，如去噪、增强、校正等，以提高图像质量；掌握图像拼接算法，能够将多张图像无缝拼接成全景图。

③全景拍摄与后期制作：掌握全景拍摄技巧，包括相机设置、拍摄角度、曝光控制等；学习后期制作流程，如图像调整、色彩校正、特效添加等，以完善全景作品；了解不同拍摄设备和云台的使用，以满足不同场景的需求。

④软件工具与平台应用：熟练掌握三维全景开发所需的软件工具，如图像编辑软件、三维建模软件、渲染引擎等；了解并熟悉各种全景展示平台，如网页、移动应用等，以实现作品的广泛传播和分享。

8.1　三维全景技术概述

8.1.1　全景技术介绍

1. 全景视频定义

全景技术，业内也称为 360 全景，其本质在于提供一种沉浸式、全方位的视觉体验，允许用户享受近乎 720° 无盲区的交互式体验。所谓"可交互性"，是指该内容能够响应用户的意图或需求，灵活调整视角至用户指定的任何方向，如同在真实世界中自由转动头部或身体，将注意力聚焦于感兴趣的任何角落。

这一技术的实现，成功地模拟了人们站立于街头，通过自然的头部摆动或身体转身动作，将视线轻松地导向四周任意景象的体验，360 全景技术因此而得名，旨在强调其全面覆盖、高度灵活且互动性强的视觉展现能力，为用户带来前所未有的视觉探索与沉浸享受。

全景视频：带来周身720°无死角的可交互视频。

交互视频：该视频可根据人们的想法或需要将镜头移动到想要看的角度。

2. 全景视频与普通视频的区别

普通视频运用正常的平面摄影设备，通过镜头的运动、场景的切换、演员的动作等要素引导观众的视线，画面固定；全景视频是一种用3D摄像机进行全方位360°拍摄的视频，用户在观看视频时可以随意调节角度和方向。

3. 全景视频的优势

全景视频作为一种先进的影像表达形式，其核心价值在于能够在单一视频时段内承载并呈现最大化的信息内容，为用户创造出一种前所未有的"身临其境"的体验。这种独特的优势使全景视频在多个领域得到了广泛的应用与推崇，尤其是旅游业与博览业。

以旅游业为例，全景视频技术的引入彻底颠覆了传统的旅游体验模式。它赋予了用户跨越时空的能力，人们无须踏出家门一步，即可穿梭于世界各地，饱览名胜古迹与博物馆的精华。这种方式的推广，不仅有效地缓解了热门景区的人流压力，减少了现场拥堵的困扰，还极大地提升了用户的游览体验，使他们能够免受人群拥挤的干扰，以最舒适的状态沉浸于每一处风景之中。

此外，全景视频的应用领域远不止于此。在影视监控领域，它提供了更为全面、无死角的监控视角，为安全防范工作带来了质的飞跃；在汽车倒车辅助系统中，全景影像的引入让驾驶者能够清晰地把握车辆四周的环境状况，有效避免事故的发生；而在企业宣传方面，全景视频则以其独特的视角和沉浸式的体验，为企业形象展示与产品推广开辟了新的途径，增强了宣传效果与市场吸引力，如图8.1.1所示。

图8.1.1　全景视频的应用领域

8.1.2　全景视频

无论是从画面机动性、时间轴、平台和讲故事的逻辑上，全景视频和 VR 建模都有非常大的区别，如图 8.1.2 所示。

图 8.1.2　全景视频和 VR 建模的区别

一般添加切换位置按钮（可配合地图使用），在单击后切换到目标对应位置的全景视频（图片），如图 8.1.3 所示。

图 8.1.3　添加切换位置按钮

以下是制作城市观光图流程案例：
①选景（城市/风光）。
②确定拍摄角度（鸟瞰/俯视）。
③特殊取景（一边光明，一边黑暗）。
④光、色、对比度等后期调节。

⑤选择合适的背景音乐。

同样的，也可以进行一些故事类全景视频的制作，也就是说，将全景视频拍摄成有故事情节的影片，而不是仅用于观光。

8.2　三维全景技术的硬件设备

三维全景技术的硬件设备中最重要的就是全景视频相机设备，它分为电影级、专业级和消费级三个层次。除了全景视频相机设备，还需要全景拍摄的组件设备，如三角架、无人机、延长杆等。

8.2.1　三维全景技术的设备介绍

1. 全景视频相机设备（电影级）

（1）HeadcaseVR设备

HeadcaseVR制作团队来自好莱坞，专门从事VR电影拍摄工作，主要采用2/3英寸的CCD传感器，单相机分辨率为1920×1080，可达到60fps的帧率表现，尺寸为45mm×42mm×53mm，外观十分小巧，同时配备了专业的采集设备来实现录制，如图8.2.1所示。

图8.2.1　HeadcaseVR设备

（2）红龙的VR电影解决方案

红龙的VR电影解决方案在拍摄手法上不断尝试，使用佳能鱼眼或Sigma 8mm鱼眼，地面拍摄一般借助一些动力设备进行移动，航拍则用直升机悬挂坠物拍摄。

由于需要360°全方位地拍摄视频，因此运用了多台昂贵的摄影设备，主摄像机为 red dr，某些镜头特效使用了先进的 Spider System 拍摄装置，从而使摄像角度与画面达到最佳效果，如图 8.2.2 所示。

图 8.2.2　红龙的 VR 设备

2. 全景视频相机设备（专业级）

（1）GoPro

GoPro 的六个摄像机即六组镜头，单相机的视频清晰度可以达到 4K；多通道输出后，导出到专业的配套软件中进行缝合；将六组镜头所拍摄的影像缝合成一个 360°全景视频或者全景图片。

（2）Insta360 Pro

Insta360 Pro 也有六组镜头（见图 8.2.3），但其性能比 GoPro 更加优良；六个相机不可拆分，并全部拼装在一个球状机身上；机身材料为铝合金，非常坚硬，且质量只有 1000 多克。其视频清晰度可以达到 8K，输出的格式既支持标准的 MP4 视频，也支持 JPG 图片格式，同时支持 30 帧 4K 直播。其缺点是价格较高，目前的市场价格在 3 万元左右。

图 8.2.3　Insta360 Pro

3. 全景视频相机设备（消费级）

消费级全景视频相机中比较有代表性的是 Insta360 ONE，它只有两个镜头，分别位于机身前后，但依然可以达到 4K 的视频清晰度，在机内就可以进行缝合，一键导出，如图 8.2.4 所示。

图 8.2.4　Insta360 ONE

4. 其他拍摄设备

使用视频相机设备时，需要用三脚架将其固定在地面上，部分三脚架可增加吸盘、脚钉等配件，以适应车顶、船顶等角度的特殊拍摄需求；延长杆也是较常用的拍摄支持设备，可有效延长相机与人之间的距离，获得合适的取镜位置和角度。在空中，需要使用无人机进行航拍。运动镜头的实现方式有多种，可以使用车载式吸盘固定，或者用拍摄车搭载或手持云台。常用的其他拍摄设备如图 8.2.5 所示。

图 8.2.5　其他拍摄设备

8.2.2　全景项目开发

全景项目的开发流程为：①项目规划，根据目标需求，对整个项目进行前期规划；②素材准备，使用全景相机拍摄所需的视频/图片素材；③素材处理，根据需要为项目添加人机交互功能；④运行检测，完成项目。

8.3 三维全景影像拍摄与处理

8.3.1 全景影像的拍摄

前面章节讲述了三维全景技术的概念及硬件设备的配置，接下来进一步了解三维全景技术的相关知识，完成三维全景影像的拍摄，将实现使用按键、音频、手机 APP 三种方法拍摄全景画面。

1. 设备简介

（1）Insta360 ONE X2

Insta360 ONE X2 是 Insta360 旗下的一款智能防抖相机，于 2020 年 10 月 28 日发布，是一款使用非常便捷的消费级全景相机，如图 8.3.1 所示。

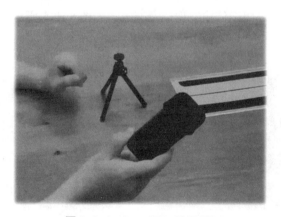

图 8.3.1 Insta360 ONE X2

（2）功能按键和功能部件

①开机键用于设备的开关机，如图 8.3.2 所示。

②螺旋接口用于挂载固定到不同的设备上，如图 8.3.3 和图 8.3.4 所示。

图 8.3.2　开机键

图 8.3.3　螺旋接口

图 8.3.4　螺旋接口挂载固定到不同的设备上

③Type-C 接口用于传输数据以及充电，如图 8.3.5 所示。

④电池用于储存电量，如图 8.3.6 所示。

图 8.3.5　Type-C 接口

图 8.3.6　电池

⑤触控屏幕用于进行设备的简单设置，如图 8.3.7 所示。

图 8.3.7　触控屏幕

2. 设备链接及拍摄

（1）拍摄前的准备

①将设备固定在任意辅助拍摄器材上，放置到合适的拍摄位置，如图 8.3.8 所示。

②使用开机键将设备开机，如图 8.3.9 所示。

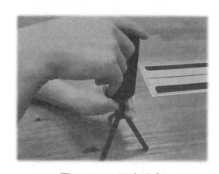

图 8.3.8　固定设备

图 8.3.9　开机

（2）拍摄方法

第一种方法：按下拍摄按键拍摄（不推荐），如图 8.3.10 所示。

第二种方法：通过语音控制拍摄（推荐），如图 8.3.11 所示。

图 8.3.10　通过按下拍摄按键拍摄

图 8.3.11　通过语音控制拍摄

第三种方法：通过手机控制拍摄（推荐），如图 8.3.12 所示。

图 8.3.12　通过手机控制拍摄

8.3.2　全景视频画面处理

前一小节介绍了三维全景技术的概念及硬件设备的配置和使用知识，在此基础上，本小节进一步学习三维全景技术的相关知识，来完成一些全景视频的画面处理，实现对所拍摄全景画面的软件准备、视频导入、视频裁剪、视频校色和视频导出等一系列操作。

1. 软件准备

①剪辑类软件。常用的剪辑类软件有 Adobe Premiere，该软件是一款视频编辑软件，可实现视频剪辑、压缩、调色等功能，是目前高校授课中最常用的视频编辑软件之一，如图 8.3.13 所示。

②资源管理转码类软件。有时业内部分公司的全景相机会有自己独特的视频编码格式，这种情况下就需要用专用的格式转换器对视频进行格式转换，图 8.3.14 所示是 Insta 公司的相应软件。

图 8.3.13　Adobe Premiere　　　　　图 8.3.14　Insta 公司的全景相机

2. 视频导入

（1）视频准备

①导入 Pr 的视频应当是 MP4 等通用格式，当识别到相机内的全景视频后，单击右下角的"导入"按钮，即可导出 MP4 格式的视频，如图 8.3.15 所示。

图 8.3.15　导出 MP4 格式视频

②导出的视频要打开阅览查看是否正常，同时校对后缀格式，准备工作完成后，将视频拖入 Pr 软件中待用，如图 8.3.16 所示。

图 8.3.16　将视频拖入 Pr 软件中待用

3. 视频裁剪

Pr 可通过裁剪工具对视频进行剪切，在时间轴视图上按下键盘上的 "C" 键，即可切换剃刀工具对一段视频进行分割，随后可以选中被分割的部分进行删除/调换位置等裁剪操作，如图 8.3.17 所示。

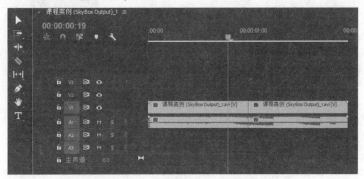

图 8.3.17　使用裁剪工具剪切视频

4. 视频校色

（1）Pr 校色方式介绍

在 Pr 软件中，通常使用颜色平衡、RGB 曲线、自动色阶等组件对画面进行处理，一般比较常见的调整集中在亮度、饱和度两个方面，如图 8.3.18 所示。

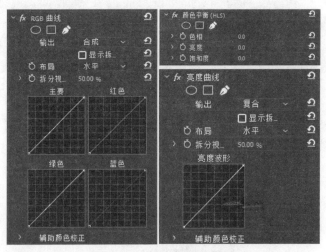

图 8.3.18　Pr 校正颜色界面

（2）Pr 校色操作

①使用颜色平衡工具可以调整画面的色相、亮度、饱和度，如图 8.3.19 所示。

②使用 RGB 曲线可进行颜色深度调整，对画面进行颜色倾向处理，如图 8.3.20 所示。

图 8.3.19　使用颜色平衡工具调整相关参数　图 8.3.20　使用 RGB 曲线调整颜色

5. 视频导出

在视频处理完毕后，就可以进行导出操作。单击菜单栏中的"文件"→"导出"→"媒体"按钮，在弹出的"导出设置"对话框中选择合适的格式，即可单击"导出"按钮进行导出，如图 8.3.21 和图 8.3.22 所示。

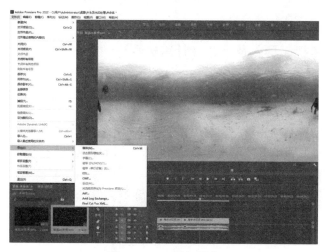

图 8.3.21　选择导出

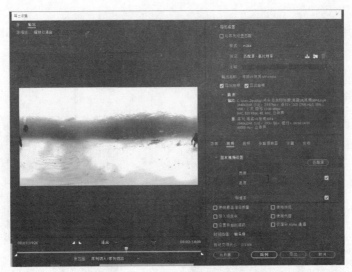

图 8.3.22　选择合适的模式并导出

8.4　全景视频播放与交互设计

前面几节讲述了三维全景技术的相关知识，在此基础上，本节进一步学习三维全景技术的相关知识以完成全景视频的导入及播放，实现把全景视频导入云端平台，并利用计算机和手机进行播放与观看的目的。

8.4.1　全景视频导入及播放（计算机端）

1. 全景内容播放方式介绍

（1）本地播放器播放

目前市面上有很多全景视频播放器，如 GoPro、VRPlayer、Insta360 Player等，将这类播放器下载安装到计算机上后，只需拖入全景视频文件，即可实现全景视频的自动播放，这种模式相对简单，但分享较麻烦，如图 8.4.1所示。

图 8.4.1　本地播放器播放

（2）云端平台网络浏览器播放

另一种方法是将全景视频文件上传到如 720 云、UtoVR 等云端平台，随后用浏览器打开进行播放。这种方法操作起来复杂一些，但分享比较简单。这里主要介绍将全景内容导入云端播放这种模式，如图 8.4.2 所示。

图 8.4.2　云端平台网络浏览器播放

2. 全景内容云端导入及播放

（1）上传到云端

①打开 https://www.720yun.com，进入全景在线云端平台，如图 8.4.3 所示。

图 8.4.3　进入全景在线云端平台

②单击位于网站右上角的"开始创作"按钮（此处全景漫游和 720 云漫游皆可），如图 8.4.4 所示。

图 8.4.4　单击"开始创作"按钮

③无论全景素材是全景图片还是全景视频，上传的位置均一致，根据需要单击"从本地文件添加"按钮添加全景图片（全景视频），如图 8.4.5 所示。

图 8.4.5　从本地文件添加全景图片/视频

④在弹出的对话框中单击右下角的"上传但不打水印"按钮，如图 8.4.6 所示。

图 8.4.6 单击"上传但不打水印"按钮

⑤选择之前准备好的全景素材，单击右下角的"打开"按钮，如图 8.4.7 所示。

图 8.4.7 选择并打开准备好的全景素材

⑥等待全景素材传输完毕，随后在右侧输入作品标题，填写相关分类等信息，单击右上角的"创建作品"按钮，如图 8.4.8 所示。

图 8.4.8 单击"创建作品"按钮

⑦在弹出的界面中单击"查看作品"按钮，即可从计算机端观看，如图 8.4.9 所示。

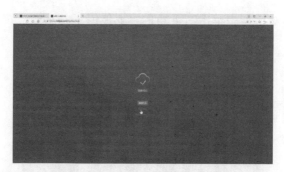

图 8.4.9　单击"查看作品"按钮

（2）计算机端观看

在计算机端观看的过程中检查每个作品的显示是否正常，如果不正常，则需要检查并重新上传，如图 8.4.10 所示。

图 8.4.10　检查作品是否正常

8.4.2　全景视频交互功能实现

本小节将进一步学习全景视频交互的相关知识，实现全景视频的交互功能，对全景画面添加音乐和交互热点。

1. 常用交互功能简介

全景类素材，无论是视频还是图片，其本质都是二维信息，人在场景中始终处于摄像机拍摄画面时所处的位置。因此，基于全景类素材的交互大多数集中在画面本身的调整和背景音频、热点信息交互、场景切换等方面，比较有代表性的例子如图 8.4.11 所示。

图 8.4.11　全景交互功能示例

2. 常用交互功能的实现

（1）音乐的添加

①从官网右上角单击进入工作台，选中刚上传的全景内容并单击"编辑"按钮，进入编辑作品界面，单击需要添加音乐的场景，单击左侧工具栏中的音乐 UI，如图 8.4.12 和图 8.4.13 所示。

图 8.4.12　选中要上传的全景内容

图 8.4.13　单击添加音乐场景

②单击选择个人音频 UI，如图 8.4.14 所示。

图 8.4.14　单击选择个人音频 UI

③单击选择个人音频，如图 8.4.15 所示。

图 8.4.15　单击选择个人音频

④在弹出的窗口中选择合适的音频文件，单击"确认"按钮，如图 8.4.16 所示。

图 8.4.16　单击"确认"按钮

⑤单击右上角的"保存"按钮，如图 8.4.17 所示。

图 8.4.17　单击"保存"按钮

（2）热点的添加和使用

①单击如图 8.4.18 所示的位置，进入全景项目的热点添加页面。

图 8.4.18　单击进入全景项目的热点添加页面

②单击页面右侧的"添加热点"按钮，如图8.4.19所示。

图 8.4.19　单击"添加热点"按钮

③热点类型选择"场景切换"，如图8.4.20所示。

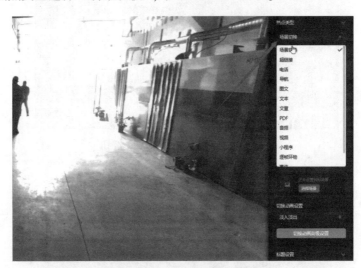

图 8.4.20　选择"场景切换"

④将场景切换的触发 UI 移动到场景的合适位置，如图8.4.21所示。

图 8.4.21　将触发 UI 移动至场景的合适位置

⑤单击选择合适的图标，如图 8.4.22 所示。

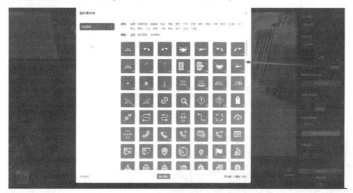

图 8.4.22　单击选择合适的图标

⑥单击"场景切换设置"中的"选择场景"按钮，如图 8.4.23 所示。

图 8.4.23　单击"选择场景"按钮

⑦在弹出的"选择目标场景"界面中,选择合适的目标场景,如图8.4.24所示。

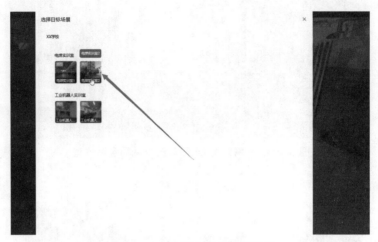

图 8.4.24 选择合适的目标场景

⑧单击右下角的"完成设置"按钮,即可实现所需的操作,如图 8.4.25 所示。

图 8.4.25 单击"完成设置"按钮

⑨预览作品,检查是否实现了所需的效果,如图 8.4.26 所示。

图 8.4.26　预览作品检查效果

8.4.3　全景视频的 VR 端观看

进一步学习全景视频相关知识，将实现利用 VR 端头显设备观看全景视频。

1. VR 端观看方法

（1）本地播放器播放

目前市面上基于 Windows 的全景视频播放器有 GoPro VR Player 和 Viveport Video，将这类播放器下载安装到计算机上后，连接好头盔及运行环境后进入即可观看。与 PC 端类似，这种模式相对简单，但分享比较麻烦（见图 8.4.1）。

（2）云端播放

另一种方法是将全景内容上传到云端平台，通过 VR 设备中的浏览器应用访问平台，即可通过头盔模式在线预览。这种模式便于分享，但对网络环境要求较高，如图 8.4.27 所示。

图 8.4.27　云端播放

2. VR 端观看步骤（以 Pico 为例）

（1）打开 Pico 浏览器

①利用 Pico 头盔进入 Pico 设备界面，找到并打开 Pico 设备资源库，如图 8.4.28 所示。

图 8.4.28　进入 Pico 设备界面并打开资源库

②打开 Pico 浏览器，如图 8.4.29 所示。

图 8.4.29　打开 Pico 浏览器

（2）观看全景内容

①在网址页面中输入 https://www.720yun.com，如图 8.4.30 所示。

图 8.4.30　进入 720 云 VR 全景官网

②单击内容社区，进入内容广场，如图 8.4.31 所示。

图 8.4.31　进入内容广场

③在右上角的搜索框中输入之前制作的全景项目名称并单击"搜索"按钮，如图 8.4.32 所示。注意：新上传的项目需要过一段时间才能被检索到，但均可通过网页链接进入。

图 8.4.32　输入全景项目名称并单击"搜索"按钮

④单击右上角的"进入 VR 端"按钮，即可进入 VR 视角，如图 8.4.33 所示。

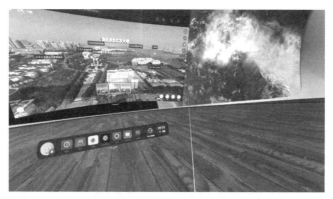

图 8.4.33　进入 VR 视角

⑤通过转动头部来观看不同位置的景象，如图 8.4.34 所示。

图 8.4.34　转动头部观看景象

⑥利用 720 云编辑出的各类交互热点，可以通过手柄射线进行触发，如图 8.4.35 所示。

图 8.4.35　触发各类交互热点

参考文献

［1］宣雨松. Unity 3D 游戏开发［M］. 3 版. 北京：人民邮电出版社，2023.

［2］Unity Technologies. Unity 5. X 从入门到精通［M］. 北京：中国铁道出版社，2016.

［3］金玺曾. Unity 3D \ 2D 手机游戏开发：从学习到产品［M］. 4 版. 北京：清华大学出版社，2019.

［4］宣雨松. Unity 3D 游戏开发［M］. 2 版. 北京：人民邮电出版社，2018.

［5］冯乐乐. Unity Shader 入门精要［M］. 北京：人民邮电出版社，2016.

［6］谢建华. VR 全景技术（微课版）［M］. 北京：电子工业出版社，2023.

［7］郭亮，何华贵，杨卫军，等. 三维实景技术的发展与应用［M］. 北京：科学出版社，2019.

［8］兰辛格. Unity 3D 游戏开发［M］. 周子衿，译. 北京：清华大学出版社，2023.

［9］吉格. Unity 游戏开发入门经典［M］. 4 版. 唐誉玲，译. 北京：人民邮电出版社，2024.